myBook+

Ein neues Leseerlebnis

Lesen Sie Ihr Buch online im Browser – geräteunabhängig und ohne Download!

Und so einfach geht's:

- Gehen Sie auf **https://mybookplus.de**, registrieren Sie sich und geben Sie Ihren Buchcode ein, um auf die Online-Version Ihres Buches zugreifen zu können
- **Ihren individuellen Buchcode finden Sie am Buchende**

Wir wünschen Ihnen viel Spaß mit myBook+!

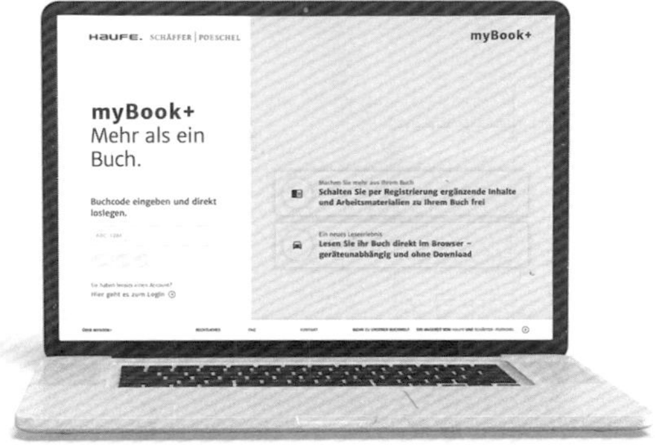

Avatar Hacking®

Anna Müller/Florian Eckelmann/Siamak Ghofrani

Avatar Hacking®

Wie erfolgreiche Marken ihre Zielgruppen identifizieren, analysieren und targetieren

1. Auflage

Haufe Group
Freiburg · München · Stuttgart

Bibliografische Information der Deutschen Nationalbibliothek

Die Deutsche Nationalbibliothek verzeichnet diese Publikation in der Deutschen Nationalbibliografie; detaillierte bibliografische Daten sind im Internet über http://dnb.dnb.de/ abrufbar.

Print: ISBN 978-3-648-17378-7 Bestell-Nr. 10972-0001
ePub: ISBN 978-3-648-17379-4 Bestell-Nr. 10972-0100
ePDF: ISBN 978-3-648-17380-0 Bestell-Nr. 10972-0150

Anna Müller/Florian Eckelmann/Siamak Ghofrani
Avatar Hacking®
1. Auflage, April 2024

www.haufe.de
info@haufe.de

Produktmanagement: Kerstin Erlich
Lektorat: Juliane Sowah

Dieses Buch ist all denen gewidmet, die Großes leisten und auch bei Sturm die Nase mit Blick nach vorne in den Wind halten.

Inhaltsverzeichnis

Abbildungsverzeichnis

Vorwort von Chris Do

In the realm of marketing and design, the landscape is perpetually evolving, demanding not just creativity but also an adaptive mindset. »Avatar Hacking« emerges as a crucial guide in this ever-changing environment, particularly for those who recognize the indispensable role of agile marketing in contemporary strategy.

As a designer and educator, I have always emphasized the importance of adaptability and responsiveness. This book echoes these sentiments, delving into the necessity of agile marketing – a concept that transcends traditional marketing methods, advocating for a fluid, iterative approach that responds rapidly to consumer behaviors and market changes.

Agile marketing, as »Avatar Hacking« aptly illustrates, is not merely a methodology; it's a mindset. It requires us to be constantly aware and reactive to the shifts in consumer preferences and digital trends. This book offers a comprehensive exploration of how these principles can be applied effectively in the marketing realm, ensuring that strategies are not only creative but also relevant and timely.

What's particularly compelling about »Avatar Hacking« is its integration of design principles into the marketing narrative. It understands that in our digital age, design and marketing are inextricably linked. The book highlights how design thinking—a process rooted in empathy, experimentation, and iterative learning—can be a powerful component of agile marketing. This convergence is critical because design is no longer just about aesthetics; it's about creating experiences that engage and resonate with the audience, which is at the heart of successful marketing.

Furthermore, this book recognizes the shift from marketing to mere demographics towards a more nuanced understanding of ›avatars‹—the digital persona of our audience. In this context, agile marketing becomes an essential tool for decoding and engaging with these complex, multi-faceted online identities.

In essence, »Avatar Hacking« is more than a guide; it's a call to action for marketers and designers alike to embrace agility in their strategies. It pushes the reader to rethink conventional approaches and adopt a more holistic, responsive, and empathetic view of marketing in the digital era.

As you delve into »Avatar Hacking,« expect to be challenged and inspired. This book is not just about adapting to change; it's about being at the forefront of it, leveraging the principles of agile marketing and design thinking to create impactful, meaningful connections with your audience.[1]

Chris Do
Founder The Futur | Award-Winning Designer and Educator

1 Eine deutsche Übersetzung des Vorwortes findet ihr auf https://www.muydozostudio.com/

A MUYDOZO MARKETING ESSENTIAL
AVATAR HACKING®
INSERT DISK
MEMORÍES
AVATAR HACKING
2011 – 2024
MUYDOZO
2011

Eine Dekade Marketingexpertise: die Geburt des Avatar Hacking®

Marketing takes a day to learn. Unfortunately it takes a lifetime to master.
Philip Kotler

Vor acht Jahren standen wir auf einer riesigen Bühne in Amsterdam und blickten in die begeisterten und farbverschmierten Gesichter von über 25.000 feierfreudigen Menschen, die unterschiedlicher nicht hätten sein können – aber in diesem Moment alle eins waren. Und sie standen dort wegen uns, mit ekstatischem Blick Richtung Bühne. Diese Situation gab es nur, weil wir zu jener Zeit in Sachen Marketing intuitiv sehr viel richtig gemacht haben – und das hat auch den Grundstein für unser System gelegt: das Avatar Hacking®, das branchenübergreifend Standards für eine agile Arbeitsweise im Marketing setzt.

Disclaimer

In diesem Kapitel wollen wir dir einen Einblick in die Entstehung des Avatar Hacking® geben. Für das Verständnis des Frameworks ist dieses Kapitel keine zwingende Voraussetzung. Wenn du unmittelbar ins Eingemachte gehen möchtest, kannst du mit Kapitel 1 beginnen.

Seit über einer Dekade haben wir als Unternehmende eigene Marken kreiert und als Agentur anderen Brands dabei geholfen, Millionen von Menschen zu begeistern. Daher möchten wir dir die Stationen unserer Gründungshistorie vermitteln, die uns dazu geführt haben, Marketing neu zu denken und einen Prozess zu entwickeln, der praxisorientiert die größten Probleme im modernen Marketing löst.

»Wir« sind Anna Müller, Florian Eckelmann und Siamak Ghofrani – und gemeinsam betreiben wir die Digital Marketing Agentur MUYDOZO. Doch wie kam es überhaupt so weit, dass zwei studierte Juristen und eine Kommunikationswissenschaftlerin sich 2018 in der ägyptischen Wüste trafen und wenige Jahre später einen Standard für agiles Marketing entwickelten?

Abb. 1: Anna, Siamak und Florian

2011, während Anna sich noch auf ihr Kommunikations-, Kultur- und Managementstudium vorbereitete, befanden sich Siamak und Florian bereits kurz vor ihrem ersten juristischen Staatsexamen. Für beide war klar, dass eine Karriere als Anwalt oder Richter nicht die erhoffte Erfüllung darstellen würde. Und so beschlossen sie, sich neben ihrem Studium mit einem Veranstaltungskonzept selbstständig zu machen. Bevor sie innerhalb der nächsten vier Jahre mit NEONSPLASH mit über 250 Shows mehr als eine Million Tickets in ganz Europa verkaufen sollten, mussten sie sich das dafür notwendige Handwerkszeug anlernen. Falls du jetzt daran zweifelst, was du Wertvolles für dein Marketing aus den Erfahrungen einer Geisteswissenschaftlerin und zweier Juristen mitnehmen sollst: Vertraue uns einfach. Denn tatsächlich war für uns die fehlende klassische Marketingausbildung die perfekte Voraussetzung, weitestgehend unvorbelastet einen zeitgemäßen Blick auf die sich ändernden Erfordernisse modernen Marketings entwickeln zu können.

NEONSPLASH war eine Konzertveranstaltungsreihe mit elektronischer Musik, bei der die Gäste weiß bekleidet erschienen und sich nach Ablauf eines Countdowns mit fluoreszierender Nassfarbe bespritzten.[2] Das Event war eines der ersten, das zu 95 Prozent

2 Wikipedia (21.03.2023): Neonsplash, https://de.wikipedia.org/wiki/Neonsplash, abgerufen am 06.02.2024.

über Facebook beworben wurde und die Ticketkäufe fast ausschließlich online stattfanden. Ein absolutes Novum zu dieser Zeit. Die meisten Veranstaltenden bewarben ihre Events noch mit Flyern, Poster- oder Newsletterkampagnen und verkauften 90 Prozent ihrer Tickets an der Abendkasse. Digitales Marketing, erst recht auf Social-Media-Plattformen wie Facebook, war kaum etabliert. Entsprechend wildwestartig waren zu dieser Zeit die Werbemöglichkeiten auf der Plattform. Keine Datenschutz-Grundverordnung (DSGVO), kaum Datenschutzrichtlinien – und Ad Creatives, die oft nur aus zusammenkopierten Bildern mit großen roten Pfeilen bestanden, waren zu dieser Zeit noch Best Performer.

Da Siamak und Florian zu diesem Zeitpunkt weder Ahnung von Marketing, Design oder Eventmanagement hatten, eigneten sie sich ihr Marketingwissen über E-Books aus den USA und YouTube-Tutorials an. Siamak fokussierte sich auf Performance Marketing und Florian aufgrund der in der Grundschule gewonnenen Malwettbewerbe folgerichtig auf den Designpart. Auf engem Raum in ihrer WG auf St. Pauli verkauften sie die ersten Shows in Köln, München und Hamburg von ihrem Wohnzimmer aus. So lernten sie, die Arbeit des anderen zu verstehen, während sie jeweils in ihren Disziplinen mit steigenden Anforderungen immer besser wurden. Sehr schnell stellte sich bei dieser Aufgabenverteilung heraus, dass die Schnittmenge zwischen datengetriebenem Performance Marketing und Design wesentlich größer war als gedacht. Durch das schnelle Feedback auf Social Media und die direkte Nachverfolgbarkeit der Verkäufe wurde in Windeseile klar, dass die Anforderungen an Werbemittel die des persönlichen Geschmacks bei Weitem überschreiten. Nicht das eigene ästhetische Empfinden, sondern harte Fakten wie Klicks, Watchtime und die Algorithmen der Social-Media-Plattformen entschieden bereits zu der Zeit darüber, welches Werbecreative top oder flop ist – ein Lernprozess. So kam es gerade in der Anfangszeit häufig zu fachlichen Disputen, wenn die Eventgrafiken zu verkünstelt und Eventdaten, Location, Call-to-Action oder USP nicht direkt ersichtlich waren (viele Fachbegriffe findest du am Ende des Buches im Glossar). Doch genau dieser hitzige, aber immer respektvolle Austausch sowie das Verständnis für die Arbeit des anderen legten ihrer Partnerschaft ein gesundes, kreatives Miteinander in die Wiege.

Aufgrund des schnellen internationalen Erfolges verwalteten sie in kurzer Zeit sechsstellige Werbebudgets und bewarben 2013 über 150 eigene Shows in mehreren Ländern. Durch den großen Druck der eigenfinanzierten Produktionen war ihnen sehr früh klar, dass ihr unternehmerischer Erfolg maßgeblich von ihrer Performance im Marketing abhängig ist. Die Viralität der von ihnen aufwendig produzierten Aftermovies und Eventfotos, die lange Zeit in Form von farbverschmierten Profile Pics die Accounts ihrer Fans schmückten, half den Gründern vor allem in der Anfangszeit, in ihre Rolle als Marketer hineinzuwachsen.

Abb. 2: Wilde Anfänge – mit NEONSPLASH kopfüber ins Marketing

Bis zum Verkauf der Marke 2015 war es Siamak und Florian so möglich, Seite an Seite zu lernen, welche Auswirkung das Design des gesamten Funnels in Gänze sowie seiner einzelnen Bestandteile auf die Wirkung einer Kampagne hat. Diese heute als Performance Design bekannte Arbeitsweise ist in großen Teilen der rasanten digitalen Ausbreitung sowie dem damit verbundenen schnellen Erfolg zu verdanken, der NEONSPLASH zu einem medialen Phänomen[3] und einer der am schnellsten wachsenden Eventkonzepte[4] werden ließ.

Falls du dich beim Lesen gerade gedanklich in eigenen hitzigen Dialogen zwischen Design und Media Buying wiederfindest, glaube uns, auch bei den beiden flogen die Fetzen. Natürlich immer mit dem Wunsch, das beste Ergebnis zu erzielen. Um ihre

3 Müller, E. (24.06.2013): Gefühle in Bunt, https://www.fr.de/rhein-main/gefuehle-bunt-11273113.html, abgerufen am 03.02.2024.

4 Wikipedia (21.05.2023): Neonsplash, https://de.wikipedia.org/wiki/Neonsplash, abgerufen am 03.02.2024.

Streitereien schnell beilegen zu können, einigten sie sich darauf, einfach alles auszuprobieren, den Algorithmus zu bedienen und einen Grundsatz gelten zu lassen:

Daten entscheiden über richtig und falsch hinsichtlich Werbebotschaft und Gestaltung.

Was die beiden aus ihrem bisherigen Weg mitnehmen konnten, ist wahrscheinlich eine der wertvollsten Lektionen fürs Marketing und auch fürs Leben: Jede Idee ist es wert, ausprobiert zu werden. Wenn sie nicht performt, dann zurück ans Reißbrett und von vorne – und zwar so lange, bis es klappt. Das, was aus einer solchen Offenheit und Bereitschaft, Fehler zu erkennen, folgt, ist die Bescheidenheit zu wissen, dass man nicht viel und schon gar nicht alles weiß. Das ist spätestens genau dann der Fall, wenn das hässliche Entlein der Werbeanzeigen auf einmal den mit Abstand größten Erfolg erzielt.

Mit ihrem inzwischen deutlich gewachsenen Marketingwissen erfüllten sich Siamak und Florian einen lang gehegten Wunsch und gründeten ein Software-Start-up. Wissend, dass ihr Erfolg mit NEONSPLASH auf den Faktoren Marketing und Community basierte, gründeten sie mit Ticketrunner, später hypd, eine Brand-Ambassador-Plattform. Fans verkaufen Tickets für ihr Lieblingsevent oder bewerben ihre favorisierte Marke, indem sie beispielsweise Inhalte auf ihren Socials teilen oder mit Content interagieren. Im Gegenzug erhalten sie markenspezifische Belohnungen wie Backstagepässe, signierte Trikots oder limitierte digitale Inhalte. Eine großartige Form der Werbung, die persönlicher nicht sein könnte.

Agiles Arbeiten: Komplexe Probleme in kleine Inkremente herunterbrechen

Die Plattform zu programmieren erforderte allerdings einen hohen Softwareentwicklungsaufwand. Zu diesem Zeitpunkt sahen sich Siamak und Florian das erste Mal mit einem Thema konfrontiert, das in der chaotischen Eventbranche sehr schnell in Vergessenheit gerät und irgendwie dann doch immer hinhaut: das Projektmanagement. In diesem Zusammenhang beschäftigten sie sich, für beide neu, mit agilem Arbeiten, dem Scrum-Framework und Kanban als Methode der Visualisierung von Arbeits(fort)schritten.

Abb. 3: Erste Erfahrungen mit Agile Work durch Ambassador-Software hypd

Im Zentrum agiler Arbeit steht die Kommunikation: Wer arbeitet gerade woran und welche Probleme gibt es?

Anstatt wie im klassischen Prozessmanagement ein autoproduktionsartiges Fließbandszenario festzulegen, in dem eine Sache nach der nächsten geschehen muss, geht es beim agilen Arbeiten darum, dass viele Gewerke parallel laufen können und am Ende eines vorher festgelegten Zeitrahmens zu einem funktionierenden Ganzen zusammengesetzt werden. Neben einer offenen Kommunikation zur Vermeidung von Informationsasymmetrien ist besonders das Herunterbrechen großer Themenkomplexe in kleine Inkremente – zu verstehen als aktuelle, funktionsfähige Version eines (Teil-)Produkts – ein essenzieller Bestandteil agilen Arbeitens. Diese Art zu arbeiten, inklusive der Methoden wie Scrum und Kanban, hat die beiden Unternehmer nachhaltig fasziniert. Vermehrt begannen sie, dieses Vorgehen auch für ihre Marketingmaßnahmen zu nutzen. Anstatt große Kampagnen am Reißbrett zu planen, fokussierten sie sich darauf, kontinuierlich kleine Werbeelemente zu erstellen und umgehend zu testen.

Das Bauchgefühl – ein kleiner Abschied

Zu häufig kommt es im kreativen Prozess noch dazu, dass man sich zu sehr auf sein Bauchgefühl verlässt. Im schlechtesten und eben auch häufigen Fall führt das dazu, dass die anfänglich bahnbrechende Idee dann doch nicht so großartig ist. Je eher man also eine große Idee in kleinere und messbare Einheiten herunterbricht und diese umgehend testet, desto eher weiß man, ob sie in der jeweiligen Zielgruppe auch wie gewünscht resoniert. Da Florian und Siamak das früh erkannten, konnten sie nicht nur hohe Kosten vermeiden und Zeit sparen, sondern hatten auch endlich ein Framework für ihr Marketingteam, das sie nutzten, um die eigenen Learnings aus ihrem Performance-Design-Prozess auch ihren Mitarbeitenden zu vermitteln.

Durch diese neue Form der Arbeit konnten sie wesentlich schneller Aufgaben erledigen und in Prozesse eingreifen. Das Team informierte sich im Rahmen täglicher Stand-up-Meetings kontinuierlich gegenseitig. Da den beiden die Methodologie auch Remote-Arbeit ermöglichte, lange bevor Videocalls zum postpandemischen Alltag gehörten, hatten Siamak und Florian das große Glück, 2018 als Mentoren in einem von Lexware organisierten Start-up-Camp in Ägypten über das Thema Agile Work referieren und dort Anna als Teilnehmerin kennenlernen zu dürfen.

Abb. 4: Anna, Siamak und Florian in Ägypten

Anna hatte mittlerweile ihr Studium abgeschlossen und war mit ihrer ersten Gründung, einem nachhaltigen Modelabel aus schadstofffilternden Materialien, sehr an dem Marketingwissen der beiden Mentoren interessiert. Durch ihr Kommunikationsstudium besaß sie einen wesentlich wissenschaftlicheren und theoretischeren Ansatz als Siamak und Florian, deren Wissen aus Empirie und inzwischen jahrelanger Praxis stammte. Schnell merkten die beiden Unternehmer, wie beflügelnd diese neue dritte Perspektive sich auf ihren Marketingdialog auswirkte. So sprachen sie auch intensiv über den Stand der Brand-Ambassador-Plattform. Die Software vertrieben Siamak und Florian vor allem im Ausland über ein starkes Partnernetzwerk von Mediaagenturen. Das lief fantastisch. Von der Formula E in Mexiko bis hin zu MTV South Africa waren allen begeistert vom neuen Brand-Ambassador-Marketinghype. In Deutschland sahen sie sich allerdings immer wieder mit dem Irrglauben der potenziellen Kundschaft konfrontiert, dass sie als Gründer der Plattform umfangreiches technisches Wissen besäßen und sicherlich eine großartige Software bauen könnten, allerdings keine Ahnung von Marketing hätten. Doch das ließen sich nicht auf sich beruhen, taten es ihren internationalen Partnern gleich und drehten den Spieß einfach um. Sie gründeten eine Agentur, um ihre Software selbst zu vermarkten. Das war die Geburtsstunde von MUYDOZO.

In typischer Marketingmanier boten sie ihren Leads Social-Media-Marketingdienstleistungen als Lockangebot an, um ihre Software anschließend als Upsell zu vertreiben. Binnen kürzester Zeit hatte MUYDOZO ein hochkarätiges Klientel, das aufgrund der Veranstaltervergangenheit der beiden Gründer vor allem aus dem Live-Entertainment-Bereich stammte. Anna bekam Wind von MUYDOZO und bot ihre Unterstützung an. Gemeinsam bauten wir eine Social-Media-Agentur auf. Anstelle uns aber branchenüblicher Set-ups zu bedienen, ließen wir unser materielles Marketingwissen mit dem Fokus auf schnelle Iterationen und das strukturelle Wissen aus der agilen Arbeitsstruktur unserer Software Developer einfließen.

Kurz vor der Coronapandemie verkauften Siamak und Florian die Brand-Ambassador-Software an ihren kolumbianischen Partner, sodass wir uns von da an vollends auf MUYDOZO als digitale Marketingagentur konzentrieren konnten. Allerdings brach uns mit den ersten Lockdowns das gesamte Klientel aus dem Veranstaltungsbereich weg. In Windeseile fokussierten wir uns auf die Betreuung von E-Commerce-Unternehmen. Die Branche erlebte während der Pandemie einen Boom. Und auch wir wagten uns neben der Betreuung unserer Agenturkunden mit einem eigenen Produkt auf den Markt. Mit Beginn der Maskenpflicht merkten wir sehr schnell, dass wir unsere Fähigkeiten dazu nutzen wollten, aus der bedrohlich wirkenden Situation etwas Positives zu machen. Durch ihre erste Gründung war Anna mit Filterstoffen und dem Thema Krankheitsübertragung durch verschmutzte Luftpartikel bereits vertraut. So entschieden wir uns, eine eigene Maske zu entwickeln. Bereits im Entwicklungsprozess griffen wir hierbei wie bei unseren regulären Marketingtätigkeiten auf die wichtigste

Quelle überhaupt zurück: Daten in Form von Userfeedback: Überall – auf Social Media, in Tausenden Posts, in den Medien – äußerten Menschen ihren Frust über die Masken. Die Beschwerden hinsichtlich der konventionellen OP- und FFP2-Masken reichten von Umweltverschmutzung über Tragekomfort bis dahin, dass durch die Maske weder Apples Face ID funktionierte und das iPhone nicht mehr entsperrt werden konnte und, noch viel schlimmer, die Stimmung des Gegenübers aufgrund der hinter der Maske verborgen liegenden Mimik nicht erkennbar war. Genug Punkte, die wir für unser Marketing aufgreifen konnten. Aber wir mussten testen, denn wir wussten: Jede Marketing-Message ist nur so gut, wie sie in der jeweiligen Zielgruppe resoniert.

Basierend darauf entwickelten wir binnen weniger Wochen AIO, die weltweit erste transparente Maske mit austauschbaren Filterpads für ein Höchstmaß an Nachhaltigkeit und Tragekomfort, der die Maske für maximale Sicherheit zusätzlich luftdicht auf dem Gesicht sitzen ließ. Ausgehend von den vielen Ansprüchen – Sicherheit, Komfort, Nachhaltigkeit und dem nicht zu verachtenden Fashionaspekt – drehten wir einen Kampagnenfilm für die Crowdfunding-Plattform Indiegogo. Tatsächlich erstellten wir mehrere Versionen jeweils mit Fokus auf einem der Pain Points, also Schmerzpunkten, die mit den konventionellen Masken einhergingen. Schnell wurde klar, dass die auf die durchsichtige Optik fokussierten Inhalte zwar die größte Reichweite erzielten, allerdings die Nachhaltigkeits- und Sicherheitsaspekte zu mehr Verkäufen bei geringeren Werbeausgaben führten. Diese Herangehensweise brachte uns nicht nur binnen weniger Tage knapp 400.000 Euro Einnahmen über die Kampagne[5] ein, sondern bestimmte auch nachhaltig die weitere Ad-Creative-Erstellung und Werbestrategie – zumindest so lange, bis die FFP2-Pflicht für Masken den Markt in Deutschland für uns versiegen ließ. Da half uns dann auch kein noch so gutes Verständnis für die Wünsche und Sorgen unserer Zielgruppen weiter.

Fun Fact: Obwohl der Fokus von AIO vor allem auf dem deutschen Markt lag, drang unsere Maske auch international bis in prominente Kreise vor. So bestellten auch Auma Obama, die Schwester des ehemaligen US-Präsidenten Barack Obama, sowie das Management von Jay-Z und Beyoncé unsere AIO-Masken.[6]

---

5 Indiegogo (20.09.2020): AIO Transparent Mask – Sustainably Made in Germany, https://www.indiegogo.com/projects/aio-transparent-mask-sustainably-made-in-germany#/, abgerufen am 03.02.2024.

6 Ebenda.

Abb. 5: Die AIO-Maske – ein Produkt von MUYDOZO

Auf nicht immer geplante, somit häufig organische Weise haben wir unser Wissen aus über einem Jahrzehnt unternehmerischer Tätigkeit in einen Prozess gießen können, der es sowohl uns als auch dir ermöglicht, datengetriebenes Marketing effizient und strukturiert zu betreiben, bei dem die Zielgruppe(n) im Fokus steht. Mit dem Wachstum unserer Agentur wurde uns immer deutlicher, dass der Prozess, mit dem wir tagtäglich arbeiten, nicht nur einen massiven Wettbewerbsvorteil, sondern auch ein Novum darstellte. So neu, dass er einen eigenen Namen verdiente – und jetzt auch dieses Buch: das Avatar Hacking®. In gewissem Maß ist es aus Eigennutz für unsere tägliche Arbeit entstanden. Aber mit der Zeit wurde uns immer klarer, dass wir das Avatar Hacking® voller Überzeugung teilen möchten – für ein starkes, wertvolles Marketing der Zukunft.

Der Grundsatz für diese Methode ist so simpel wie effektiv: maximale Skalierbarkeit von Kreativität und Performance bei optimierter Kommunikation.

All das, was du auf den folgenden Seiten über das Avatar Hacking® erfahren und lernen wirst, basiert auf drei zentralen Erkenntnissen unserer unternehmerischen Geschichte, die wir noch einmal zusammenfassen möchten:

Avatar Hacking® folgt drei Erkenntnissen

- Einzig und allein **Daten**, nicht Geschmäcker, entscheiden über richtig oder falsch.
- Marketingideen müssen in **agiler** Arbeitsweise in kleine Elemente heruntergebrochen und in kurzen Iterationsschleifen getestet werden.
- Es gibt nie das eine überzeugende Abschlussargument. Jede **Zielgruppe** bedarf einer bedürfnisspezifischen Ansprache und Überzeugung.

Wir freuen uns, gemeinsam mit dir agiles Marketing nachhaltig in deine Prozesse zu etablieren und großartigen Brands dabei zu helfen, die Audience zu erreichen, die sie verdienen. Wir möchten dich bestmöglich unterstützen, damit du in der Lage bist, dich vollends auf die individuellen Bedürfnisse deiner Zielgruppe(n) zu konzentrieren. Ganz egal, ob du dafür auf einer Bühne vor 25.000 Menschen stehst, Aktionäre mit massivem Absatz ein Lächeln auf die Lippen zauberst oder vor deinem Laptop auf Bali sitzt. Und wir hoffen, dass unser Ansatz, Marketing zu (be)treiben, für dich und deine Unternehmung ebenfalls viele große und kleine Erfolge bereithält.

A MUYDOZO MARKETING ESSENTIAL

AGILE

GAINS

PAIN RELIEVER

PAINS

CCC

MUYDOZO® DIGITAL MARKETING AGENCY

CUSTOMER JOBS

PRODUCT & SERVICE

GAIN CRE

A MUYDOZO MARKETING ESSENTIAL

AVATAR HACKING®

1 Das ist Avatar Hacking®

Marketing ist ein alter Hut! Bereits 1.500 vor Chr., als noch Keilschrift trendy war und das iPhone noch nicht einmal in den kühnsten Träumen der Menschheit existierte, nutzten findige Händler in Mesopotamien und geschickte Töpferinnen im alten Griechenland bereits Formen des Marketings. Sie gravierten Logos und Markenzeichen auf ihre Tonvasen – der blaue Haken der Bronzezeit sozusagen. Diese Symbole waren allerdings mehr als nur dekorative Kunst. Sie waren die ersten Schritte in Richtung Markenbildung und Kundenbindung.

Abb. 6: Illustrationen mesopotamischer Töpfereien mit Markenzeichen

Dir ist sicherlich bewusst, dass dein Marketing heute, knapp 3.500 Jahre später, ein wenig mehr benötigt als eine ruhige Hand beim Töpfern. Die Anforderungen an modernes Marketing unterscheiden sich spätestens seit der Digitalisierung massiv von seinen frühen Anfängen. Allerdings haben einige Elemente aus dieser Zeit bis heute überlebt, wie eine Amphore im Museum oder römische Toga-Partys in Studentenverbindungen. Manche Relikte aus vergangenen Marketingtagen existieren noch zu Recht, andere haben ihr Verfallsdatum längst überschritten. Das wahllose Platzieren von Logos auf Gegenständen, beispielsweise der Firmenschriftzug auf einem Backstein für über 100 US-Dollar[7], hat nicht zuletzt der Skateboard-Marke Supreme einen Platz im Marketingolymp gesichert[8]. Aber auch weniger glamourös sitzen viele Unternehmen noch dem veralteten Irrglauben auf, dass ein aufwendiges Video mit Logoeinblendung genau das Richtige und das digitale Marketing beim Neffen der Geschäftsführerin in guten Händen sei. Das Resultat sind meist gleich aussehende Werbemittel der Unternehmen mit gewollt fetziger Copy und gut sichtbar platziertem Logo der Werbenden.

Aber was unterscheidet gutes von schlechtem Marketing?

Philip Kotler, Marketinglegende und Autor der Marketingbibel »Marketing-Management«, sieht das wie folgt:

> *»What sets great marketing apart is developing an overarching strategic framework within which all other decisions are made.«*[9]

Darauf aufbauend ergänzt Marketing-Automatisierungssoftware-Riese Active Campaign:

> *»Good marketing refers to the strategic and effective practices and techniques employed by businesses to promote their products or services, engage their target audience, and achieve their marketing objectives.«*[10]

Um der Antwort für gutes Marketing näherzukommen, fahren wir gemeinsam eine Runde Auto. Was unterscheidet beispielsweise einen Opel von einem Porsche? Das, was Porsche besonders macht, ist nicht etwa das einmalig gute und zeitlose Design oder die atemberaubende Fahrleistung, sondern – viel langweiliger – dass jedes Fahrzeug das Ergebnis eines perfekten Prozesses ist. Denn Porsche steht für Qualität.[11] Und dieses Versprechen jedes einzelnen 911ers und seiner Vorgänger hat seit 1948 weder etwas mit einem glücklichen Ausbruch an Kreativität oder einem Zufall zu tun, sondern ist schlichtweg das logische Resultat eines perfekt ausgeklügelten Entwicklungsprozesses.

Genauso ist es im Marketing auch. Vor Innovation und Kreativität steht das strategische und systematische Konstrukt, mit dem Marketingmaßnahmen umgesetzt werden und das den Nährboden für innovatives und kreatives Marketing bildet. Der

---

7 StockX: Supreme Clay Brick Red, https://stockx.com/supreme-clay-brick-red, abgerufen am 03.02.2024.

8 Leach, A. (o. D.): Supreme Brick, https://www.highsnobiety.com/p/supreme-brick/, abgerufen am 03.02.2024.

9 Kotler, P. (2017): Marketing-Management, 15. Auflage, London, Pearson Verlag.

10 Active Campaign (o. D.): Definition »Gutes Marketing«, https://www.activecampaign.com/glossary/good-marketing, abgerufen am 03.02.2024.

11 Porsche AG (2013): Qualität aus Hingabe, https://newsroom.porsche.com/de/unternehmen/qualitaet-10373.html, abgerufen am 03.02.2024.

kanadische Schriftsteller Arjun Basu bringt es auf den Punkt: »Ohne die richtige Strategie ist Content nur Krempel.«[12] Der Marketingalltag sieht in vielen Fällen leider anders aus. Tatsächlich ist es der Unternehmensbereich, von dem die meisten Fachfremden denken, sie können ihren Senf dazu beitragen, weil sie einen schlauen »5-Hacks-für-erfolgreiches-Marketing«-Artikel gelesen haben.[13] Während Input in der Automobilindustrie der Expertise von Fachleuten vorbehalten bleibt, ist das Marketing dem Bauchgefühl von schlichtweg allen ausgeliefert. Allerdings entscheidet dieses persönlich gefärbte Feedback nicht über den Erfolg einer Marketingkampagne. Denn wie in der Ingenieurskunst resultiert der Erfolg von Marketingmaßnahmen aus einer Vielzahl getesteter Annahmen und Datenpunkte, die am Ende ein funktionierendes Ergebnis produzieren. Es kommt also immer auf die Systematik an, die es erlaubt, die (Marketing-)PS wiederholt und verlässlich auf die Straße zu bringen und die zudem darüber entscheidet, ob dein Marketing an der Ampel im neuesten Porsche 911 davonsaust oder im alten Opel Kadett hinterherruckelt.

Avatar Hacking® – ein Framework für agiles Marketing

Um den Anforderungen an modernes Marketing gerecht zu werden und damit auch du für dein Marketing den Turbo einlegen kannst, haben wir, basierend auf über einer Dekade digitaler Marketingexpertise, das Avatar Hacking® entwickelt.

Es ermöglicht dir die Nutzbarmachung von Daten zur Entwicklung flexibler Marketingstrategien bis hin zur Umsetzung hoch performanter Werbeanzeigen. Es wird von erfolgreichen Agenturen, Start-ups und bis in die Marketingabteilungen von DAX-Konzernen wie Deutsche Telekom genutzt. Dreh- und Angelpunkt ist die Schaffung einer praktikablen Arbeitsweise, die die Potenziale digitalen Marketings voll ausschöpft und erstklassige Marketingergebnisse ermöglicht.

Die drei Phasen des Avatar Hacking®

Das Avatar Hacking® ist ein sich stetig wiederholender Prozess, der in drei Phasen abläuft.

- Er beginnt mit der Generierung von Daten, ihrer Sortierung und Analyse.
- Im nächsten Schritt werden die Daten zu Kommunikationsmitteln wie zum Beispiel Werbeanzeigen verarbeitet und
- in der letzten Phase der Zielgruppe ausgespielt und ausgewertet.

Je nach Ergebnis der Analyse werden entweder die Kreationen der zweiten Phase angepasst oder wird entsprechend neu generierter Daten der Prozess von neuem begonnen. Ein Kreislauf, der nur eins im Sinn hat: so effizient wie möglich das meiste aus deinem Marketing herauszuholen.

12 Dearsley, B. (29.04.2019): Content Without Strategy Is Just Stuff, https://www.prmarketingbollox.com/blog/content-without-strategy-is-just-stuff, abgerufen am 03.02.2024.

13 Zoll, D. M. (2023): DO IT! Mit Social Media einfach durchstarten. Kiedrich, BrainBook Verlag.

Das Avatar Hacking® basiert auf etablierten Prozessen – wie dem Value Proposition Canvas (Kapitel 3.4.2) und Elementen aus Scrum (Kapitel 1.4.3) – und kombiniert sie zu einem effizienten und effektiven Framework für die praktische Umsetzung eines modernen digitalen Marketings.

Abb. 7: Das Avatar Hacking® – ein agiles Framework für zielgruppenfokussiertes und datengetriebenes Marketing

Disclaimer

Falls du befürchtest, dass das Avatar Hacking® nur ein theoretisches Gebäude ist, sei beruhigt: Das Avatar Hacking® ist von erfahrenen Marketingtreibenden speziell für den Einsatz in der Praxis entwickelt und wird bereits von vielen aufstrebenden und etablierten Unternehmen sowie Agenturen im Marketingalltag erfolgreich angewandt.

Der Begriff »Avatar Hacking« ist eine Wortschöpfung sowie eingetragene Marke unserer Marketingagentur MUYDOZO. Das Kompositum aus »Avatar« – Fokus auf die Zielgruppe – und »Hacking« – Nutzung von Daten als Grundlage für alle Marketingprozesse – beschreibt die Kernelemente des agilen Arbeitsframeworks. Das Avatar

Hacking® bestimmt unseren Arbeitsalltag sowohl im Dienste unserer Kundinnen als auch für unsere eigenen Unternehmungen.

Avatar Hacking® ist genau richtig für dich, wenn du

- in der Geschäftsführung oder in leitender Position im Marketing in einem Unternehmen tätig bist.
- eine Marketingagentur betreibst oder Marketingdienstleistungen anbietest.
- Kommunikation in deinen Marketingteams effizient gestalten möchtest.
- nach einem praktisch orientierten Framework suchst, um eine agile Arbeitsweise in dein Marketing zu implementieren.
- am Anfang deiner Karriere stehst oder aber bereits erfahrener Marketingprofi bist.

Entsprechend versuchen wir mit diesem Buch, den Zugang einfach und dennoch so lehrreich wie möglich zu gestalten. Als Basis setzen wir ein natürliches Grundverständnis von Marketing voraus. Mehrere Fachwörter haben wir dennoch in einem Glossar am Buchenende zusammengestellt.

Das Avatar Hacking® wird dir dabei helfen,

- skalierbare Marketingstrategien zu entwickeln,
- die Daten und digitalen Spuren deiner (potenziellen) Kundschaft effektiv für dein Marketing zu nutzen,
- die Kommunikation in deinen Marketingteams sowohl intern als auch extern zu verbessern,
- eine klare Struktur für deine Marketingprozesse zu etablieren,
- die Kosten für dein Marketing zu verringern und deine Ergebnisse zu optimieren.

In diesem ersten Kapitel stellen wir dir den Status quo des praktischen Marketings vor und erklären auf dieser Basis, warum ein Umdenken zwingend erforderlich ist. Wir gehen genauer auf die dem Avatar Hacking® zugrunde liegenden Lehren und Methodiken ein und stellen dar, wie modernes Marketing aufgebaut sein muss, um die Potenziale unserer Zeit richtig hebeln zu können. Als logische Folge dieser Erkenntnisse stellen wir dir die Grundprinzipien vor, auf denen das Avatar Hacking® fußt.

Die drei Grundprinzipien des Avatar Hacking®

Das **Avatar Hacking®** basiert auf drei Grundprinzipien, um skalierbar erfolgreiches digitales Marketing betreiben zu können.

- **Datenbasiert**: Daten bilden die Basis für gute Marketingstrategien.
- **Zielgruppenfokus**: Die Zielgruppe ist der Dreh- und Angelpunkt deiner Marketingkommunikation. Denn nur Angebote und Botschaften, die den spezifischen Bedürfnissen deiner Kundschaft entsprechen und in für sie ansprechender Art und Weise darstellen, werden erfolgreich sein.

- **Agilität**: Ein agiles Arbeitsframework ist die zwingende Voraussetzung, um Erkenntnisse aus den Daten in eine zielgruppengerechte Ansprache zu übersetzen und deine Marketingstrategie in einen sich kontinuierlich neu erfindenden, effektiven Prozess zu verwandeln.

Solltest du dich jetzt fragen, warum wir unser System, wenn es denn so genial ist, spätestens mit diesem Buch öffentlich machen – nun, zum einen ist das Avatar Hacking® schlichtweg die Kombination etablierter Prozesse und frei zugänglicher Arbeitsmethoden. Zum anderen sind wir fest davon überzeugt, dass jede Person, die die Möglichkeit hat, mit ihrem Wissen auch vielen anderen einen Mehrwert zu bieten, in der moralischen Pflicht steht, dieser nachzukommen. Ganz davon abgesehen, dass der Erfolg, den du für dein Marketing mit dem Avatar Hacking® für dich realisieren wirst, weder den der anderen noch unseren schmälert. Ganz im Gegenteil.

Unser Ziel ist es, dir mit dem Avatar Hacking® eine Arbeitsweise bereitzustellen, mit der du deinen individuellen Marketingerfolg kontinuierlich realisieren kannst. Und da wir in diesem Buch Agilität quasi predigen, wollen wir unseren Werten treu bleiben und freuen uns somit über jegliche Weiterentwicklung und Verbesserung des Frameworks.

Über den QR-Code gelangst du zu einem Feedbackformular, über das du einfach und in wenigen Minuten Kontakt zu uns aufnehmen kannst.

1.1 Neue Anforderungen an modernes Marketing

1.1.1 »Just Do It« – ein Glücksgriff in der Marketinggeschichte

Abb. 8: Post von Gründer, Social-Media- und Marketingexperte, Bestsellerautor und Businessratgeber Gary Vaynerchuk[14]

14 Vaynerchuk, G. (19.12.2023): https://www.tiktok.com/@garyvee/video/7314382586619432234, abgerufen am 03.02.2024.

Genauso plakativ, wie es Marketingguru Gary Vaynerchuk auf Social Media zum Besten gibt, ist es auch. Denn es gibt wahrscheinlich kaum eine Branche, die sich schneller an Trends orientieren und Veränderungen anpassen muss wie das Marketing. Und das hat sich rasant verändert. Wo jahrzehntelang Bauchgefühl und kreative Intuition dominierten, sind spätestens seit der Digitalisierung und dem Zeitpunkt, ab dem Social Media aus keinem Marketing-Mix mehr wegzudenken ist, datenbasierte Entscheidungen und immer schnellere Reaktionen auf die Veränderungen des Marktes gefragt. Der Zugang zu den Daten spezifischer Zielgruppen gibt dir ein viel klareres Bild, mit wem du da eigentlich kommunizierst. Und dir wird direkt gespiegelt, welche Botschaft wie resoniert.

Kompakt

Die Transformationen im Marketing und in den Märkten sind so gravierend, dass sie ein Umdenken in der gesamten Branche erfordern.

Viel hat sich getan, seitdem Dr. Philip Kotler und Kevin Keller et al. 1967 mit ihrem Werk »Marketing-Management«[15] den Grundstein für die Arbeit im Marketing gelegt haben. Der Kern jedoch ist gleich geblieben, wie es sein Co-Autor Alexander Chernev 2022 (und damit 56 Jahre später!) in einem Interview prägnant auf den Punkt bringt: »Im Marketing geht es um das Verstehen, Gestalten, Kommunizieren und Liefern von Werten. Dies ist die Grundlage der Marketingstrategie und hat sich im Laufe der Zeit nicht geändert. Was sich geändert hat, sind die Instrumente, die Unternehmen einsetzen, um Werte zu schaffen. Datenanalyse, Automatisierung und künstliche Intelligenz sind sehr leistungsfähige Werkzeuge für das Wertmanagement, aber sie sind eben nur Werkzeuge. Ohne eine solide Strategie, die ihren Einsatz steuert, können sie von der Kernaufgabe eines Unternehmens ablenken.«[16]

Noch vor wenigen Jahrzehnten war Marketing oft eine Kunst, die von wenigen genialen Köpfen beherrscht wurde. Ganz besonders von exaltierten Menschen mit großen Ideen, eigener Sprache und genauso ausgeflippten Ideen wie Kleidung. Immer ganz vorne mit dabei, Trends zu antizipieren, während diese noch in den Kinderschuhen steckten. Sie verließen sich dabei stets auf ihre jahrelange Erfahrung, ihr Feingefühl und für die Extraprise Marketinggenialität eben auf ihre Intuition. Es war eine Zeit, aus der Jahrzehnte überdauernde Slogans wie »Just Do It« von Nike stammen, der von Dan Wieden, dem Chef der Werbeagentur Wieden&Kennedy, 1988 erstmals für eine Kampagne der Sportmarke genutzt wurde. Als dessen Inspirationsquelle dienten tat-

15 Kotler, P., Keller, K. L., Brady, M. (2017): Marketing-Management. London, Pearson Education.

16 KelloggInsight (21.01.2022): How Has Marketing Changed over the Past Half-Century?, https://insight.kellogg.northwestern.edu/article/how-has-marketing-changed-over-the-past-half-century, abgerufen am 03.02.2024.

sächlich die letzten Worte eines verurteilten Mörders.[17] Dass dieser Slogan (und längst auch eingetragene Marke) auch noch knapp 40 Jahre später Menschen dazu bringt, Marathons zu laufen und sportlich über die eigenen Grenzen hinauszuwachsen, ist so genial wie unvorhersehbar gewesen. Gleichzeitig ist es das perfekte Beispiel für eine unglaubliche Eingebung und das richtige Bauchgefühl. Nicht umsonst ist der Nike-Slogan einer der heiligen Grale im Marketing. Aber so ein Volltreffer passiert nicht alle Tage und hat, mit Verlaub und höchstem Respekt vor den Fähigkeiten von Dan Wieden, auch viel mit Glück zu tun. Während sich Wieden »nur« auf seinen guten Riecher und den Zufall beim Zappen durchs Fernsehprogramm verlassen konnte, können Marketingentscheidungen heutzutage von einer viel größeren Datengrundlage abhängig gemacht werden – und sind damit auch vorhersehbarer und deutlich weniger zufällig.

1.1.2 Überwältigende Datenfluten – Daten sammeln ist das eine, sie auswerten etwas anderes!

Wir leben in einem Zeitalter der Information, so viel ist sicher. Unser gesamter Alltag wird von Datenerhebung und Personalisierung bestimmt. Die Daten und Informationen, die uns im Marketing zur Verfügung stehen, sind immens und detailliert. Jede digitale Interaktion, die ein Kunde mit einer Marke hat, jede Bewegung auf einer Webseite, jeder Klick: All das wird erfasst, von den Algorithmen der Social-Media-Plattformen analysiert und ausgewertet. Das Resultat: Wir haben das Potenzial, unsere Zielgruppen tiefgreifender zu verstehen als je zuvor.

Der Vorteil? Durch die immer klüger werdenden Algorithmen der Social-Media-Plattformen können Unternehmen mit viel weniger Aufwand wesentlich präziseres zielgruppenorientiertes Marketing betreiben, welches nicht nur effizienter, sondern auch effektiver ist. Und doch hinken viele Unternehmen einem spür- und messbaren Erfolg häufig um Meilen hinterher. Die meisten von ihnen sammeln Daten, sicher unzählige, doch sie wissen nicht, wie sie diese richtig nutzen können. Ihre Arbeitsweisen sind ebenso veraltet wie die Auswertungsmethoden, was dazu führt, dass sie aus ihren Daten keine oder kaum verwertbare Schlüsse ziehen können. Sie bleiben in traditionellen Mustern verhaftet, anstatt die Vorteile der digitalen Revolution zu nutzen.

Die größte Problematik besteht tatsächlich nicht in der Erhebung der Daten, sondern in ihrer praktischen Nutzbarmachung. Du kannst dir das wie eine riesige Kiste voller Legosteine vorstellen. Jeder Klemmbaustein steht dabei für einen bestimmten Datenpunkt. In der Kiste herrscht maximales Chaos, alle Steine fliegen durcheinander. Damit du jetzt gemeinsam mit deiner kleinen Schwester, die in unserem Gedankenspiel

17 Unbekannt (2009): Art&Copy, https://www.20min.ch/story/ein-moerder-inspirierte-den-nike-slogan-168724355337, abgerufen am 03.02.2024.

die an deinem Angebot interessierten Personen repräsentiert, aus den tausend Steinen ein Piratenschiff – respektive eine erfolgreiche Werbekampagne für dein Produkt oder deine Dienstleistung – bauen kannst, müsst ihr erst einmal für Ordnung sorgen und systematisiert alle Teile, die potenziell nützlich werden können, aussortieren und beiseitelegen. Die meisten Unternehmen haben bereits bei dieser Sortierung Schwierigkeiten – denn es gab bislang für sie keine etablierten Standards. Für euer Piratenschiff würdet ihr 1. einen Haufen für den Bug, 2. einen für Mast und Segel und 3. einen weiteren für die ganzen Details und Verzierungen eures Kahns zusammensuchen. Dabei ist fürs Erste vollkommen egal, welches der Teile beispielsweise den besten Mast baut. Die Kategorien sind entscheidend, sodass ihr blitzschnell direkt im richtigen Haufen suchen könnt, wenn der Mast nicht gerade ist oder ein optisches Update vertragen könnte.

Nicht anders ist es auch im Marketing. Unendlich viele Daten bringen dir rein gar nichts, wenn du nicht den Überblick bewahren kannst. Bei fehlender Ordnung verkompliziert sich das Ganze, wenn du ständig neue Informationen erhältst und deine Strategie entsprechend anpassen musst. Am Beispiel eures Piratenschiffs würde es bedeuten, dass deine kleine Schwester, für die du das Freibeutergefährt zusammenbastelst, während des Baus neben dir sitzt und im laufenden Prozess immer wieder Einwände geltend macht. »Bitte keine blauen Steine.« – »Es muss groß genug sein, um möglichst viele Schatztruhen transportieren zu können.« – »Es muss mindestens drei Segelmasten haben.« Im Normalfall sitzt dir im Marketing nicht deine kleine Schwester gegenüber, sondern du erhältst Feedback in Form von Kennzahlen auf deine Werbeanzeigen durch Userinnen. Es geht um bares Geld, deshalb ist eine schnelle Reaktion unabdingbar. Wenn du jedes Mal wieder von Null anfangen müsstest, was deine Werbestrategie anbelangt, würdest du schnell an deine Grenzen kommen – ganz egal, wie stressresistent du bist. Genauso wie beim Lego-Piratenschiff gehst du als smarte Person dein Marketing deswegen in Etappen, Bauschritt für Bauschritt, an. Anstatt also das ganze Schiff auf einmal zu bauen und dann erst zu präsentieren, weißt du nach kleinen Schritten und bereits bei der Arbeit, Element für Element, was gut ankommt und was nicht. Dabei greifst du immer auf den richtigen Haufen zu, anstatt verzweifelt in einer chaotischen Kiste nach dem passenden Bauteil zu kramen. In der echten Marketingwelt ist das natürlich noch einmal wesentlich wertvoller, da es nicht nur Zeit und Nerven, sondern auch Geld spart. Da freut sich auch die kleine Schwester, denn das Piratenschiff ist schneller bereit, in See zu stechen. Und du wiederum kannst dich mit den gesparten Ressourcen direkt an den Bau eines zweiten Schiffes wagen.

Anstatt also Werbekampagnen von A bis Z durchzuplanen und am Ende zu merken, dass sie doch komplett am Gusto der Zielgruppe vorbeischießen, hast du die Möglichkeit, kompakte Teilstücke deiner Marketingbotschaft zu testen, auf das Feedback derer zu reagieren, die auf die Botschaft anspringen sollen und so peu à peu eine resonierende Kampagne zu entwickeln.

Agiles Arbeiten, das in anderen Branchen schon lange Einzug gehalten hat, ist im Marketing für viele Unternehmen allerdings noch Neuland. Dabei bietet gerade Agilität im Marketing enorme Chancen. Sie ermöglicht Unternehmen, schnell auf Marktveränderungen zu reagieren, ständig zu lernen und ihre Strategien kontinuierlich zu verbessern und so massive Fehlentscheidungen und Kosten zu verringern.

Die größten Probleme im modernen Marketing:

- Daten werden aufgrund veralteter Arbeitsmethoden nicht sinnvoll genutzt.
- Iterationsschleifen sind oft zu lang.
- Die Zusammenarbeit zwischen den einzelnen Marketing Departments, insbesondere zwischen Design und Media Buying, ist meist holprig, da es an einer übergreifenden Kommunikationsstruktur fehlt.

Die Notwendigkeit für ein Umdenken im Marketing ist offensichtlich. Die alten Methoden funktionieren in der heutigen, von Daten dominierten Welt nicht mehr. Unternehmen, die weiterhin an veralteten Arbeitsweisen festhalten, verpassen den Anschluss sowie die Chancen, ganz vorne mitzugehen beziehungsweise zu gestalten. Es ist Zeit, diesen Wandel zu erkennen, ihn zu verstehen und entsprechend zu handeln.

Das von uns entwickelte Avatar Hacking® bietet dir genau das: einen Leitfaden für die Zukunft eines fundierten, effektiven und effizienten Marketings.

Zusammengefasst

Marketingrevolution: Wie ein Rockstar, der die Bühne betritt, hat die Digitalisierung das Marketing für immer gewandelt. Bauchgefühl und Intuition sind jetzt Backstage, während datenbasierte Entscheidungen und blitzschnelle Marktreaktionen das Rampenlicht erobern. Es ist eine Ära, in der jeder Klick, Like und Share zählt und Marketinggenies wie Gary Vaynerchuk den Takt vorgeben.

Von Intuition zu Information: Waren einst flammende Einfälle und kreative Geniestreiche die Währung des Marketings, ist heute die präzise Analyse von Verhaltensdaten der Goldstandard. Das klassische Marketing, das auf jahrelanger Erfahrung und einem guten Riecher basierte, wird nun von einer datenreichen, zielgerichteten Strategie überholt.

Digitale Dilemmas und Datenchaos: Unternehmen versinken in einem Meer von Daten, oft ohne Rettungsring oder Kompass. Die Herausforderung liegt nicht primär in der Datenerhebung, sondern in der effektiven Nutzung. Statt Datenchaos geht es um das Anlegen einer geordneten Legokiste voller nützlicher Bausteine, auf die man jederzeit zielgerichtet zugreifen kann.

Agilität als Antwort: Im modernen Marketing sind Flexibilität und Agilität nicht nur Buzzwords, sondern Überlebensstrategien. Agiles Marketing ermöglicht es Unternehmen, in Echtzeit auf Marktveränderungen zu reagieren, kontinuierlich zu lernen und die Strategien stetig zu verbessern. Es ist ein Tanz auf dem Vulkan der Veränderung, der Präzision und schnelle Bewegungen erfordert.

Strukturwandel statt Strukturstarre: Die alten Marketinggiganten müssen sich bewegen – oder sie werden untergehen. Die Zeit für Umdenken und Neuausrichtung ist längst gekommen. Die Unternehmen, die agil handeln, datenbasiert Strategien entwickeln und lernen, ihre Kampagnen iterativ zu optimieren, werden die neuen Helden des Marketings sein.

Fazit: Modernes Marketing fordert einen Paradigmenwechsel: weg von der starren, intuitionsbasierten Vergangenheit hin zu einem dynamischen, datengetriebenen und agilen Ansatz. Die Unternehmen, die diesen Wandel meistern und die Fähigkeit entwickeln, aus dem Chaos der Daten klare, zielgerichtete Strategien zu formen, werden die Wegbereiter und Gewinner in dieser neuen, aufregenden Marketingära sein. Das Avatar Hacking® verheißt in diesem Kontext das Navigationsinstrument in der turbulenten See des digitalen Marketings zu sein.

1.2 Akuter Handlungsbedarf

Viele Methoden, die einst gut und richtig waren, sind es heute nicht mehr! Wir fokussieren uns auf eines der gängigsten und relevantesten Beispiele für die Nutzung eines veralteten Werkzeugs in der Marketingpraxis: die Personas. Sie sind, so unsere klare Einschätzung, ein Relikt der Vergangenheit und eine Methode, die einst ihre Daseinsberechtigung genoss, doch sich dem Lauf der Zeit nicht angepasst hat und keineswegs mehr den Ansprüchen an eine moderne, zielgruppenorientierte Kommunikation und Marketingstrategie gerecht werden kann. In unserer täglichen Marketingpraxis wird an keinem anderen Phänomen wie dem der Persona-Methode deutlich, was aktuell in den Marketing Departments dieser Welt falsch läuft und warum viele Unternehmen sich so schwer tun, mit dem heutigen Tempo und den Anforderungen an agiles Marketing Schritt zu halten.

In diesem Kapitel lernst du,

- was Personas sind und wofür sie einmal gut waren.
- was Ozzy Osbourne und King Charles mit ihnen zu tun haben.
- warum die 42-jährige geschiedene Bürokauffrau Ulrike aus Lüneburg nichts mehr mit einem zeitgemäßen Zielgruppenverständnis zu tun hat.
- warum Persona-Workshops längst rausgeworfenes Geld sind.
- warum Personas der Funktionsweise der Social-Media-Algorithmen entgegenstehen und der falsche Ansatz für ein zielgruppengerechtes Marketing sind.

1.2.1 Personas – ein kurzer Blick in die Vergangenheit

Um zu begreifen, warum Personas ausgedient haben, ist es wichtig zu verstehen, warum sie existieren und weshalb sie relevant waren. Von der privaten Münchner Marketinghochschule bis hin zur New Yorker Werbeagentur gehörten Personas schließlich zum Standardrepertoire einer jeden Marketingstrategie – und tun es häufig (leider) immer noch.

Persona

Eine Persona (auch mehrere möglich) ist eine fiktive Person, die für die Ausrichtung von Marketingkampagnen erstellt wird. Sie soll einen typischen Vertreter (w/m) einer Zielgruppe darstellen und helfen, diese besser zu charakterisieren, einzugrenzen und dementsprechend das Marketing für Dienstleistungen und Produkte präzise auszurichten.

Die Persona-Methode stammt aus einer Zeit, in der Faxgeräte und koffergroße Mobiltelefone der letzte Schrei waren und Steve Jobs noch wallendes Haupthaar trug. Zu dieser Zeit, in den 1980er-Jahren, entwickelte sie der legendäre amerikanische Softwaredesigner Alan Cooper, oft als »Vater der Visual Basic« bezeichnet, im Rahmen eines Softwareprojektes quasi aus eigener Not heraus. Ende der 1990er-Jahre beschrieb er sie als Teil seiner Designmethodik in seinem Softwaredesign-Buch »The Inmates are Running the Asylum«[18]. Er stellte fest, dass es hilfreich war, sich während des Designprozesses auf die Bedürfnisse und das Verhalten fiktiver Menschen zu konzentrieren. Diese hypothetischen User nannte er »Personas«.

Jede Persona hatte einen Namen, ein Foto, eine Hintergrundgeschichte und konkrete Bedürfnisse, Ziele und Verhaltensweisen. So erhielt der sehr abstrakte Entwicklungsprozess ein nahbares, nahezu greifbares Gesicht. Dieser Kniff diente als Hilfe, dass Designteams ihre Software nicht für einen »elastischen« Nutzer entwarfen und sich das Resultat nicht nur nach der Laune des Designteams richtete. Personas beugten in diesem Sinne der natürlichen Tendenz zur Selbstbezogenheit vor und halfen Designern, sich stattdessen bei der Entwicklung auf einen oder mehrere spezifische Charaktere zu konzentrieren. Das Resultat war ein wesentlich runderes und vor allem einheitlicheres Ergebnis. Der erste Schritt zur nutzerzentrierten Appentwicklung war getan.

18 Cooper, A. (1999): The Inmates Are Running The Asylum. London, Pearson.

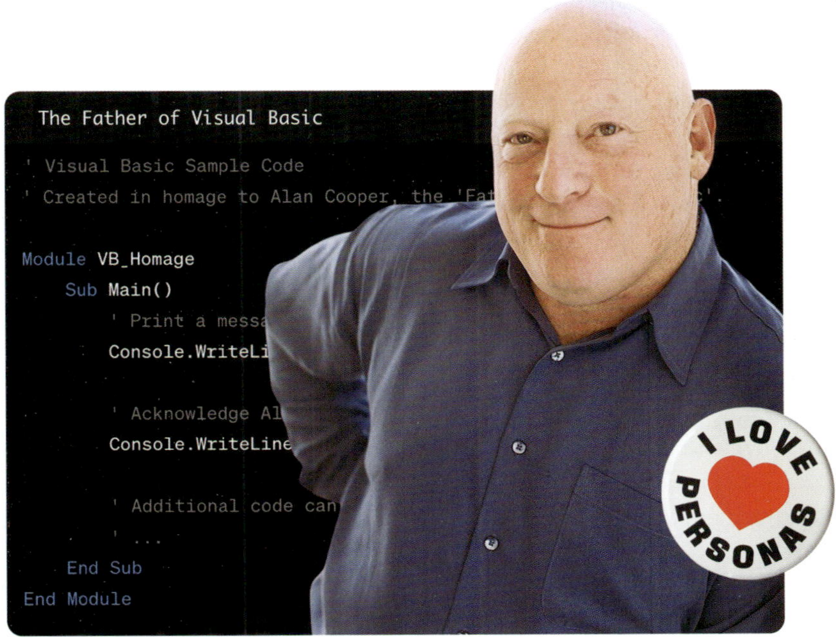

Abb. 9: Alan Cooper – Vater der Visual Basic und Erfinder der Persona

Coopers Grundgedanke – je konkreter ich mich an den Bedürfnissen der Nutzenden orientiere, umso nutzerfreundlicher und erfolgreicher werden meine Applikationen – war so einfach wie genial. Und dieses »Erbe« hat, zumindest in dem ihm zugrundliegenden Gedanken, noch bis heute Gültigkeit, auch für das Marketing. Je präziser eine Marketing-Message die Bedürfnisse der Zielgruppe widerspiegelt, umso erfolgreicher wird sie funktionieren.

In den 1990er-Jahren begann Cooper, die Methode systematisch anzuwenden und zu verfeinern. So wurde sie zu einem wichtigen Bestandteil seiner Designpraxis. Aus der Methode wurde ein Prozess mit festen Regeln und Abläufen. Coopers Herangehen und die darauf aufbauende Arbeit anderer Designerinnen und Forschenden haben dazu geführt, dass die Persona-Methode in vielen Bereichen, darunter UX-Design, Produktdesign und letztendlich auch im Marketing, zu einem akzeptierten Werkzeug wurde. Wichtig hervorzuheben ist, dass Cooper für die Erstellung von Personas eine Datenerhebung voraussetzte, die eine hinreichend große Menge an Informationen lieferte und Muster erkennbar werden ließ. Basierend auf diesen Mustern wurden die Personas schließlich abgeleitet – ein wichtiges Detail, das im Lauf der Zeit allerdings immer stärker vernachlässigt wurde.

In den 1990er-Jahren war diese Vorgehensweise goldrichtig. No Big Data, kaum Algorithmen und Computer, die Daten sammeln, aggregieren und für uns auswerten. Marketing – und damit auch die von Cooper geforderte Datenerhebung – bedeutete in dieser Zeit in erster Linie Marktforschung durch repräsentative Befragungen. Und diese waren auch damals mit einem enorm hohen Kostenaufwand verbunden und brachten zahlreiche Herausforderungen vor allem im Hinblick auf die Auswertung mit sich. So passierte es häufig, dass Daten mit einem bestimmten Bias – also einer durch falsche Untersuchungsmethoden (z. B. Suggestivfragen) verursachten Verzerrung – in die eine oder andere Richtung gelesen und interpretiert wurden.

Die von Cooper entwickelte Persona-Methode erfreute sich zunehmender Beliebtheit und gehörte schnell zum Einmaleins der Werbenden, sodass auch kleinere Unternehmen begannen, sie für ihr Marketing zu nutzen. Allerdings wurde aufgrund der hohen Kosten vermehrt auf eine aufwendige Datenerhebung verzichtet und durch eine händische, meist bauchgefühlte Persona-Kreation ersetzt. Mit der Zeit wurde aus dem datengetriebenen Ansatz Coopers, der einer deduktiven Herleitung folgte, eine Methodik, die primär induktiv hergeleitete Ideen und Ergebnisse hervorbrachte.

Trotzdem ist die Persona-Methode noch immer eines der meistgenutzten Instrumente im Marketing, um Kampagnen aufzusetzen und Marketinginhalte zielgruppenspezifisch aufzubereiten. Denn es gilt unstrittig der Grundsatz, dass eine an konkreten Zielgruppen ausgerichtete Kommunikation die relevanteren und deshalb auch performanteren Botschaften enthält. Somit stimmt zumindest auch mit fehlender Datenerhebung immerhin die Richtung.

Abb. 10: Darstellung einer typischen Persona – Welcome, Ulrike!

In den meisten Fällen werden Personas in teuren Workshops entwickelt, deren Ergebnis eine DIN-A4-Seite im Querformat mit einem Stock Image einer lächelnden Person mit demografischen Angaben, Hobbys, Name des Lieblingshaustiers sowie Vorlieben und Ängsten ist. Hierzu gibt es verschiedenste Ansätze, welche Informationen die Persona unbedingt enthalten muss. Dabei scheint oft nach dem Prinzip »Viel hilft viel« operiert zu werden.

Konsens allerdings sind folgende Attribute:

- Name,
- Geschlecht,
- Alter,
- Beruf,
- Familienstand/Zivilstand,
- Wohnort,
- Wohnsituation,
- Lifestyle,
- Pains & Gains (Ängste/Schmerzen & Ziele),
- Einstellungen,
- Hobbys/Interessen.

Optional werden beispielsweise folgende Informationen ergänzt:

- Medienkonsum,
- sozialer Status/Bildungsniveau,
- Kaufverhalten,
- Vorlieben&Abneigungen,
- mögliches Kaufmotiv und
- die Frage: Was könnte die Person davon abhalten, das entsprechende Produkt/den Service zu kaufen?

Der Fokus liegt auf demografischen Informationen, auf Motivationen und Bedürfnissen. Genau aus diesem Grund geistern noch heute »Ulrikes«, 42, Bürokauffrau aus Lüneburg, geschieden, die gerne Rad fährt, durch die Marketing Departments der Welt. Doch sind diese fiktiven, auf subjektiven Einschätzungen basierenden Steckbriefcharaktere überhaupt anschlussfähig für effektive Marketingmaßnahmen? Repräsentieren sie wirklich die Menschen, die man gemeinhin als Kundinnen gewinnen möchte? Die Marketingpraxis zeigt leider, dass Personas in den meisten Fällen in Schubladen verstauben und schlichtweg nicht in kreative Botschaften, visuelle Konzepte oder Kampagnen übersetzt werden (können). Dafür ist unsere digitale Marketingwelt viel zu schnelllebig geworden, als dass wir uns immer wieder gebetsmühlenartig in eine fiktive Persona hineinversetzen könnten. Was daher bleibt, ist meist nicht mehr als ein vages und vor allem subjektives »Feeling« für die Zielgruppe, der gescheiterte Versuch einer Greifbarmachung von Kundenbedürfnissen und eine pauschale, karikierte und allzu oft stereotypische Charakterisierung über (demografische) Merkmale, die für eine wirksame Kommunikation nur untergeordnet relevant sind. Allerdings, und das kennst du eventuell auch von dir, neigen wir Menschen dazu, uns von anderen Menschen überzeugen zu lassen, die uns sympathisch sind. Und wem sind wir am freundlichsten gesonnen? Richtig, Personen die uns zum Verwechseln ähnlich sind. Oder noch etwas egozentrischer: Nicht ohne Grund finden viele von uns die Gespräche am tollsten, in denen wir selber am meisten Redezeit bekommen und uns unser Gegenüber verständnisvoll zunickt. Gutes Marketing muss genau das erreichen: ein begeistertes Nicken und das Gefühl, verstanden zu werden. Dabei sind demografische Faktoren nur in Teilen wichtig. Denn es wurden tatsächlich auch schon popelnde Kinder Luxusautomobile bewerben gesehen, siehe das Beispiel Sixt[19]. Ein kleines Mädchen sitzt auf der Rückbank eines 7er BMWs und popelt angestrengt in der Nase. Nachdem sie endlich fündig geworden ist und sich des Nasengoldes entledigen will, schweift ihr Blick durch die Karosse. Das zimtfarbene Leder sowie der Rest des hochwertigen Interieurs lassen ihr keine andere Möglichkeit, als den Popel aus Respekt vor der Ästhetik des Automobils essen zu müssen. So genial wie eklig. Well done, Sixt. An diesem Beispiel wird allerdings deutlich, dass sowohl Alter, Geschlecht und Wohnort

19 Sixt (06.12.2017): Popel-Werbung, https://www.youtube.com/watch?v=nEyDexFFstk, abgerufen am 09.01.2024.

für die Botschaft irrelevant sein können, solange die Zielgruppe in ihrer Motivation angesprochen wird – in diesem Fall der Wunsch nach Luxus, und zwar popelfrei.

Wichtig ist – und das ist auch Herzstück des Avatar Hacking® –, dass die Werbebotschaft in der jeweiligen Zielgruppe auf relevante Resonanz stößt, anstatt einfach ein Abziehbild des Produktes wiederzugeben. Bis heute spielen demografische Faktoren im Marketing allerdings immer noch eine immense und vor allem kostenrelevante Rolle. Insbesondere sind diese aber nicht für die Inhalte der Werbung, sondern vor allem für die Auswahl des Marketingkanals wichtig – fatalerweise. Einer der Hauptgründe für die Nutzung von Personas ist weiterhin nicht, *was* oder *wie* kommuniziert werden soll, sondern *wo*.

Stelle dir vor, es ist 1992, also ein knappes Jahr vor Einführung des Internets. Du »bist« Nintendo und willst deine neue Videospielkonsole, das Super Nintendo Entertainment System, in Deutschland verkaufen. Im Meeting mit deinem Marketingteam wird schnell klar: »Die Eltern werden WIR nicht überzeugen können. Schließlich bekommt man von Videospielen ja erwiesenermaßen viereckige Augen. Und außerdem ist unser Produkt nochmal teurer als der Gameboy. Wir müssen die Kinder erreichen und sie ihre Eltern so lang nerven lassen, dass sie gar nicht anders können, als uns die grauen Boxen aus den Händen zu reißen.« Bingo! Ein genialer Marketingplan. Die Chancen stehen nicht schlecht, dass auch du dich in Kindertagen genauso hast instrumentalisieren lassen. Damit dieser Plan aber aufgehen kann, musst du es schaffen, die Marketingkanäle so auszuwählen, dass die Kids mit maximaler Action bespielt, heiß auf ihr Abenteuer mit Super Mario gemacht und gleichzeitig die Eltern darüber informiert werden, wo sie das gute Stück erwerben können. Entsprechend teilst du das Marketingbudget auf Fernsehwerbung im Kinderprogramm[20] zwischen Duck Tales und Spiderman sowie Werbung in Kindermagazinen auf. Die Eltern werden entsprechend mitbeschallt, wenn sie mit ihren Kindern Cartoons schauen, und finden zusätzlich im Otto Katalog die Super-Nintendo-Annonce mit dem extra Vorbestellerrabatt.

20 Zurück in die Vergangenheit (21.04.2021): Super Nintendo SNES – Werbung (DEUTSCH) | 1992, https://www.youtube.com/watch?v=O6wk77SCctc&ab_channel=Zur%C3%BCckindieVergangenheit%E2%84%A2, abgerufen am 03.02.2024.

Abb. 11: Werbung der 1990er-Jahre – Super Nintendo Entertainment System

Die Rechnung wäre für dich niemals aufgegangen, wenn du die Marketingkanäle falsch ausgewählt hättest. Werbung in der Apothekenrundschau oder als Werbeblock zwischen Polittalk und Tatort im Abendprogramm hätten die relevanten Zielgruppen, vor allem die Kinder, niemals erreicht. Die Auswahl des Werbekanals war somit ein maßgeblicher Treiber für den Erfolg oder Misserfolg von Kampagnen.

Zusammengefasst

Personas sind tot,

- weil sie auf subjektiven Stereotypen, Vorurteilen und Meinungen beruhen, nicht auf Daten.
- weil sie für Marketer im schnelllebigen, arbeitsreichen Alltag nicht effizient und effektiv in Kommunikationsmittel übersetzt werden können.
- weil sie kein System darstellen, das fortlaufend weiterentwickelt und mit immer mehr Wissen angereichert werden kann.

Die Persona-Methode wurde ursprünglich mit großartigen Ambitionen und einem agilen Anspruch von Alan Cooper entwickelt und galt als deduktiver Ansatz, der aus quantitativen Daten ein Stellvertretendenprofil ableitet. Personas haben vor Beginn des Internetzeitalters geholfen, Entscheidungen hinsichtlich der Auswahl des richtigen Kommunikationskanals zu treffen. Mittlerweile finden Personas jedoch als induktiver Ansatz Anwendung, der auf subjektiven Ideen und Annahmen und nicht mehr auf Daten beruht, durch die sich valide Muster ableiten lassen. Vielmehr als die Frage nach dem Wo interessieren sich Marketer heutzutage für die Frage nach dem *Was* und *Wie* in einer wirksamen Werbekommunikation.

1.2.2 Old School Marketing – starr wie ein gefrorener Wasserfall

Die Wasserfall-Methode

Die Wasserfall-Methode ist ein strukturierter Ansatz zur Projektabwicklung, bei dem der Prozess in sequenzielle Phasen unterteilt wird. Diese Methode ähnelt einem Wasserfall, da jede Phase vollständig abgeschlossen sein muss, bevor die nächste beginnen kann – es gibt kein Zurückgehen zu früheren Phasen. Dies bedeutet, dass der Fortschritt linear und stufenweise erfolgt, ähnlich wie Wasser, das von einer Ebene zur nächsten fällt, ohne zurückfließen zu können. Wenn eine Phase aus irgendeinem Grund nicht abgeschlossen werden kann, stagniert der gesamte Prozess. Dieses Prinzip bedeutete in Marketing Departments oft eine monatelange Planung, Aufbereitung und Kontrolle von Kampagnen und Werbemaßnahmen.

Ein weiteres Merkmal früheren Marketings: Es war wenig bis nicht agil, sondern setzte voraus, dass alle Maßnahmen mit viel Vorlaufzeit geplant und bis ins letzte Detail entschieden wurden, bevor sie vollständig umgesetzt wurden und in die Öffentlichkeit gelangten – die Wasserfall-Methode par excellence, nur nicht am Autofließband, sondern in der Marketingpraxis. Dadurch war der Erfolg einer Maßnahme immer erst und ausschließlich im Nachgang bewertbar und mit dem hohen Risiko verbunden, dass selbst bei vorzeitigem Abbruch der Maßnahmen noch immer hohe Kosten entstanden.

Stell dir vor, du bist Pyramidenarchitekt und stehst mit Cleopatra stolz wie Oskar vor deinem Bauwerk, auf das gerade der letzte Stein, die Spitze, gesetzt wird. Der große Moment der Enthüllung – und dann der Schock: Er passt nicht! Und irgendwie steht dein Riesendreieck auch nicht ganz gerade. Da ist die Pharaonin zu Recht sauer. Tausende Steine und mehrere Jahrzehnte Arbeit umsonst, nur weil irgendwo ein Kalkstein ein paar Zentimeter schief sitzt.

Das beste marketingrelevante Beispiel noch vor ein bis zwei Jahrzehnten war die Ausstrahlung eines Werbespots im Abendprogramm. Der Spot musste erst einmal gedreht, dann der Programmplatz ausgesucht und verbindlich gebucht werden. Die Auswahl des Werbeblocks beziehungsweise der Sendung war in diesem Zusammenhang von höchster Bedeutung. Denn nur wenn die relevante Zielgruppe auch zur richtigen Zeit vor dem Bildschirm saß, konnte sie erreicht werden. Du kannst dir vorstellen, dass dementsprechend genau die Zeitslots am teuersten waren beziehungsweise immer noch sind, zu denen fast alle vor der Mattscheibe hängen. Denn wenn die ganze Welt vor dem Bildschirm klebt, wirst du auch ganz sicher deine Zielgruppe (mit) erreichen. Nehmen wir das globale Ereignis Superbowl. Beim epochalen TV-Spektakel des NFL-Finales schauen über 800 Millionen Menschen auf der ganzen Welt zu – und somit kostet eine Sekunde Werbezeit im Schnitt ca. 233.000 US-Dollar[21]. Deutlich effektiver war es, extrem »nischig« unterwegs zu sein und seinen Bastelkleber für Modelleisenbahnen im offenen Kanal im Werbeblock rund um die Sendung »Harrys Zügeparadies – Modellbahnerträume in H0« zu platzieren. Eine wesentlich kleinere Audience, die allerdings exakt die Anforderungen an die Kundschaft erfüllte.

1.2.3 Zurück in die Gegenwart – so funktionieren Algorithmen

Wie oft hast du im Zusammenhang mit Social-Media-Plattformen den Satz »Plattform XY? Aber da treibt sich meine Zielgruppe doch gar nicht rum!« gehört? Der Grund hierfür ist ein überholtes Verständnis von Marketingkanälen. Denn die 1990er sind schon lange vorbei. Die Entwicklung sämtlicher Social-Media-Kanäle zeigt seit Jahren einen klaren Trend: Nutzerschaften werden immer heterogener. Auch TikTok ist längst nicht mehr das digitale Pendant zum präpubertären Kinderzimmer, in dem hinter verschlossenen Türen Tänze einstudiert und den großen Idolen nachgeeifert wird. Pinterest hat sich längst aus dem Image des DIY-Bastelclubs befreien können und bietet mittlerweile Nischen für alle möglichen Themen an – von Finanztipps über Rezepte hin zu Inspirationen für Nageldesigns. Wir brauchen uns wahrscheinlich nicht darüber streiten, dass Fernsehwerbung spätestens ab dem Zeitpunkt, an dem der Blick vom TV-Bildschirm gen TikTok wandert, sobald die Werbung beginnt, zumindest schwierig ist. Denn seit Social Media und Google ist klar, dass die Kanalauswahl mittlerweile anders läuft. Anstelle eines Programmchefs, der dir sagt, welche Audience welche Sendung guckt, die zu deinen Werbebedürfnissen passt und dir entsprechend der Reichweite eine Gebühr aufruft (Cost per Mille, CPM), entscheidet das mittlerweile ein Algorithmus für dich. Im Gegensatz zur klassischen Werbung – und dabei ist vollkommen egal, ob Out-of-Home-Plakatwerbung, Fernsehen, Kino, Zeitschriften oder Radio – weiß ein Algorithmus explizit, wer da gerade vor dem Endgerät sitzt, anstatt einfach nur grob abschätzen zu können, dass die Audience vom Tatort wahrschein-

21 Statista (2023): Durchschnittskosten für einen 30-Sekunden-Werbespot beim Super-Bowl-Finale im US-TV in den Jahren 2002 bis 2023, https://de.statista.com/statistik/daten/studie/251451/umfrage/kosten-fuer-einen-30-sekunden-spot-beim-super-bowl-finale-im-us-tv/, abgerufen am 03.02.2024.

lich Ü40 und zu 60 Prozent weiblich und wohlsituiert ist[22]. Und selbst diese Annahmen sind reine Schätzungen und lassen vollkommen außer Acht, welche spezifischen Bedürfnisse diese Menschen haben – außer womöglich den Wunsch herauszufinden, wer wen warum umgebracht hat.

Maßgeblich für agiles Marketing ist somit die Fokussierung von Social Media und digitalen Formen der Kommunikation, da diese weitaus mehr und qualitativ aussagekräftigere Daten hervorbringen als klassische Kommunikationskanäle, die sich vielmehr an ein disperses, nicht messbares Publikum richten.

Der »Programmchef« und gleichzeitig das Herz des modernen Marketings – und hier im Fokus selbstverständlich die Social-Media-Plattformen – ist der Algorithmus. Im Kern ist der alles bedeutende Unterschied zum Old-School-Marketing, die Nutzungserfahrung zu personalisieren und zu optimieren, indem relevante und ansprechende Inhalte hervorgehoben werden.

Algorithmen

Social-Media-Algorithmen sind komplexe, sich ständig weiterentwickelnde Systeme, die von maschinellem Lernen und künstlicher Intelligenz angetrieben werden und darauf abzielen, die immense Menge an verfügbaren Daten zu navigieren, um ein personalisiertes und für den einzelnen Nutzenden relevantes Erlebnis zu schaffen.

Algorithmen der Social-Media-Plattformen sind nahezu allwissend. Seit Facebook Anfang der 2000er-Jahre die Social-Media-Büchse der Pandora öffnete und Abermillionen Personen freiwillig all ihre Daten von der eigenen E-Mail-Adresse über soziale Kontakte aus wilden Studententagen bis hin zum getaggten Foto des neuen Golden-Retriever-Welpen in die Datenwolke hochluden, hat sich innerhalb der letzten zwei Dekaden nicht nur die Masse an Daten, sondern auch die Qualität ihrer Auswertung enorm verbessert.

Die Sorge, von den Tech-Riesen beim Surfen belauscht zu werden, ist dir sicherlich nicht fremd. Kaum hast du an der Kaffeemaschine besprochen, welches Paar Schuhe als nächstes auf deinem Wunschzettel steht, erscheint es wie von Geisterhand auf dem Nachhauseweg direkt wie gewünscht in Bordeauxrot in Größe 44 mit zehn Prozent Spezialrabatt in deinem Feed. Für viele ist allein das schon Beweis genug für die riesigen Fangarme der nimmersatten Datenkrake. Im Mindestmaße zeigt es dir die Vielfalt an Datenpunkten, die von den Plattformen erhoben werden. Die Wahrheit ist wahrscheinlich noch viel dystopischer. Denn entweder leben wir wie von Elon Musk

22 Statista (2010): Anteil der Befragten insgesamt und nach Altersgruppen, die häufig die Krimiserie Tatort schauen, https://de.statista.com/statistik/daten/studie/169756/umfrage/profil-der-zuschauer-der-krimiserie-tatort/, abgerufen am 03.02.2024.

vermutet tatsächlich in einer Simulation oder die künstliche Intelligenz hinter dem Algorithmus hat so viele Datenpunkte über dich erheben und auswerten können, dass die Plattform, schon bevor du es überhaupt selber wusstest, deine Kaufentscheidung voraussagen konnte. Zwei vollkommen unglaubliche Erklärungsansätze, von denen zumindest einer mit hoher Wahrscheinlichkeit der Wahrheit entsprechen wird. In jedem Fall ist deutlich, wie potent die Algorithmen der Plattformen sind. Und mit jedem Like, neuem Follow, jeder Suchanfrage und jeder Millisekunde Watchtime des letzten Katzenvideos in deinem Feed wird er klüger und klüger. Die Idee dahinter ist allerdings weitaus weniger Science-Fiction, zumindest sofern wir nicht doch nur Batterien der Matrix sind, sondern viel pragmatischer – und widerlegt die Aussage »Plattform XY? Aber da treibt sich meine Zielgruppe doch gar nicht rum!«. Denn mit an Sicherheit grenzender Wahrscheinlichkeit doch! Auf den relevanten Social-Media-Plattformen von Facebook mit knapp drei Milliarden aktiven Nutzenden über Instagram, TikTok, Twitch, X bis hin zu Pinterest mit über 450 Millionen Active Users[23] findet sich nahezu die ganze Welt mit mindestens 3,5-mal so großem Publikum wie beim Super Bowl wieder. Und das bezieht Google noch gar nicht mit ein. Auch deine Zielgruppe(n) wird sich mit an Sicherheit grenzender Wahrscheinlichkeit auf Meta, Pinterest oder TikTok herumtreiben. Es kann also nicht mehr darum gehen, *ob* sich deine Kundschaft auf einer Plattform befindet, sondern vielmehr, *wie* deine Zielgruppe auf der jeweiligen Plattform auf dein Angebot *reagiert*. Und das muss getestet werden.

Alle Algorithmen jeglicher Plattformen sammeln unendlich viele Daten – und das immer detaillierter. Alle demografischen Daten werden erfasst und Nutzende aufgrund ihres Verhaltens nach Interessen oder Desinteressen geclustert. Diese Cluster kannst du dir als für den Menschen unüberschaubar große Menge an Zielgruppensegmenten vorstellen. Um dieses Phänomen greifbar zu machen, verwenden wir gemeinhin im allgemeinen Sprachgebrauch den Begriff »Big Data«. Ein normaler Mensch und selbst ein Marketingsuperstar ist nicht in der Lage, dieser riesigen Datenmenge (händisch) Herr zu werden. Die Algorithmen der Plattformen können jedoch genau das: Sie sorgen dafür, dass der passende Content an die richtige Zielgruppe ausgespielt wird. Das ist extrem wichtig für die Plattformen, da sie ihre User nicht mit fehlgeleiteter Werbung verärgern wollen. Das Ziel ist, die Nutzungsdauer und das Engagement so hoch wie möglich zu halten sowie so viele Firmen wie möglich dazu zu bringen, ihre Budgets auf die jeweilige Plattform zu allokieren. Der Algorithmus ist also tatsächlich dein Verbündeter, wenn es um das Ausspielen der passenden Werbung an die richtige Zielgruppe geht. Mittlerweile sind die Algorithmen so gut, dass sie bereits nach kurzer Lernphase und erster Resonanz genau wissen, welcher Audience sie deine Werbung ausspielen müssen.

23 Statista (2024): Global Social Networks Ranked by Number of Users, https://www.statista.com/statistics/272014/global-social-networks-ranked-by-number-of-users/, abgerufen am 03.02.2024.

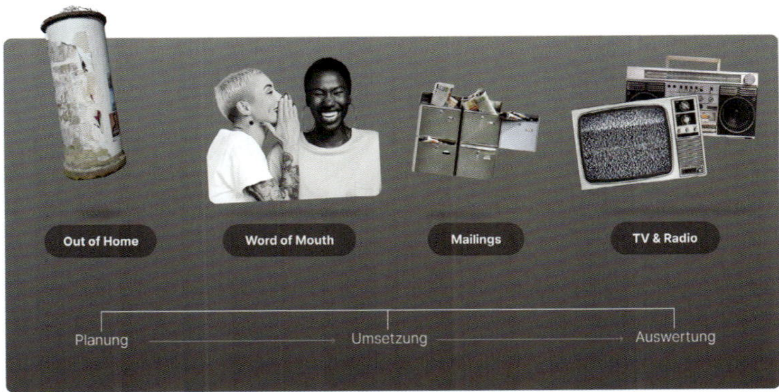

Abb. 12: Von statischer Old-School-Werbung …

Abb. 13: … zu algorithmusbasierter, agiler Werbung

Deshalb kommen wir zum folgenden Kapitel und dem Schluss …

1.2.4 Personas Are Dead – The Algorithm Killed Them

Abb. 14: Personas … Are Dead!

Unserer Überzeugung, aber vor allem (messbaren) Erfahrung nach gibt es kaum noch Argumente, die dafür sprechen, dass eine fiktive, spezifische Person Mehrwert für dein Marketing bietet. Ganz im Gegenteil: Sie zwängt dich eher in ein gedankliches Korsett, das es im schlimmsten Fall gänzlich verhindert, dass du die reale Kundin mit ihren individuellen Wünschen, Problemen und Interessen so ansprichst, wie es erforderlich ist, um sie von deinem Angebot zu überzeugen.

Dadurch, dass sich die Technik der Werbekanäle in wenigen Jahren immens verbessert hat und es kontinuierlich tut, haben sich auch die Voraussetzungen vor allem für die Vorarbeit verändert. Anstelle minutiös geplanter, häufig händisch erstellter Archetypen gilt es heute, Annahmen digital zu testen, zu verifizieren und (erst) dann mit erhöhten Budgets zu skalieren – und zwar so agil und umgehend wie möglich. Offline wirst du niemals die Vielfalt an Datenpunkten und echter Interaktion mit deinen Inhalten so messen können wie online. Daher folgen auch Maßnahmen und Entscheidungen für Out-of-Home-Kampagnen idealerweise den Ergebnissen aus einem digitalen Smoke Test, also einem Test in kleinerem Rahmen, um Annahmen zu überprüfen, bevor der große Roll-out ansteht. Kaum etwas ist schnelllebiger als die Erfordernisse von Social-Media-Plattformen. Daher braucht es Methoden und Systeme, die dich mit den nötigen PS ausstatten, um mit diesen digitalen Echtzeitentwicklungen und Dynamiken Schritt halten zu können.

Anstatt also über Wochen Personas auszuarbeiten und zu entscheiden, ob Boomer-Jens eher in der Vorstadt oder doch ländlich wohnt und Katzen- oder Hundefreund ist, sind Gedanken zu konkreten Problemen oder Wünschen deiner Zielgruppe(n) wesentlich zielführender. Zudem nimmt dir der Algorithmus einen Großteil der datenbasierten Zielgruppenanalysen ab – und du kannst dich auf die Bedürfnisse und zielgruppenfokussierte (Werbe-)Botschaften fokussieren.

Natürlich macht es keinen Sinn, eine Werbekampagne für deine Bäckerei in Köln-Ehrenfeld auf Meta in ganz Deutschland auszuspielen. Hier kannst du im Vorfeld durch die lokale Eingrenzung natürlich Geld sparen. Aber selbst wenn du das nicht tun würdest, würde der Algorithmus über kurz oder lang zu dem Ergebnis kommen, dass es eine Zielgruppe gibt, die wegen des speziellen äthiopischen Mokkas und der augenscheinlich vor allem für Instagram-Posts pyramidenförmig gebackenen Croissants zu dir kommt, während eine andere Zielgruppe wie wild auf deine Werbeanzeige klickt, weil du »Eggs Benedict All You Can Eat für 4,99 €« anbietest. Der Algorithmus spricht für jede Marketing-Message die jeweils richtige Zielgruppe an. Ganz automatisch. Die Entscheidungsgrundlage auf Basis der Daten gibt den Algorithmen einen so deutlichen Wettbewerbsvorteil, dass keine Persona dieser Welt da auch nur annähernd mithalten kann.

Ein Algorithmus entscheidet über die Platzierung deiner Werbeanzeige nach einem Auktions- oder Bieterverfahren. Wenn zwei Werbetreibende jeweils ihre Bäckerei in Köln-Ehrenfeld auf TikTok bewerben wollen und beide mit ihren Werbeeinstellungen ca. 50.000 Menschen erreichen könnten, treiben sie den Preis mit jedem ausgegebenen Euro für diese Zielgruppe gegenseitig Stück für Stück weiter hoch, da TikTok natürlich seine Nutzenden nicht mit Vollkornbrötchen und Milchkaffee vollspammen und nerven möchte. So stehen einmal limitierte Werbeplätze zur Verfügung (bspw. eine Werbung à alle zehn Videos im Feed), um die mit anderen Werbetreibenden, aber auch mit dem direkten Konkurrenten geboten wird. Wenn viele gleichzeitig in der jeweiligen Zielgruppe werben, wird es teurer – wie beim Superbowl. Deshalb macht es Sinn, die Marketing-Message möglichst nischig, also fokussiert auszurichten, sodass der Algorithmus viel spezifischer auswählen kann, wem die Werbung ausgespielt werden soll. Anstatt also deinen »leckeren Kaffee« zu bewerben und mit Omas Café, dem Kiosk und Starbucks um die Wette zu bieten, kann es Sinn machen, auf einen spitzen Angle – sprich einen spezifischen Blickwinkel oder eine Perspektive, aus der du kommunizierst – zu gehen und deinen »doppelten Espresso mit Karamell-Vanille-Aroma« anzupreisen. Der Algorithmus wird schnell merken, welcher Zielgruppen-Cluster hier am vielversprechendsten ist und deine Anzeigen einer deutlich kleineren Audience günstiger ausspielen. Dem Algorithmus stehen wesentlich mehr Datenpunkte und Erkenntnisse zur Verfügung, als jeder Persona-Workshop dir jemals generieren könnte.

1.2.5 Was König Charles III. und Ozzy Osbourne verbindet

Daten lügen nicht, so viel ist sicher. Allerdings können zu wenig Daten dich sehr schnell in die Irre führen und ein gänzlich falsches Bild kreieren. Das plakativste Beispiel dafür, dass die Basis für deine zielgruppenspezifische Kommunikation mehr braucht als eine Handvoll Annahmen, verdeutlicht der Vergleich zwischen folgenden beiden »Aristokraten«: seine königliche Majestät Charles III. und der Prince of Darkness Ozzy Osbourne.

Abb. 15: Was Charles III. und Ozzy Osbourne verbindet

Die Pointe haben wir vorweggenommen. Dennoch: Stell dir einen 74-jährigen Mann aus Großbritannien vor. Der werte Herr ist entsprechend seines Adelstitels sehr vermögend und wohnt in einem Schloss. Die Chancen stehen nicht schlecht, dass dir auch ohne unseren heißen Tipp jemand wie König (ehemals Prinz) Charles in den Kopf gekommen wäre. Die exakt gleiche Beschreibung trifft allerdings auch auf den Sänger der Heavy-Metal-Band Black Sabbath und TV-Persönlichkeit Ozzy Osbourne zu. Ausgehend von der Optik würdest du den beiden Briten jegliche Gemeinsamkeit absprechen. Und mit ziemlich hoher Wahrscheinlichkeit würdest du dich für eine Einladung zum Dinner mit einem der beiden entsprechend anders anziehen, die Gespräche hätten andere Themen und die Begrüßung dürfte ebenfalls entschieden anders ausfallen.

Was wir verdeutlichen möchten: Es ist unweigerlich erforderlich, ein Mindestmaß an qualitativen Informationen für die Konkretisierung deiner Zielgruppe zu haben, das über bloße demografische Gegebenheiten hinausgeht.

Faustregel

Wenn die Informationen, die du über deine Zielgruppe gesammelt hast, aussehen wie die Biografie auf einem Datingprofil, dann ist deine Informationsgrundlage zu dünn.

Viel mehr als auf demografische Daten wie Alter, Geschlecht und Wohnort kommt es auf die innere, die intrinsische Motivation deiner Zielgruppe an. Was sind die Wünsche und Ängste, was ist der Antrieb deiner Kundschaft, um sich für dein Angebot zu interessieren?

Stell dir vor, ein Spielzeughändler möchte die neuste Playmobil-Burg inklusive feuerspeiendem Drachen und edler Rittersmaid in güldener Rüstung verkaufen. Viel wichtiger als das Alter der Zielkundschaft ist zum Beispiel die Frage, ob das Spielset für sich selbst oder als Geschenk erworben werden soll. Für den Kauf eines Geschenks ist vor allem das Argument der Neuheit ein Bonus, da hierdurch die Wahrscheinlichkeit sinkt, dass die zu beschenkende Person schon die gleiche Burg im (Kinder-)Zimmer stehen hat. Soll die Ritterburg allerdings in den eigenen Besitz übergehen, ist das Hauptargument für den Kauf eher die exklusive Ritterin oder der Spielspaß durch eine Falltürfunktion im Burgturm – und das vollkommen unabhängig davon, ob es sich um eine zehnjährige Mittelalterenthusiastin oder einen 40-jährigen Playmobilsammler handelt.

Allerdings können auch hier die Grenzen von Motivationen und Demografien verschwimmen. Hättest du beispielsweise geglaubt, dass Charles und Ozzy einen ähnlichen Musikgeschmack haben und Songs der Beatles zu ihren Top-10-Lieblingstiteln zählen? Das zeigt dir, dass du aus Daten immer nur bedingt Rückschlüsse auf eine Person ziehen kannst. Umgekehrt wird umso deutlicher, dass es dir genauso wenig hilft, eine Person als Gallionsfigur für eine ganze Kundengruppe zu nutzen. Und es verdeutlicht, dass es massiv auf die jeweils aggregierten Daten ankommt. Um effizient werben zu können, braucht es zwar »oberflächlich« demografische Daten zum groben Filtern der Zielgruppe – im Finetuning allerdings genau die richtigen Argumente, die den Vorteil deines Angebots für die jeweilige Zielgruppe klar herauskristallisieren. Und genau diese Daten und ihr Match – »Welches Argument funktioniert bei wem?« – ist das, was gutes Marketing erfolgreich macht.

In diesem Zusammenhang kommt bei uns Autorinnen immer wieder die Erinnerung an den NEONSPLASH-Event im RAI in Amsterdam Ende 2014 mit über 25.000 Gästen hoch.

Abb. 16: NEONSPLASH – Blick von der Bühne und die Frage: Sind alle eins oder alle einzeln?

Der Blick von der Bühne in die feiernde Menge, die sich alle mit fluoreszierender Neonfarbe zu elektronischer Musik bespritzten, war für uns und ist bis heute immer wieder faszinierend und überwältigend zugleich. Tausende von Menschen, alle in weißen T-Shirts gekleidet, die einfach nur am Wochenende abschalten und feiern wollen. Auf den ersten Blick eine vollkommen homogene Masse. Durch die farbverschmierten Shirts und Gesichter hatte die Frankfurter Rundschau unser Publikum als »fröhlich bunte Menschenmasse« bezeichnet. Tatsächlich ist ein solcher Blick von der Bühne für Augen und Hirn überfordernd. Es sind zu viele Sinneseindrücke auf einmal. Der Blick pickt sich, um Orientierung zu bekommen, Individuen aus der Masse heraus und lässt ihr Umfeld verschwimmen. Unsere Gäste hätten unterschiedlicher nicht sein können. Bei all unseren Veranstaltungen waren von internationalen Studierenden über Hardcorefans der DJs bis hin zu tanzwütigen Seniorinnen in ihren Siebzigern vollkommen unterschiedliche Personengruppen aus den verschiedensten (Sub-)Kulturen vertreten. Mehr Diversität geht nicht. Und trotzdem war dieser Blick von oben auf unsere Gäste etwas ganz anderes: einfach ein riesiger Einheitsbrei von Menschen. Hätten wir aus dieser auf den zweiten Blick tatsächlich doch mehr als heterogenen Masse die Durchschnittstype herausfiltern oder einfach per Zufall drei Personen als

Stellvertretende für unser Publikum herauspicken müssen, so wäre das Ergebnis niemals repräsentativ gewesen. Beides wäre unserer Zielgruppe nicht gerecht geworden. Unsere Fans hatten alle einen gemeinsamen Nenner. Sie wollten sich bei guter Musik fallen lassen und unbeschwert wie Kinder feiern. Damit fängt es an und endet es. Demografische Daten, Hobbys, sozialer Status oder eine innere Überzeugung haben allenfalls bedingt eine Rolle gespielt. Personas hätten uns in diesem Fall künstlich weiter von einem Zielgruppenverständnis entfernt, als uns zu helfen. Hätten wir nun versucht, einen Mittelwert oder den jeweiligen Durchschnitt aus einzelnen Besuchergruppen zu bilden, wären Individualität und kulturelle Bandbreite unseres Publikums vollkommen verloren gegangen. Anstatt auf heterogene Individuen einzugehen, wäre unser Blick auf die homogene Publikumsmasse zurückgegangen und hätte als Persona immer nur Teilaspekte als eine Art Karikatur der Masse wiedergegeben.

Viele Jahre hatten wir ein Foto von unserer Crowd als 2,40x1,35-Meter-Ausdruck über dem Küchentisch hängen. Auch hier war es insgesamt erschlagend, wie viele verschiedene Gesichter zu erkennen waren. Bis uns eines Tages mittig rechts ein Typ mit extrem »schneller« Radfahrerbrille, wespenstachelartiger Frisur und erstaunlich guter Laune aufgefallen ist, der mehr an einen insektoiden Cyborg als an einen Menschen erinnerte. Er stach einfach aus der Masse heraus. Seit diesem Tag ging der Blick nur noch auf ihn, anstatt auf die anderen Gäste oder die Masse an sich. Im Nachgang hätte genau er, einfach nur weil er unsere Aufmerksamkeit auf sich zog, unsere NEON-SPLASH-Persona gewesen sein können und stellvertretend für einen Teil unserer über eine Million Gäste gestanden. Unser Marketing hätte sich stets darauf konzentriert, die Dinge zu kommunizieren, von denen wir ausgegangen wären, dass sie unserem Wespenmann gefallen würden. Die Vermutung liegt nahe, dass wir damit nur bedingt an unsere Ticketverkaufsrekorde hätten anknüpfen können.

Abb. 17: Der Wespenmann, der aus der Masse heraussticht und Personas nach Hause schickt

Ähnlich wie Ozzy Osbourne und King Charles hätte uns allerdings auch der Wespenmann wenig Aufschluss über die individuellen Beweggründe zur Kaufentscheidung unserer Zielgruppe gegeben.

1.2.6 Deshalb sind Persona-Workshops rausgeworfenes Geld

Bevor wir den Kapiteltitel auflösen, noch ein Gedanke, warum viele Marketingprofis sich nach einer konkreten zu bewerbenden Person sehnen. In unserer vorwiegend digitalen Welt werden wir mit einer Unmenge an Kontakten und Individuen konfrontiert. Anders als beispielsweise eine Bäckerei hat ein E-Commerce-Unternehmen so gut wie nie die Möglichkeit, seine Kundschaft persönlich kennenzulernen. Allein durch die schiere Masse an (potenzieller) Onlinekundschaft wäre das auch gar nicht zu verarbeiten. Während Bäckermeister Siebert wahrscheinlich persönlichen Kontakt zu seinem Kundenstamm pflegt, teilweise bis ins Detail informiert ist und sich mit Frau Schneider über die Beförderung ihrer Tochter zur Geschäftsführerin freuen kann, bleibt ein solch persönlicher Austausch als »Beiprodukt« des Einkaufs trotz viel größerer Datenmengen der Marketingabteilung eines umsatzstarken E-Commerce-Unternehmens verborgen. Dabei ist der Wunsch zu wissen und zu »sehen«, an wen etwas verkauft wird, menschlich und nachvollziehbar. Anstelle über einzelne Datenpakete zu sprechen, sehnen sich viele Marketingabteilungen nach einem persönlichen Gesicht als Adressat ihrer Werbung. Wird unser Gehirn mit einer konkreten Vorstellung einer Person bedient, wird doch auch der kreative Schaffensprozesse leichter von der Hand gehen – so scheint ihr erster Gedanke zu sein. Wir sehen jedoch, dass konkrete Personas in den Köpfen von Marketingprofis leider oft den gegenteiligen Effekt haben. Diese Denklogik gleicht Scheuklappen, die sie sich aufsetzen – und kreative Out-of-the-box-Ideen bleiben im Dunkeln.

Disclaimer

Das menschliche Bedürfnis nach Personifizierung ist nachvollziehbar. Auch wenn wir von der Methode nicht überzeugt sind und ihr in diesem Kapitel an den Kragen gehen: Wenn du mit Personas gut und gerne arbeitest, und zu den – wenigen – Marketern – gehörst, die so Erfolge erzielen, lass dich nicht beirren. Halte dir dabei allerdings immer vor Augen, dass der Persona-Ansatz vor allem die Gefahr birgt, dass du dich verrennst und in die Falle des Confirmation Bias tappst – der unbewussten Bestätigung deiner Annahme durch deine subjektiv erschaffene Persona.

Wenn du bisher noch nicht mit Personas in Berührung gekommen bist oder wenn du dieses Kapitel liest und denkst, am liebsten würde ich meine Marketingagentur zum Mond jagen oder dich ganz einfach ertappt fühlst, dann kannst du jetzt aufatmen. Ganz egal, wo du mit Blick auf bisherige Methoden zur Zielgruppenanalyse stehst: Wenn du es besser machen und einen anderen, effektiven Weg probieren möchtest, dann kann dieses Buch dir helfen.

Wir Menschen haben den Drang, Dinge in ein stimmiges Bild zu setzen. Verhaltenspsychologinnen sprechen von kognitiven Schemata[24]. Menschen bilden Schemata, also geistige Strukturen, um Informationen effizient zu verarbeiten. Wenn wir jemanden treffen, aktivieren wir quasi eine Schublade (»Lehrerin«, »Freund«, »Managerin«), die Erwartungen über das Verhalten der Person beinhaltet. Diese Schemata helfen uns, die Welt schneller zu verstehen und zu kategorisieren. Aber sie können auch zu Verzerrungen führen, wenn wir das Verhalten anderer durch die Linse dieser vorgefassten Einordnung interpretieren. Wenn dein Nachbar also beispielsweise der Meinung ist, dass du ein eher bösartiger und schlechter Mensch bist, dem nichts mehr Freude bereitet, als ihn zu ärgern, dann liegt die Wahrscheinlichkeit sehr nahe, dass er den Kauf deines neuen Elektro-BMWs als pure Prahlerei und als Affront gegen sich interpretieren wird – und das, obwohl der einzige Grund der sich ankündigende Familienzuwachs ist.

Nach allem Gesagten könntest du dich jetzt fragen, warum es überhaupt noch Personas in der Marketingpraxis gibt und viele Firmen immense Summen für Persona-Workshops bezahlen. Die Antwort ist simpel: Es ist (immer noch) ein gutes Geschäft!

Die Marketingbranche genießt den Ruf, ähnlich der Beratungsbranche, viel heiße Luft zu verkaufen und mit Tamtam und Effekthascherei den Esel als stolzen Mustang anzupreisen. Marketingberatung kombiniert beides und sorgt – meist im Nachhinein, nachdem die Leistung mehr oder minder erbracht wurde – für ein entsprechend flaues Bauchgefühl. Als Kick-off vieler dieser Beratungs- aber auch Agenturtätigkeiten steht oft der besagte Persona-Workshop. Das Marketingteam und womöglich noch Customer Service, Sales und Geschäftsführung oder gar die gesamte Firma werden aus dem Arbeitsalltag gerissen und gebeten, den Status quo zu challengen: »Jetzt mal ganz konkret, wer sind denn so eure Kundinnen?« Und dann kaum konkreter: »Denkt euch da mal rein, wie sitzen die am Frühstückstisch? Welche Zeitung lesen sie? Lesen sie überhaupt?« Im Verbund mit Plätzchen, Post-its und PowerPoint sorgt das dann entweder für Gänsehaut oder Gähnen hinter vorgehaltener Hand. Nicht selten ziehen sich solche Workshops verteilt auf drei Tage über mehrere Wochen und werden im Rahmen von Design Thinking aufgebohrt. Oft kosten die Workshops zwischen fünf und 40.000 Euro – je nach Firmengröße gerne auch mehr. Das Ergebnis ist im Best Case ein tiefgreifendes Verständnis von nicht existenten Personen, die die Zielgruppe exemplarisch darstellen sollen, zusammengefasst als PDF. Das ist ein teures Dokument, denkst du dir jetzt vielleicht. Eventuell fühlst du dich auch ertappt, weil du das Geld gerade selber ausgegeben oder an einem solchen Workshop teilgenommen hast. So oder so, verzeih uns die überspitzte Darstellung, aber unsere Haltung ist hier klar. Selbstverständlich gibt es rein gar nichts Negatives an dem Wunsch, ein fundiertes Zielgruppenverständnis erarbeiten zu wollen, um so die eigenen Leistungen effizienter kommunizieren zu können. Allein der Wille und das Commitment sind ein mehr als

24 Stumm, G., Pritz, A. (Hrsg.) (2000): Wörterbuch der Psychotherapie. Berlin, Springer.

positiver Schritt in die richtige Richtung. Oft sind solche Workshops auch ein Weg, der die Kommunikation im Team beflügelt, neue Erkenntnisse aufwirft und mehr Drive in Marketing und Sales bringt. Allein zu glauben, dass man die eigene Kundschaft nun noch besser verstehen kann und ihnen viel näher ist, kann gelegentlich Wunder und sicher hier und da auch eine gute Kampagne bewirken. Aber rechtfertigt das im Ergebnis ein PDF in Höhe fünfstelliger Eurobeträge? Wir müssen das ganz klar verneinen. Zu oft erleben wir teure Workshops, die einmalig stattfinden und induktiv abgeleitete Personas hervorbringen, bei denen die Mitarbeitenden im Marketing nicht wissen, wie sie im Arbeitsalltag in wirksame Kampagnen und Maßnahmen übersetzt werden oder wie Insights und Daten aus abgeschlossenen Kampagnen dabei helfen können, die einmalig erstellten Personas weiterzuentwickeln. Diese statischen Fantasiecharaktere sind ungeeignet für Iteration und wirken in der an die Workshops anschließenden praktischen Umsetzung gekünstelt und sperrig.

Komprimieren wir noch einmal den größten Irrglauben und zeigen, wie die Realität aussieht, wie wir sie seit Jahren erleben.

Der Irrglaube: Mit einem Persona-Profil vor Augen kannst du deine Zielgruppe viel besser ansprechen.

Das größte Problem bei Personas ist, dass du eine vollkommen fiktive und detailliert ausgearbeitete Person in ihrer einzigartigen Komplexität versuchst anzusprechen beziehungsweise als Stellvertreterin für eine Vielzahl von Menschen nutzt, anstatt auf individuelle Bedürfnisse einzugehen, die als gemeinsamer Nenner in einer Gruppe aus Individuen fungieren können.

Stell dir dazu folgendes Szenario vor: Deine Persona ist Ulrike, 42, Radfahrerin und Katzenliebhaberin. Um Ulrike nun deinen Fahrradhelm schmackhaft zu machen, verwendest du in deiner Kommunikation irgendetwas, das mit Katzen zu tun hat. Für Ulrike wäre das tatsächlich auch genau das Kaufargument. Schließlich liebt sie neben dem Radfahren nichts mehr als ihre Stubentiger. Deine Marketingmaßnahmen sehen so aus: Hello-Kitty-Sticker auf dem Fahrradhelm, Katze im Fahrradkorb und – der genialste Schachzug – Hintergrundmusik aus Katzengejammer. In deiner Kommunikation ist alles auf Fahrrad und Katze ausgerichtet – Ulrikes Personaherz hüpft vor Freude. Doch leider ist Ulrike genau wie ihre Kreditkarte reine Fiktion. Und tatsächlich interessiert sich deine Zielgruppe in der Masse gar nicht für Katzen oder Hunde, sondern für Aspekte wie Sicherheit, Tragekomfort und Style. Ulrike als deine zentrale Marketing-Persona hat dich schlicht und ergreifend auf den Holzweg geführt. So schön plastisch und nahbar eine Persona deine Zielgruppe vermeintlich macht, so schwierig ist es, sich von diesen komplett personenspezifischen Annahmen zu lösen und wirklich datenbasiert genau die Aspekte zu bewerben, die mehrheitlich relevant sind und in deiner Zielgruppe resonieren.

Die Realität: Personas werden einmal erstellt und vergammeln dann im Schreibtisch beziehungsweise als PDF in irgendeinem Ordner.

Aus unserer Erfahrung ist genau das die traurige Wirklichkeit. Anstatt die erarbeiteten Personas, für so unsinnig wir sie auch halten mögen, zumindest upzudaten und mit Erkenntnissen aus dem laufenden Marketing zu erweitern, setzen sie sehr bald Staub an und finden im Alltag kaum Anwendung. Dabei wäre es nur logisch, dass sich Personas ähnlich wie das Angebot ständig weiterentwickeln müssen. Doch in den meisten Fällen wird viel Geld für eine einmalige Ausarbeitung investiert, die sehr bald obsolet ist. Im Zweifelsfall beginnt der ganze Workshop-Prozess dann von neuem. Dadurch entstehen nicht nur weitere Kosten, sondern das eigentliche Ziel, deine Kundschaft wirklich zu verstehen, wird nicht erreicht. Das gesamte Marketing basiert auf einer zu schwachen Basis, deren Nutzlosigkeit in Form von erfolglosen Werbekampagnen und verschwendeten Budgets offensichtlich wird. Nach kurzer Zeit ist das Marketingteam genauso schlau wie vorher und Ulrike, 42, aus Lüneburg steht dir eher sperrig im Weg, als dass sie dich für dein Marketing zielführend begleitet.

Das Resultat: Die teuren Personas verstauben ungenutzt – und du bist keinen Schritt weiter. Das aus unserer Sicht ideale Ziel, ein dynamisch lernendes System für dein Marketing zu etablieren, erscheint nicht einmal am Horizont. Personas verhindern sogar die korrekte Verwendung von Daten, da sie spezifische Datenpunkte immer wieder in verallgemeinerte Erkenntnisse aufweichen und ihren Informations- und Wertgehalt somit vernichten.

1.2.7 Ein letzter Abschied

Zusammengefasst

Persona, das Museumsstück: Als die einst gefeierten Heldinnen der antiken Marketingwelt sind Personas nun zu Staubfängerinnen in der digitalen Ära geworden. Geboren in der Zeit der Riesenhandys, galten sie als revolutionär, doch heute sind sie wie alte Landkarten in einer GPS-gesteuerten Welt – charmant, aber nicht mehr zweckdienlich.

Algorithmen schlagen Wellen: Während Personas in den Marketingabteilungen nostalgische Gefühle wecken, sind es die Algorithmen, die die Bühne erobern. Sie bieten Echtzeit-Insights und personalisierte Ansprache. Sie sind die Rockstars, die die Massen (sprich: Daten) lesen und verstehen wie kein anderer.

Der Preis der Vergangenheit: Persona-Workshops sind wie teure Vintage-Sammlerstücke: viel Bewunderung, ein hoher Preis, aber wenig praktischer Nutzen. Sie produzieren ein statisches, oft irrelevantes Bild der Zielgruppe, das kaum den dynamischen, vielschichtigen Realitäten des modernen Verbraucherverhaltens entspricht.

Die Irrelevanz der Demografie: Die Gegenüberstellung von König Charles und Ozzy Osbourne zeigt, dass Oberflächlichkeit in der Zielgruppenanalyse zu grotesken Fehleinschätzungen führen kann. Algorithmen hingegen, fein abgestimmt und datenhungrig, liefern die Tiefe und Nuance, die das moderne Marketing benötigt.

Kostspielige Kreativitätskiller: Personas binden Ressourcen, die sonst in die agile und kreative Entwicklung von Marketingstrategien fließen könnten. Sie engen den kreativen Geist ein und lassen wenig Raum für die dynamische Anpassung an sich ständig ändernde Marktbedingungen und Kundenpräferenzen.

Personas sind

- ein Marketingtool der Vergangenheit, um deinen Kunden ein fiktives Gesicht zu geben. Die Personifizierung der Zielgruppe, um Marketingteams eine einfachere Identifikation mit ihr zu ermöglichen.
- überholt, weil sie unter anderem dafür genutzt wurden, den Marketingkanal auszuwählen. Das war wichtig bei Fernsehwerbung oder Print, denn hier musste man darauf vertrauen, dass die richtige Zielgruppe das Medium konsumiert. Mittlerweile ist nahezu jede Person auf Social Media und der Algorithmus entscheidet maßgeblich über die Ausspielung.
- nicht verlässlich, wie das Beispiel von Ozzy Osbourne und König Charles zeigt. Einzelne Attribute sagen sehr wenig über deine Kundinnen aus und Kundinnen mit denselben Attributen können sehr unterschiedlich sein.

Persona-Workshops bringen nichts, weil

- sie als einmalige Leistung keinen Raum für Iteration zulassen.
- sie im Arbeitsalltag kaum beziehungsweise keine Anwendung finden und in Schubladen verstauben.
- die Ergebnisse meist subjektiv gefärbt sind und keine validen Datenquellen für die Ausarbeitung herangezogen werden.
- die Resultate meist induktiv abgeleitet sind. Personas sind zu ungenau, da sie nur den Durchschnitt einer Zielgruppe wiedergeben, anstatt auf deren individuelle Präferenzen einzugehen.

Fazit: In der rasanten Welt des Marketings ist ein Paradigmenwechsel von statischen Personas zu dynamischen, datengetriebenen Ansätzen unerlässlich. Algorithmen bieten die Agilität und Präzision, die benötigt werden, um in Echtzeit auf Kundenbedürfnisse zu reagieren und authentische, wirkungsvolle Verbindungen zu schaffen.

Personas mögen ihre Daseinsberechtigung in der Marketinggeschichte haben, doch die Zukunft gehört den Algorithmen und datenbasierten Methoden und Tools, die valide, schnell und zuverlässig die Erkenntnisse liefern, die für eine wirksame Zielgruppenkommunikation unerlässlich sind.

1.3 Im Fokus – der Avatar als Upgrade deiner Zielgruppe

Ein Bild sagt mehr als tausend Worte. Sagen Sie das mal mit einem Bild.
Wilfried S. Bienek

Gutes Marketing erfordert zwingend zielgruppenorientierte Ansprache und Informationen. Denn so weh es dir auch tun mag, aber deine Kundschaft ist nicht an dir oder deiner Brand, sondern primär an der Lösung ihres individuellen Problems oder der Erreichung ihres persönlichen Ziels interessiert. Zielgruppenspezifisches Marketing, auch Target Marketing oder Zielgruppenmarketing, bedeutet, Marketingstrategien und -taktiken speziell auf einen bestimmten Adressatenkreis auszurichten, der aufgrund gemeinsamer Merkmale oder Bedürfnisse als Zielgruppe definiert wird.

Zwei Beispiele:

- Senioren-Smartphones: Einige Unternehmen produzieren Handys mit größeren Tasten, lauterem Ton und einfacherer Bedienung, die speziell für die Bedürfnisse älterer Menschen entwickelt wurden. Wichtig in der Marketingkommunikation und Werbung ist, für diese spezifische Zielgruppe die einfache Anwendung hervorzuheben. Das beginnt bereits bei der Sprache: Fremdwörter oder technische Details wie »5 G-tauglich« oder »Nano-SIM« sind voraussichtlich deplatziert und irritierend. Deutlich erfolgreicher wären Schlagworte wie »Einfachheit«, »optimierte Tastengröße«, »gute Lesbarkeit/große Schrift«, »kontrastreiches Display/Bildschirm«.
- Reiseangebote für Flitterwochen: Reiseveranstaltende und Resorts bieten spezielle Pakete für frisch verheiratete Paare an, die ihre Flitterwochen planen. Den Unterschied kannst du hier beispielsweise mit einer auf Romantik ausgelegten Kommunikation machen. Anstatt das All-You-Can-Eat-Buffet anzupreisen, berührst du mit Botschaften wie »sternenklare Nächte«, »Whirlpool auf der Veranda« oder »Candle-Light-Dinner nach einem Sport- oder Abenteuerausflug« sicher schneller die Honeymoon-Herzen.

Eine bedürfnisorientierte und zielgruppengerechte Kommunikation erhöht die Wahrscheinlichkeit, dass deine Marketingbemühungen erfolgreich sind und du die gewünschten Ergebnisse erzielen kannst.

Zielgruppe

Als Zielgruppe ist eine spezifische Gruppe von Menschen zu verstehen, die ein Unternehmen oder eine Marke erreichen möchte. Zielgruppen können neben demografischen Merkmalen basierend auf psychografischen Merkmalen wie Werte, Interessen, Einstellungen oder Verhaltensmerkmalen wie Kaufgewohnheiten oder Produktverwendung definiert werden.

Der elementare Unterschied zu Personas: Zielgruppen basieren auf Fakten, die einen gemeinsamen Nenner bilden und werden entsprechend ihrer stärksten differenzierenden Merkmale in zueinander abgrenzbaren Segmenten zusammengefasst. Eine Persona hingegen ist eine stellvertretende Vermenschlichung oder angenommener Durchschnitt einer Zielgruppe. Zielgruppen sind abstrakt. Eine Persona wird immer aus einer Zielgruppe gebildet, um diese für den menschlichen Verstand greifbarer zu machen und zu verbildlichen. Personas sind somit ein veraltetes Instrument, Zielgruppen für das Marketing nutzbar zu machen.

PERSONA	VS	AVATAR
dienen der Vermenschlichung der Zielgruppe	**Sinn und Zweck**	Testumgebung für (neu)gewonnene Daten und Informationen
statisch	**Entwicklung**	Momentaufnahme - entwickelt sich fortlaufend weiter
wenige aber dafür sehr detailliert beschriebene Personas	**Anzahl**	unlimitierte Anzahl verschiedener Avatare
meist nur demografische Daten und Bauchgefühl	**Datengrundlage**	unendliche Vielzahl von Daten

Abb. 18: Persona versus Avatar

Die Identifizierung einer Zielgruppe ist ein zentraler Schritt in jedem Marketingplan. Dies soll Unternehmen dabei helfen, ihre Botschaften und Marketingtaktiken auf die Bedürfnisse und Interessen dieser spezifischen Gruppe auszurichten. Durch die Segmentierung der gesamten Kundschaft in einzelne Zielgruppen können Unternehmen ihre Marketing-Message viel gezielter formulieren und so eine stärkere Verbindung zu einzelnen Zielgruppen aufbauen.

Entsprechend der Erkenntnisse aus dem vorangegangenen Kapitel nehmen wir also von der Verwendung von Personas für ein zielgruppenspezifisches Marketing Abstand. Viel wichtiger und überhaupt erst zielführend ist es, ein tiefgreifendes Verständnis für die Beweggründe deiner Zielgruppen zu entwickeln, sie zu sehen und zu verstehen. Erst wenn du die Motive derer kennst, die du erreichen willst, kannst du auf die Bedürfnisse eingehen – indem du sie systematisiert ordnest, um sie schließlich an der Zielgruppe zu validieren.

Kompakt

Es ist ein stetiger Überblick erforderlich, der dich und dein Team zu jeder Zeit verstehen lässt, welche Marketing-Message in welcher Zielgruppe resoniert.

Um es mit den Worten des berühmten britischen Staatsmannes Benjamin Disraeli zu sagen: »Talk to a man about himself and he will listen for hours.«[25] Was natürlich für alle Geschlechter gilt. Im immerwährenden Kampf um die Aufmerksamkeit deiner Zielkunden gewinnt vor allem das Argument, mit dem sich eine Person identifizieren kann.[26] So komplex wir Menschen auch sein mögen, am Ende sind wir einfach gestrickt, mögen Dinge, die uns bekannt, Menschen, die uns ähnlich sind[27] und sind nicht selten begeistert, wenn es um uns selbst geht: die beste Ausgangssituation, um empfänglich für Marketingbotschaften zu sein, wenn – und das ist der Casus knacksus – die Message optimal auf das Individuum abgestimmt ist. Das Gleiche gilt natürlich auch für Sales. Die persönliche Kaufberatung wird jede Posterkampagne in puncto Conversion Rate schlagen. Du wirst zwar (noch) nicht dazu in der Lage sein, eine hundertprozentig individualisierte Marketingkampagne, abgestimmt bis auf die letzte Eigenart für jede einzelne Person aus deiner Kundschaft, zu realisieren. Allerdings bist du durch die Menge an Daten, die dir potenziell zur Verfügung stehen, sehr nah dran.

Was aber tritt an die Stelle der Persona? Die Antwort: die Zielgruppe. Dazu möchten und müssen wir die Begrifflichkeit klären. Denn auch wenn Persona und Zielgruppe wie austauschbare Begriffe für dasselbe Marketinginstrument klingen mögen und leider häufig auch so verwendet werden, ist es wichtig für das weitere Verständnis dieses

25 Disraeli, B. zugeschrieben.
26 Cialdini, R. B. (2017): Die Psychologie des Überzeugens, Göttingen: Hogrefe.
27 Burger, J. M., Messian, N., Patel, S., del Prado, A., Anderson, C. (2004): What a Coincidence! The Effects of Incidental Similarity on Compliance, in: Personality and Social Psychology Bulletin.

Buches und vor allem des Avatar Hacking®, den Zielgruppen-/Avatarbegriff von dem der Persona zu trennen – denn mit Avataren werden und wollen wir arbeiten.

Avatar

Ein Avatar ist die zentrale Figur, der Dreh- und Angelpunkt des Avatar Hacking®. Avatare sind genau wie Personas ein Werkzeug, um Zielgruppen für dein Marketing nutzbar zu machen. Damit endet allerdings auch ihre Gemeinsamkeit, denn Avatare sind das diametrale Gegenteil einer Persona. Anders als eine konkrete, vermenschlichte, ausdefinierte, fiktive Person handelt es sich bei unseren Avataren um ein gedankliches Behältnis der Zielgruppe, das du mit immer wieder neuen Erkenntnissen füllen wirst und das sich aufgrund der sich ändernden Datenlage stets im Wandel befindet. Avatare sind abstrakt und dienen lediglich dazu, bestimmte Kombinationen von Zielgruppendaten einen Platz zu geben, sodass du diese in kompakterer Form testen kannst. Avatare sind so etwas wie Minizielgruppen – gedacht als Rahmen, der fortlaufend mit Erkenntnissen in Form von Daten befüllt und iteriert werden kann. Ein Avatar hat nicht zum Ziel, deiner Zielgruppe ein greifbares Gesicht zu verleihen, sondern beinhaltet eine Ansammlung an Informationen, die in verschiedensten Kombinationen oder alleinstehend getestet werden. Im Gegensatz zu Personas sind Avatare also Momentaufnahmen und entwickeln sich kontinuierlich weiter. So gibt es von ihnen nicht nur einen oder wenige, sondern unzählige, da es unendlich verschiedene Kombinationsmöglichkeiten an Informationen gibt.

Du kannst also Avatare als Testumgebung für verschiedene Daten und Informationen nutzen und überprüfen, wie diese in deiner jeweiligen Zielgruppe resonieren.

Wenn du dir jetzt nochmal unser Buchcover anschaust, wirst du erkennen, dass wir aus verschiedenen Datenquellen wie Bewertungen oder Likes einen Adressaten zusammengesetzt haben. Hierbei geht es allerdings nicht darum, der Zielgruppe ein sympathisches Gesicht zu verleihen, sondern vielmehr darum, eine Plattform zu schaffen, mit der verschiedene Datenpunkte zu einem Konstrukt zusammengesetzt werden können, das du in der Marketingpraxis dafür nutzen kannst, dein Angebot effektiv zu kommunizieren. Weitaus weniger sympathisch als eine minutiös ausgearbeitete Persona mit lückenlosem Curriculum und hollywoodreifer Lebensgeschichte ist der Avatar ein Marketingwerkzeug, mit dem du fernab von persönlicher Präferenz rein datengetrieben deine Werbebotschaft individualisiert ausformulieren kannst. Verbildlicht formt sich dann im Endeffekt auch so etwas wie ein abstraktes, sich immer änderndes Gesicht, das aber eben nicht als Identifikationsmöglichkeit, sondern als Behältnis für deine Daten fungiert. Und diese sind nun mal abstrakt. Anstatt sie zu vermenschlichen, nutzt du sie viel effektiver mit deinen Avataren, um deine Datenmengen so in den verschiedensten Kombinationsmöglichkeiten sortieren zu können. Deine Avatare sind letztlich das Ergebnis des Prozesses, nicht der Startpunkt, wie das etwa bei Personas der Fall ist.

Abb. 19: Avatar Hacking® – das Buchcover erklärt

Disclaimer

Avatar Hacking® ist ausschließlich für Marketingtätigkeiten mit solider Datengrundlage geeignet. Reine Offlinemaßnahmen oder auch alte Medien sind entsprechend der zumeist geringen Datenlage bedingt bis gar nicht geeignet.

1.4 Agile Marketing

Eine veränderte Ausgangslage erfordert ein angepasstes Handeln. Oder um es mit Albert Einstein zu sagen: »Die Definition von Wahnsinn ist, immer wieder das Gleiche zu tun und andere Ergebnisse zu erwarten.«[28] Und was für Einstein ein fundamentaler Grundsatz für das Leben ist, gilt auch für die Arbeitsweise im Marketing. Der Logik eines der intelligentesten Menschen folgend geht es auch uns um eine zeitgemäße Arbeitsmethodologie für dein Marketing.

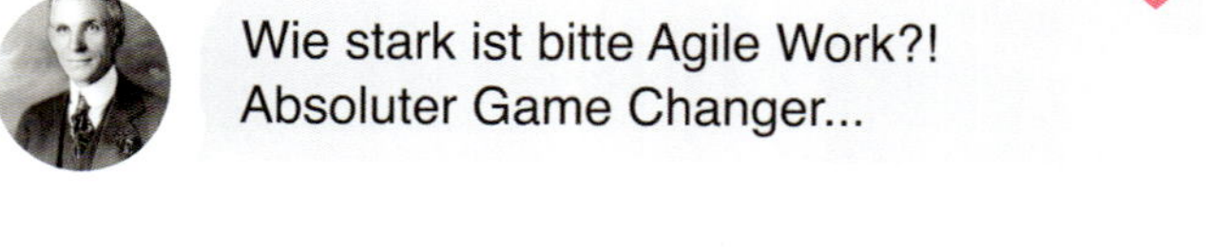

Abb. 20: Albert Einstein hätte Agile Work geliebt

In diesem Kapitel erfährst du,

- was eine agile Arbeitsweise ausmacht.
- was sie für dein Marketing bedeutet.

1.4.1 Agile Work – was, wofür und wie?

Wie die Entwicklung von Personas stammt auch der Ansatz agiler Arbeit aus der IT. Doch nur letzterer ist zeitgemäß – und relevanter denn je.

Die ersten Ansätze agiler Softwareentwicklung finden sich 1957.[29] Selbst zu einer Zeit, in der Computer noch eher an eine Kreuzung von Schreibmaschinen und Jahrmarktsschiffschaukeln mit großen Blinklichtern erinnerten, war bereits klar, dass etwas so Komplexes wie Software einer anderen Arbeitslogik folgen musste, als die Fließbandarbeit der industriellen Revolution bislang vorgab. Du erinnerst dich an die Wasserfall-Methode (Kapitel 1.2.2), bei der alles Schritt für Schritt gehen muss? Als die Softwareentwicklung noch in ihren Kinderschuhen steckte, wurde genau so gearbeitet: eins nach dem anderen. Dass das einige Nachteile mit sich bringt, zeigt sich am deutlichsten am Beispiel der Autoproduktion. Stelle dir ein Fließband vor, auf

28 Autor unbekannt, zugeschrieben Albert Einstein, nachweislich zuerst erwähnt in Narcotics Anonymous (1981). Zitiert nach Garson O'Toole.

29 Wikipedia, (05.01.2024): Agile Softwareentwicklung, https://de.wikipedia.org/wiki/Agile_Softwareentwicklung, abgerufen am 03.02.2024.

dem Stück für Stück Autos montiert werden. Das Fließband ist von Arbeitenden besetzt, die alle ihre ganz spezifische Aufgabe haben. An erster Position wird der Rumpf verschweißt, dann werden Achsen, Motor und so weiter montiert, bis der Wagen am Ende frisch lackiert vom Band fährt. Hier läuft nichts parallel, sondern ganz ordentlich einen Schritt nach dem anderen.

Das Hauptproblem mit der Wasserfall-Methode, insbesondere in einer so komplexen Branche wie der Automobilindustrie, ist die Schwierigkeit, auf Veränderungen oder neu entdeckte Anforderungen zu reagieren, sobald der Prozess gestartet wurde. Wenn beispielsweise während der Testphase – und da reden wir von dem bereits fertigen Auto – ein Designfehler entdeckt wird, ist es extrem kostspielig und zeitaufwendig, zurückzugehen und Änderungen vorzunehmen. Wenn – viel zu spät – auffällt, dass es ein Problem mit dem Motor gibt, kommt die gesamte Autoproduktion zum Erliegen und kann erst weiterlaufen, wenn das Motorproblem gelöst ist. Ein riesiger organisatorischer und finanzieller Albtraum, bei dem selbst kleine Fehler oder Feinjustierungen einen großen Schaden anrichten. Das klingt nach einem Albtraum, oder? »Aber das ist doch bestimmt schon längst ein Relikt der Vergangenheit?«, magst du jetzt fragen. Doch auch im heutigen Arbeitsalltag begegnet uns dies wahrscheinlich noch wesentlich öfter, als uns lieb ist. »Ich konnte meine Aufgabe noch nicht erledigen, weil ich noch auf X von Y warte.« – Ein Satz, den auch du in deiner Karriere schon ab und an zu hören bekommen haben wirst.

Sowohl für die Automobilindustrie als auch im Nachgang für die Softwareentwicklung stellte sich deutlich heraus, dass die Wasserfall-Methode keine sinnvolle Arbeitsweise darstellt, um effizient arbeiten zu können. Der erste Autohersteller, der dieses Problem erkannte und attackierte, war Toyota. Der japanische Automobilgigant ist bis heute das Posterchild von agiler Arbeit und bestimmt nachhaltig die Prozesse und Arbeitsweisen der gesamten Branche.[30]

Denn im Gegensatz zur Wasserfall-Methode ermöglicht eine agile Arbeitsweise die flexible Anpassung während des gesamten Prozesses. Anstatt die Autoproduktion als einen großen zusammenhängenden Prozess zu konzipieren, wird dieser bei Agile Work in viele kleine, in sich geschlossene Arbeitsschritte aufgeteilt, die erst am Ende zusammengefügt werden. Anstatt also das ganze Auto zusammenzubauen und dann erst zu testen, warum es nicht anspringt und warum beim Betätigen der Hupe das Fernlicht angeht, werden in einem agilen Arbeits-Set-up alle Komponenten einzeln entwickelt und auf ihre Funktion getestet. Sollte es zu Problemen kommen, kann schnell identifiziert werden, welche Komponente für den Ausfall verantwortlich ist. Und während alle nicht betroffenen Stationen weiterarbeiten können, wird parallel das Problem gelöst.

30 Sutherland, J. (2014): Scrum – The Art of Doing Twice the Work in Half the Time. New York, Crown Business.

Genauso hat sich auch die Arbeit in der Softwareentwicklung verändert, bei der anstelle eines bibeltextlangen Codes mittlerweile nur noch einzelne Funktionen programmiert werden, die aufeinander zugreifen. So kann zum einen viel Zeit in der Entwicklung gespart werden, da beispielsweise jedes Formular auf den immer gleichen Formularcode verweist, anstatt diesen wieder und wieder ausschreiben zu müssen. Zum anderen sind Probleme mit der Formularfunktion eben nicht verstreut im Code zu suchen, sondern der Fehler kann zentral behoben werden, ohne dass andere Funktionen hiervon betroffen sind und der Code wohlmöglich komplett zerschossen wird.

Agiles Arbeiten bietet einen Ansatz zur Projektverwaltung und Produktentwicklung, der den Schwerpunkt auf Flexibilität, Zusammenarbeit, Kundenfeedback und kontinuierliche Verbesserung legt. Agile Methoden streben danach, schnell auf Veränderungen zu reagieren und die Kundinnen in den Mittelpunkt des Entwicklungsprozesses zu stellen.

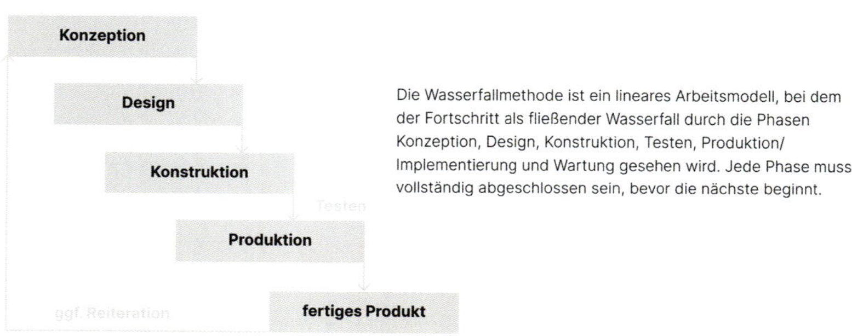

VS

AGILE WORK

Agile Arbeit ist eine Arbeitsmethodik, die sich durch Flexibilität, iteratives Vorgehen und die Fähigkeit zur schnellen Anpassung an verändernde Anforderungen auszeichnet. Es bricht mit dem traditionellen, sequenziellen Ansatz der Wasserfallmethode und betont stattdessen die Bedeutung von Teamarbeit, Kundenbeteiligung und der Fähigkeit, auf Veränderungen reagieren zu können. Anstatt direkt das ganze Produkt entwickeln zu wollen werden funktionierende Teilprodukte entwickelt und Stück für Stück zusammengefügt.

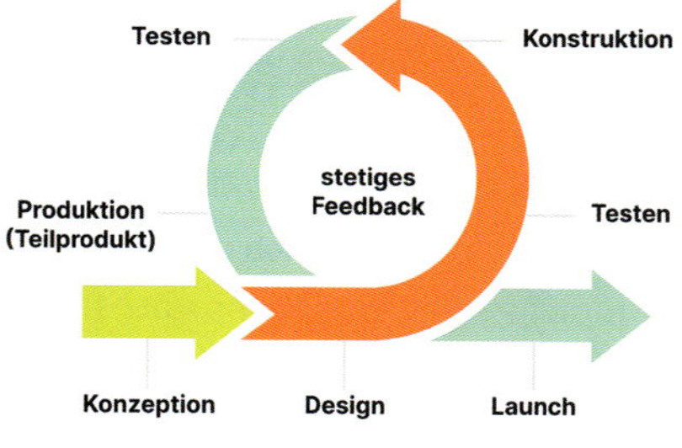

Abb. 21: Wasserfall-Methode vs. Agile Work

Die Kernprinzipien und Merkmale von Agile Work:

- **Iterative Entwicklung**: Die Arbeit wird in kleine, funktionsfähige Teile (Inkremente) unterteilt, die in kurzen Zeitfenstern (Sprints, oft 2–4 Wochen) abgeschlossen werden.
- **Kundenfeedback**: Nach jeder Iteration wird das Produkt oder der Projektfortschritt den jeweiligen Interessengruppen präsentiert, um Feedback zu erhalten und Anpassungen für die nächste Iteration vorzunehmen.
- **Zusammenarbeit**: Teams arbeiten eng zusammen, oft crossfunktional, um sicherzustellen, dass jeder Aspekt des Projekts oder Produkts berücksichtigt wird.
- **Anpassungsfähigkeit**: Anstatt sich starr an einen Plan zu halten, sind agile Teams bereit, sich an veränderte Anforderungen oder Bedingungen anzupassen.
- **Kontinuierliche Verbesserung**: Nach jeder Iteration reflektiert das Team über den Prozess und sucht nach Möglichkeiten zur Verbesserung.

Und was für Kraftfahrzeuge und Software gilt, hat auch Relevanz für das Marketing. Aber wie übertragen wir diese Kernprinzipien jetzt auf dein Marketing? Für ein zeitgemäßes Vorgehen ist ein perfektes Zusammenspiel von Prozess und Inhalt maßgeblich. Für die Inhalte berufen wir uns auf eine sich ständig erneuernde Datengrundlage. Und genau diese stetig neuen Impulse erfordern einen agilen Prozess, der immer wieder Veränderung zulässt und diese zum festen Bestandteil des Arbeitsalltags macht. Was du dafür benötigst, ist Zirkularität. Daher ist es an der Zeit, dich von einem linearen Marketingansatz zu verabschieden, welcher in abgesteckten Zeiträumen Kampagnen immer wieder neu erdenkt und stets einen eindeutigen Start (Ideenfindung) sowie Endpunkt (Ergebnisanalyse) beinhaltet. Erschreckenderweise produziert ein Großteil der Marketingwelt fleißig weiter in Wasserfallmanier eine Kampagne nach der nächsten, anstatt die Werbemaßnahmen zu testen und direkt auf Zielgruppenfeedback zu reagieren. So gehen riesige Werbeetats für aufwendig produzierte Filme komplett an der Zielgruppe vorbei. Und genau deshalb drehst du dem Wasserfall jetzt den Hahn ab und schaltest dein Marketing auf agil um.

Alle erfolgreichen Strategien, die in unserer Zusammenarbeit mit großen Marken vor allem auch über längere Zeiträume (und eben nicht nur einen saisonalen Zyklus lang) Wirkung zeigten, zeichnen sich durch diese Gemeinsamkeiten aus:

1. **ein gutes, strategisches Fundament** und kreative, zielgruppenorientierte Ideen, die Annahmen beinhalten, die gegeneinander getestet werden können,
2. **eine starke Umsetzungskompetenz** mit Blick auf Ideen und Übersetzung in konkrete, kommunikative Touchpoints,
3. **die Ausspielung der Touchpoints** an die Zielgruppe bei gleichzeitiger Verifikation/ Falsifizierung der Annahmen aus Punkt 1 und Analyse der in der Ausspielung entstehenden Daten & Insights,
4. **die Nutzbarmachung der Daten & Insights**, indem entweder in der Execution (Umsetzung) oder bereits in der Strategie (je nach Analyse) iteriert und optimiert wird,
5. **ein stetiger Kreislauf** aus den Punkten 3 und 4 in Kombination mit Punkt 2 oder 1.

Insgesamt zielt Agile Work darauf ab, früh und oft einen Output zu liefern, enger mit den Interessengruppen zusammenarbeiten und ein Umfeld zu schaffen, in dem Teams autonom Entscheidungen treffen und sich schnell an Veränderungen anpassen können. Eines der bekanntesten Frameworks für agiles Arbeiten ist Scrum (mehr dazu in Kapitel 1.4.4) – seit 1993 der Standard, wenn es um agile Softwareentwicklung geht. Jeff Sutherland orientierte sich bei der Entwicklung seines agilen Frameworks an dem Beispiel von Toyota. Das Unternehmen baut seine Fahrzeuge anders als die etablierten europäischen Autohersteller eben nicht stumpf wasserfallartig, sondern viel intelligenter in Inkrementen. So konnte Toyota durch deutlich weniger Produktionsstopps und Ausfälle wesentlich schneller produzieren. Im Fokus der Methodik standen dabei das schnelle Reagieren auf Feedback und die Kommunikation zwischen den Teammitgliedern.

Schnelle Iterationen

Bei agilem Arbeiten steht das sogenannte Minimum Viable Product (MVP), ein minimal funktionsfähiges (Teil-)Produkt, im Fokus. Im Kontext von Agile Work ist der MVP-Ansatz eine Strategie, bei der ein Produkt mit einem Minimum an Arbeit entwickelt wird, das notwendig ist, um in seiner Kernfunktion genutzt werden zu können. Was im Klartext bedeutet: kein Schnickschnack. Das Hauptziel ist es, möglichst schnell viel Feedback von den Nutzenden zum Produkt zu erhalten und es auf diese Weise iterativ in kurzen Intervallen zu verbessern.

Der MVP-Ansatz und agile Methoden ergänzen sich in folgender Weise:

- **Schnelle Markteinführung**: Statt auf die Fertigstellung eines perfekten Produkts zu warten, wird ein einfacheres, funktionsfähiges Produkt so schnell wie möglich auf den Markt gebracht.
- **Feedbackschleifen**: Sobald das MVP veröffentlicht ist, wird Feedback von Benutzenden gesammelt. Dieses wird genutzt, um das Produkt in folgenden Iterationen zu verbessern. Der Umfang der Feedbackschleifen ist offen beziehungsweise endet nicht, selbst wenn das Produkt am Markt ist.
- **Iterative Verbesserung**: Agile Teams verwenden das Feedback, um in den folgenden Sprints oder Iterationen Prioritäten zu setzen und das Produkt kontinuierlich zu optimieren.
- **Risikominderung**: Anstatt viel Zeit und Ressourcen in ein Produkt zu investieren, ohne sicher zu sein, wie es auf dem Markt angenommen wird, ermöglicht der MVP-Ansatz es Unternehmen, mit minimalen Ressourcen zu testen und das Produkt basierend auf dem tatsächlichen Userfeedback zu gestalten.

Der MVP-Ansatz im Kontext von Agile Work erlaubt es, Produkte schrittweise zu entwickeln, wobei der Fokus darauf liegt, schnell zu lernen, was die Kundschaft wirklich will und benötigt, und das Produkt entsprechend anzupassen.

1.4.2 Kommunikation – das A&O

Um schnelle Iterationen zu ermöglichen, hat Kommunikation einen zentralen Stellenwert in der agilen Arbeit. Ohne effektiven Austausch können agile Prinzipien und Praktiken nicht effizient umgesetzt werden. Agile Methoden brauchen enge Zusammenarbeit, ständiges Feedback und offene Kommunikation, um sicherzustellen, dass alle Teammitglieder synchronisiert sind und dass die Kundenbedürfnisse jederzeit korrekt verstanden und adressiert werden.

Die wichtigsten Eckpfeiler für die Kommunikation in agilen Teams sind im Agile Manifesto, quasi dem Grundgesetz der agilen Arbeit, festgehalten. Das Manifest wurde von den Entwicklern der agilen Methoden als »The Agile Alliance« in Form eines frei zugänglichen, sich ständig weiterentwickelnden Guides zusammengetragen.[31]

Agile Kommunikation wird hiernach wie folgt realisiert:

- **Tägliche Stand-up-Meetings**: Die Teammitglieder treffen sich täglich – am besten direkt morgens – für ein kurzes Meeting (nicht mehr als 15 Minuten), um den Fortschritt zu besprechen, Hindernisse zu identifizieren und den Arbeitsplan für den Tag zu koordinieren.
- **Reviews/Demos**: Am Ende jeder Iteration oder jedes Sprints präsentiert das Team die fertiggestellten Arbeitsergebnisse den Stakeholdern. Dies fördert die Transparenz und ermöglicht direktes Feedback.
- **Retrospektiven/Revisionen**: Nach jedem Sprint trifft sich das Team, um über den Ablauf des Sprints zu reflektieren, was gut lief und wo Verbesserungspotenzial besteht. Dies fördert die kontinuierliche Verbesserung und adressiert kommunikative Herausforderungen.
- **Kommunikationsmittel**: Viele agile Teams nutzen Boards (physisch oder digital), um den Fortschritt von Aufgaben sichtbar zu machen. Tools wie Jira, Trello oder Asana unterstützen dabei.
- **Kundenkommunikation**: Agile Work betont eine enge Zusammenarbeit mit den Kundinnen. Diese oder deren Vertreterinnen sollten für Fragen oder Klärungsbedarf ständig erreichbar sein, um Missverständnisse zu vermeiden und sicherzustellen, dass das Produkt den Anforderungen entspricht.
- **Offene Büroumgebung**: Viele agile Teams bevorzugen offene Büroumgebungen, die spontane Kommunikation und Kollaboration fördern.
- **Wert(schätzung) direkter Kommunikation**: Das Agile Manifesto[32] betont den Wert individueller und direkter Kommunikation anstelle umfangreicher Dokumentationen.

31 Agile Alliance (2001): What is the Agile Manifesto?, https://www.agilealliance.org/agile101/the-agile-manifesto/, abgerufen am 03.02.2024.

32 Beck, K., Beedle, M., van Bennekum, A., Cockburn, A., Cunningham, W., Fowler, M., Grenning, J., Highsmith, J., Hunt, A., Jeffries, R., Kern, J., Marick, B., Martin, R. C., Mellor, S., Schwaber, K., Sutherland, J., Thomas, D. (2001): Agiles Manifest, https://agilemanifesto.org/iso/de/manifesto.html, abgerufen am 03.02.2024.

Kompakt

Die Kommunikation im Kontext agilen Arbeitens ist darauf ausgerichtet, Missverständnisse zu vermeiden, Klarheit und Transparenz zu schaffen, Feedbackschleifen zu etablieren und eine enge Zusammenarbeit zwischen allen Beteiligten zu gewährleisten. Deshalb bedient sich Agile Work auch solcher Arbeitsmittel, auf die alle stetigen Zugriffe haben. Was früher Tafeln mit Aufgaben auf Post-it-Stickern waren, die in drei Spalten »To Do«, »Doing« und »Done« geschoben wurden, um zu zeigen, welche Aufgabe sich in welchem Status befindet, kann hierfür heute jedes Kanban-basierte Tool wie Trello oder Asana genutzt werden. Wichtig ist bei jedem Tool, das du nutzt, dass es eine simple Oberfläche hat und allen Beteiligten leicht zugänglich ist.

1.4.3 Die Praxis – so wird dein Marketing agil

Wenn du jetzt zu Recht begeistert von dieser agilen Arbeitsweise bist und dir bewusst ist, dass Marketing und Softwareentwicklung sich tatsächlich in vielen Punkten ähneln, dann bist du an dem Punkt loszulegen. Denn mittlerweile kannst du durch große Datenmengen auf ein stetiges Userfeedback zugreifen und bist dadurch in der Lage, deine Annahmen immer wieder aufs Neue zu testen. Getreu dem Motto Pablo Picassos, »Gute Künstler kopieren, großartige Künstler stehlen«[33], macht es Sinn, sich genau dieser Logik zu bemächtigen und ein funktionierendes, etabliertes Konzept auf den Marketingbereich zu übertragen, anstatt das Rad neu zu erfinden. Fun Fact: Berühmt wurde das vermeintliche Zitat Pablo Picassos erst durch Steve Jobs, der sich in einem Interview auf den Künstler berief, ohne dass es je einen Beweis gab, dass dieser Satz überhaupt von Picasso geäußert wurde. Im Kern bestätigt es den Inhalt umso mehr – wenn man davon ausgeht, dass Jobs zumindest in Teilen genau so vorgegangen ist.

Jeff Sutherland, der Erfinder von Scrum, ruft in seinem Buch sogar explizit dazu auf, sein Framework für andere Arbeitsbereiche außerhalb der Softwareentwicklung wie beispielsweise den Hausbau zu nutzen.[34] Und tatsächlich hat bereits 2012 die Elite der Marketingprofis die Notwendigkeit eines neuen Standards für diese Art, Marketing zu betreiben, erkannt und das Agile Marketing Manifesto kodifiziert.[35]

Basierend auf den Standards agiler Arbeitsweise in der Softwareentwicklung wurden die Erkenntnisse unter der Leitung von Jim Ewel und Travis Arnold in mehreren Sprints zusammengetragen, auf seine wesentlichen Bestandteile heruntergebrochen, für die

33 Zugeschrieben Pablo Picasso, bekannt gemacht durch Steve Jobs.

34 Sutherland, J. (2014): Scrum – The Art of Doing Twice the Work in Half the Time. New York, Crown Business.

35 Beck, K., Beedle, M., van Bennekum, A., Cockburn, A., Cunningham, W., Fowler, M., Grenning, J., Highsmith, J., Hunt, A., Jeffries, R., Kern, J., Marick, B., Martin, R. C., Mellor, S., Schwaber, K., Sutherland, J., Thomas, D. (2001): Agiles Manifest, https://agilemanifesto.org/iso/de/manifesto.html, abgerufen am 03.02.2024.

Verwendung im Marketing angepasst, getestet und schließlich als Leitsatz veröffentlicht. Ein großartiges Detail, dass selbst die Entstehung des Agile Marketing Manifesto in einem agilen Prozess stattgefunden hat.

Das Manifesto begreift agiles Marketing als einen Ansatz, der sich von traditionellen Marketingmethoden unterscheidet, indem er Flexibilität, Schnelligkeit, Proaktivität und Anpassungsfähigkeit fordert und fördert. Basierend auf den Nutzenaspekten von agilen Arbeitsmethoden wie Scrum und Kanban besitzt Agile Marketing handfeste Vorteile gegenüber herkömmlichen oder nicht systematisierten Arbeitsweisen[36]:

- **Iterative Entwicklung**: Anstatt große Marketingkampagnen über lange Zeiträume zu planen, wird in kleineren, iterativen Zyklen schnell auf Marktveränderungen reagiert.
- **Kollaboration**: Teams arbeiten eng verzahnt zusammen und kommunizieren regelmäßig, um sicherzustellen, dass alle auf dem gleichen Stand sind und effektiv zusammenarbeiten.
- **Anpassungsfähigkeit**: Einer der Hauptvorteile von Agile Marketing ist die Fähigkeit, sich schnell an Veränderungen anzupassen, sei es aufgrund von Kundenfeedback, exogenen Faktoren wie Marktveränderungen oder internen Faktoren wie Budgetänderungen. Trends und Entwicklungen werden vorausschauend wahrgenommen und bei der Planung von Marketingmaßnahmen frühzeitig antizipiert.
- **Messung und Daten**: Agile-Marketing-Teams messen ständig ihre Maßnahmen und passen ihre Strategien basierend auf diesen Daten kontinuierlich an.
- **Transparenz**: Alle Teammitglieder haben Zugang zu Projektinformationen, Fortschrittsberichten und anderen relevanten Daten, was zu einer transparenten Arbeitsumgebung führt und Informationsasymmetrien abbaut.
- **Kundenfokus**: Agile Marketing stellt die Zielgruppen in den Mittelpunkt. Es geht darum, ständig Feedback der Kundschaft zu sammeln und Marketingstrategien entsprechend anzupassen.

Kompakt

Bei Agile Marketing handelt es sich um einen Ansatz, der es Marketingteams ermöglicht, flexibler zu arbeiten und von einem reaktiven, linearen Modus Operandi hin zu einer anpassungsfähigen und vorausschauenden Arbeitsweise zu gelangen, indem Prinzipien und Praktiken aus der agilen Softwareentwicklung angewandt werden.

Tatsächlich tut sich hierbei in der Praxis sehr häufig ein Problem auf. Ganz klar, agiles Marketing ist die Zukunft beziehungsweise die längst überfällige Praxis. Allerdings fehlt es vielen Unternehmen für eine praktische Umsetzung der Methodologie, die auf den zweiten Blick dann doch ein wenig zu abstrakt daherkommen kann, an einem Framework. Es ist sehr schön und gut zu wissen, wie wichtig kurze Iterationsschlei-

36 Ewel, J. (2020): The Six Disciplines of Agile Marketing. Weinheim, Wiley.

fen, gute Kommunikation und die Nutzung validierter Daten sind. Um das aber in den Arbeitsalltag einbinden zu können, braucht es ein konkretes Konstrukt, das leicht anwendbar genau die Vorteile von Agile Marketing für alle Mitarbeitenden umsetzbar macht. Genau das haben wir für uns und nun auch für dich getan. Wir bedienen uns eines der etabliertesten Frameworks der agilen Arbeit, Scrum, und münzen es für das Marketing um. Das Avatar Hacking® ist unsere Version agilen Arbeitens im Marketing – und wird es weiterhin sein, denn unsere Erfolge sprechen Bände.

1.4.4 Scrum – die Basis für einen agilen Marketingprozess

Um all die theoretischen Erkenntnisse über Agile Work in eine nutzbare Arbeitsweise zu gießen, wurde Scrum als Framework für agiles Projektmanagement entwickelt. Zunächst bestimmte und bestimmt Scrum bis heute in der Softwareentwicklung den Arbeitsalltag von Development-Teams in Start-ups sowie Tech-Giganten im Silicon Valley. Über die Jahre hat sich Scrum immer weiterentwickelt und ist komplexer geworden. Es gibt zahlreiche Ausbildungslehrgänge, durch die offizielle Zertifikate erworben werden können. »Scrum: The Art of Doing Twice the Work in Half the Time« von Jeff Sutherland, Mitentwickler von Scrum, ist an dieser Stelle ein ergänzender Lesetipp zum Verfestigen der Grundlagen agiler Arbeit. Wir können dem Inhalt an dieser Stelle nur bedingt gerecht werden und fokussieren uns daher auf die wichtigsten Aspekte, die wir uns für das Avatar Hacking® entleihen.

Scrum

Scrum – übersetzt in etwa »angeordnetes Gedränge« und ursprünglich aus dem Rugby stammend – ist ein Rahmenwerk für die Entwicklung, Lieferung und kontinuierliche Verbesserung von Produkten, insbesondere in komplexen Projekten. Es basiert auf agilen Prinzipien, die Flexibilität, Teamarbeit und Kundenorientierung betonen. Das Framewort besteht aus drei Elementen: Rollen, Artefakte und Events.

Scrum basiert auf der Idee der iterativen und inkrementellen Entwicklung. Jeder Sprint liefert ein fertiges Produkt und das Team erhält regelmäßiges Feedback, um sicherzustellen, dass das Endprodukt den Bedürfnissen der Kundin entspricht. Diese Methodik fördert Flexibilität, schnelle Anpassung an Veränderungen und kontinuierliche Verbesserung. Also genau das, was für ein modernes Marketing erforderlich ist.

Im Folgenden wollen wir dir den Prozess und die für deine Arbeit im Marketing relevanten Bestandteile erläutern.

Rollen

Scrum-Teams sind sehr klar strukturiert, damit sich alle Beteiligten auf einen reibungslosen Prozess verlassen und störungsfrei auf ihre Arbeit konzentrieren können.

- **Product Owner**: Verantwortlich für das Definieren der Produktanforderungen und das Priorisieren des Produkt-Backlogs (Liste aller erforderlichen Arbeiten). Hier geht es um fachliche Verantwortung, die idealerweise vom Marketing oder Account Management übernommen werden sollte.
- **Scrum Master**: Fördert das Verständnis und die Anwendung von Scrum-Prinzipien und -Praktiken im Team und hilft bei der Beseitigung von Hindernissen. Auch wenn dieser Titel sehr sperrig klingt, geht es nicht darum, dass eine Person den Prozess besonders gut verstanden hat, sondern mit der Aufgabe betraut ist, darauf zu achten, dass dieser von allen Beteiligten minutiös eingehalten wird, um Probleme zu vermeiden. Hier solltest du eine Person mit sehr guten Organisations- und Management-Skills wählen. Im Normalfall handelt es sich dabei um klassisches Projektmanagement.
- **Entwicklungsteam**: Ein crossfunktionales Team, das für die Ausführung der Arbeiten im Produkt-Backlog verantwortlich ist. Anstelle eines Entwicklungsteams sind dies im Marketing das Design und das Media Buying Department, also die Personen, die am Ende des Tages das Marketing umsetzen.

Die Arbeit wird bei Scrum in sogenannten Sprints erledigt.

Sprint

Ein typischer Sprint folgt einem strukturierten Ablauf, der es Teams ermöglicht, effektiv und effizient an einem Produkt zu arbeiten. Vor jedem Sprint steht im klassischen Scrum Set-up die Planung.

Sprint Planning

- **Zielsetzung**: Der Sprint beginnt mit einem Planungstreffen, bei dem das Team, der Product Owner und der Scrum Master zusammenkommen. Der Product Owner präsentiert das oberste Ziel und die wichtigsten Punkte aus dem Produkt-Backlog.
- **Aufgabenauswahl**: Das Entwicklungsteam wählt Aufgaben aus dem Produkt-Backlog, die es während des Sprints bearbeiten kann. Diese Aufgaben werden in das Sprint-Backlog aufgenommen.
- **Aufgabenplanung**: Das Team schätzt, wie viel Arbeit jede Aufgabe erfordert und plant, wie es diese Aufgaben im Sprint umsetzen wird.

Tatsächlich ist diese Art von Planung für dein Marketing ebenfalls von Bedeutung, da du in diesem Rahmen beispielsweise festlegen kannst, auf welche Dinge ihr euch als Team in der nahen Zukunft fokussieren wollt. Hier können Kapazitäten des Design Departments geblockt und Contentpläne erstellt werden.

Sprint-Ausführung

- **Dauer**: Ein Sprint dauert normalerweise zwischen einer und vier Wochen.
- **Daily Scrum**: Jeden Tag hält das Team ein kurzes Treffen ab (maximal 15 Minuten), um den Fortschritt zu besprechen und den Plan für den kommenden Tag zu erstellen. Dabei beantwortet jedes Teammitglied drei Fragen: Was habe ich gestern getan? Was werde ich heute tun? Gibt es irgendwelche Hindernisse auf meinem Weg?
- **Arbeitsfortschritt**: Das Team arbeitet an den Aufgaben im Sprint-Backlog, wobei der Fokus darauf liegt, die ausgewählten Aufgaben bis zum Ende des Sprints abzuschließen.

Die Dauer eines Sprints solltest du davon abhängig machen, wie umfangreich deine Aufgaben sind und wie schnell ihr in der Umsetzung seid. Kurze Sprints bieten sich an, um mehr Tempo zu erzeugen und den Fokus auf Iteration zu legen. Gerade zu Beginn einer Marketingphase kann es Sinn machen, diese sehr kurz zu halten. Das Daily Meeting sollte zum neuen Cornerstone des Arbeitsalltages werden. Es ist die einfachste Möglichkeit, mit diesen drei Fragen die größten Schwierigkeiten zu beseitigen und Teamwork und Accountability (Verantwortlichkeit) zu fördern.

Sprint Review & Retrospektive

- Am Ende des Sprints wird ein Review Meeting abgehalten, bei dem das Team das fertige Produkt (oder Produktinkrement) präsentiert.
- Stakeholder und Product Owner geben Feedback zu den fertiggestellten Arbeiten. Hier geht es vor allem um das inhaltliche Ergebnis.
- Nach dem Review findet eine Retrospektive statt, in der das Team den vergangenen Sprint reflektiert. Ziel ist es zu identifizieren, was gut lief, was verbessert werden könnte und welche konkreten Schritte im nächsten Sprint umgesetzt werden sollten, um die Arbeitsweise zu verbessern. Es geht vorwiegend um den Prozess und darum, alle Beteiligten an einen Tisch zu holen und in einem ausführlichen Meeting die Erkenntnisse des Sprints festzuhalten und diese Learnings mit in den nächsten Sprint zu nehmen.

Nächster Sprint

Nach Abschluss der Retrospektive beginnt der Zyklus von vorne mit dem nächsten Sprint Planning.

Eine bedeutende Erfolgsgeschichte in der Anwendung von Scrum ist erneut die von Toyota.[37] Die Unternehmensgruppe nutzte Scrum im Rahmen ihrer agilen Transformation, um die Entwicklung und Agilität im Bereich der schlanken Produktentwicklung

37 Scrum.org (12.02.2019): Agile Transformation Spotlight: The Success Story of Scrum & Toyota, https://www.scrum.org/resources/agile-transformation-spotlight-success-story-scrum-toyota, abgerufen am 03.02.2024.

zu revolutionieren. Durch diesen Ansatz hat Toyota ein neues agiles Betriebsmodell im Automobilsektor etabliert, das weiterhin als Vorbild für Innovation und Effizienz gilt. Die Arbeitsweise von Toyota veränderte sich durch die Einführung von Scrum in mehreren Schlüsselaspekten. Die Methodik führte zu einer stärkeren Fokussierung auf Agilität in der Produktentwicklung und ermöglichte es Toyota, schneller und effektiver auf Marktanforderungen und Kundenbedürfnisse zu reagieren. Dies beinhaltete eine Umgestaltung ihrer Prozesse, um eine flexiblere und effizientere Arbeitsweise zu fördern, die Innovation und kontinuierliche Verbesserung in den Vordergrund stellt. Durch Scrum konnte Toyota eine Kultur der Zusammenarbeit und des kontinuierlichen Lernens etablieren, die zu signifikanten Verbesserungen in der Produktqualität und Entwicklungsgeschwindigkeit führte. Damit setzte Toyota neue Standards in der Automobilindustrie sowohl in Sachen Qualität als auch Effizienz und Schnelligkeit.

In Scrum steckt eine ungeheure Power. Wir können an dieser Stelle allerdings nur an der Oberfläche kratzen, da wir uns für das Grundverständnis für das Avatar Hacking® an seiner Grundstruktur orientieren. Wir empfehlen dir sehr, dich tiefgreifender mit dem Framework zu beschäftigen und eventuell noch weitere Aspekte in dein Avatar Hacking® einzubinden, damit auch du wie Toyota eine Revolution der Produktivität erlebst.

Dabei ist Scrum nur ein Teil des Weges, denn für dein Marketing ist die Art und Weise der Sprints entscheidend. Um Scrum wirklich für dich nutzbar zu machen, haben wir einen Prozess entwickelt, der von nun an deine Sprints bestimmen wird: die 3 Cs.

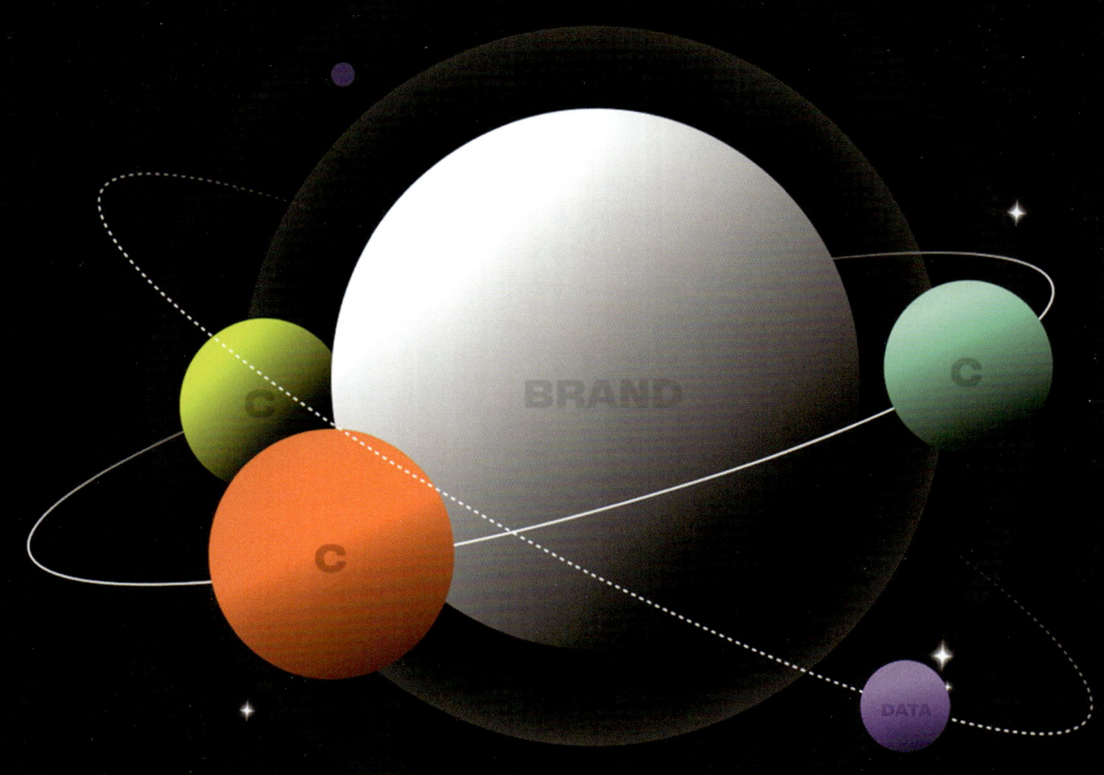

CCC

THE 3 Cs FRAMEWORK

2 Zirkulärer Marketingprozess – die 3 Cs

Über eine Dekade Erfahrung als Unternehmende und Agenturinhabende haben uns gezeigt: Die größte Schwierigkeit im Marketing ist die Kommunikation. Und damit ist sowohl die Kommunikation deiner Marke nach außen zu deiner Kundschaft gemeint, als auch auf dem Weg dahin der Dialog und Austausch zwischen einzelnen Abteilungen oder Positionen in deiner Firma. Funktionieren beide nicht, sorgt das immer für erhöhte, teils immense Kosten. Genau diesen Problemen sind auch wir immer wieder in unserem Marketingalltag begegnet. Aus diesem Grund haben wir ein System entwickelt, das es uns ermöglichen sollte, die externe Kommunikation zur Kundschaft und den internen Austausch zwischen den einzelnen Departments zu streamlinen und eine ganz wesentliche Prämisse erfolgreichen Marketings zu erfüllen: die Schaffung einer Zirkularität, bei der Daten und Kreativität sowie die anschließende Distribution die maßgeblichen Säulen bilden.

In diesem Kapitel lernst du,

- was erfolgreiches Marketing ausmacht.
- wie ein Buchstabe mit dreifacher Bedeutung dich von linearem zu zirkulärem Marketing bringt.

Werbung hat sich verändert. Marketing ist keine Einbahnstraße mehr, in der Werbekampagnen monatelang geplant und dann mit einem großen Knall in Form von Plakat-, Fernseh- oder Radiowerbung in die Welt entlassen werden, Ausgang ungewiss. Und selbst im Best Case weiß am Ende keiner, warum das Angebot letztendlich gut angenommen wurde. War es nun der Auftritt bei Die Höhle der Löwen oder doch die Guerrilla-Marketing-Kampagne vor dem Sony Center? Und welches Argument war es genau, das deine Kundschaft letztendlich zum Kauf bewegt hat? Das Ganze fühlt sich ein wenig an wie Russisch Roulette für Marketing. Sofern du keine echten Learnings aus einer Kampagne mitnehmen kannst, fängst du immer wieder von Null an, ganz egal ob Offlinewerbung oder digital.

Um die für dein Markenwachstum notwendigen kontinuierlichen Learnings überhaupt zu generieren und sichtbar machen zu können, brauchst du genau das: ein System, das es dir erlaubt zu verstehen, welche Marketing-Message in welcher Zielgruppe funktioniert, um diese nachhaltig skalieren zu können – und welche keiner weiteren Aufmerksamkeit bedarf, weil sich schlicht nichts bewirkt. Die Wahrheit ist: Es gibt keine magische Pille für perfektes Marketing. Allerdings gibt es ein Framework, das dir die Basis genau dafür schafft. Wie wir zu diesem Framework gelangen? Über eine messerscharfe Beobachtung und Analyse der Besten der Besten, die es schaffen, in einem von Beschleunigung und Volatilität gekennzeichneten Digitalzeitalter proaktiv anstatt reaktiv zu entscheiden und zu handeln.

Was macht erfolgreiches Marketing aus?

Während unserer Suche nach einem System, das es uns ermöglicht, nachhaltig und vor allem dauerhaft performante Marketingergebnisse zu erzielen, haben wir uns an Unternehmen orientiert, die über die letzten Jahrzehnte erfolgreich Marken etabliert, wieder und wieder über ihre Kommunikation ein tiefgreifendes Zielgruppenverständnis bewiesen und durch ihre Werbung substanzielle kommerzielle Erfolge gefeiert haben. Der Erfolg des Marketings von Unternehmen wie Apple, Coca-Cola, LVMH, McDonald's, Nike und Red Bull basiert auf zwei Komponenten, die sie bis zur Perfektion durchgespielt haben: **Prozess** und **Content**. Wir wollen uns hier zunächst auf den Prozess konzentrieren und zeigen dir in Kapitel 3, wie du mit dem richtigen Framework qualitativ hochwertige Inhalte erstellst.

Der Prozess: ein skalierbares Framework

Was alle diese Firmen gemein haben, ist eine agile Arbeitsweise in ihren Marketing Departments, die es ihnen erlaubt, eingehende Informationen blitzschnell verarbeiten, analysieren und in entsprechende Kommunikation umsetzen zu können.

Ein Paradebeispiel hierfür ist Oreo. Die Keksmarke des US-amerikanischen Unternehmens Nabisco hat sich spätestens mit der »Dunk-in-the-Dark«-Aktion von 2013 seine Marketinglorbeeren redlich verdient. Mittlerweile ist es das Posterchild für Agile Marketing. Innerhalb von nur acht Minuten hatte Oreo mit einem unglaublich smarten Tweet auf den Stromausfall beim Superbowl XLVII reagiert. Auf schwarzem Hintergrund war ein voll ausgeleuchteter Oreo-Keks im Anschnitt zu erkennen mit dem ironischen Claim »YOU CAN STILL DUNK IN THE DARK«. Dreifach genial, weil es direkt auf den Stromausfall Bezug genommen hat und das Wortspiel mit Dunk sowohl die Referenz zum Konkurrenzsport Basketball wie auch das Eintunken des dunklen Kekses in Milch aufzeigte. Während die Baltimore Ravens und die San Francisco 49ers noch im Dunkeln standen, ging der Oreo-Tweet viral. Selbstverständlich ist eine solch kurze Reaktionszeit nur mit einem Marketingteam möglich, das wie die Feuerwehr mit glühender Tastatur rund um die Uhr bereit ist, den nächsten »Viral Moment« auszulösen. Neben einem hochqualifizierten Marketingteam, konsequentem Monitoring und schneller Analyse gehört dazu vor allem eins: ein System, das eine solch minuten- oder sekundenschnelle Umsetzung zulässt. Oreo ist eine Marke von Nabisco, die wiederum eine Tochtergesellschaft von Mondelēz International ist – ein Konzern, der in über 160 Ländern operiert und weltweit ca. 31 Milliarden Dollar umsetzt. Da könnte man denken, dass die Abstimmungsprozesse doch viel länger brauchen. Doch weit gefehlt. Dank eines vorbildlich agilen Systems wussten alle Beteiligten umgehend, was zu tun ist und hatten die erforderlichen Informationen in der Sekunde parat. Es gibt viele deutlich kleinere Start-ups, die neben den Freigabeprozessen vor allem noch einen wesentlich längeren Austausch zwischen Design und Marketing Department bis zur Fertigstellung des Posts gebraucht hätten.

Abb. 22: »Dunk-in-the-Dark«-Tweet von Oreo – das Paradebeispiel für agiles Marketing

Die blitzschnelle und mindestes genauso geniale Reaktion auf ein Ereignis mit so hoher gesellschaftlicher wie wirtschaftlicher Relevanz und Reichweite wie im Fall des Strom-Blackouts beim 47. Superbowl bilden im Marketingalltag natürlich die Ausnahme. Dennoch kannst du dir einiges abschauen: Neben dem Aufspüren oder Antizipieren von Trends (nicht immer kannst du die Nase vorn haben) gilt es vorausschauend zu agieren. Agiles Marketing basiert nicht nur auf effizienten und schnellen Entscheidungsprozessen, sondern muss es auch ermöglichen, auf all jene Informationen zugreifen zu können, die es erlauben, frühzeitig und im Idealfall proaktiv Strategien und Marketingmaßnahmen zu entwickeln. Wie auch du deine Daten tatsächlich nutzbar machst, erfährst du in den folgenden Kapiteln.

Schauen wir zunächst auf einige Hürden. Viele Firmen strukturieren ihre Abläufe und Prozesse in Marketing Departments immer noch so, dass folgende Probleme auftreten:

- **Erfolge sind nicht replizierbar.** Selten sind Erkenntnisse aus vorangegangenen Maßnahmen so präsent, dass auf ihnen aufgebaut werden kann. So entsteht jedes Mal aufs Neue ein hoher Aufwand beim Brainstorming in der Ideenfindungsphase. Häufig gibt es keine stichfesten Anhaltspunkte, die Marketingerfolge replizierbar machen. Ideenfindung und Brainstorming erfolgen aus dem Blauen und dem Bauchgefühl heraus.
- **Schlechte Briefings.** Oft fehlt ein Common Sense in Bezug auf die Qualität und Mindestinformationen in Briefings. Daraus resultieren ständige Rückfragen und unnötige Iterationsschleifen. Zwischen Media- und Designteams sind Kommunikationsprobleme eher die Regel als die Ausnahme.
- **Lange Iterationsschleifen.** Marketingerkenntnisse werden nicht nachhaltig und wirksam genutzt, sondern immer wieder in langen Kampagnenplanungen neu erarbeitet. Der gesamte Zyklus bis zur Umsetzung zieht sich sperrig in die Länge. Im Zweifelsfall sind viele Köche involviert, die ihr eigenes Süppchen kochen und nicht strukturiert und verzahnt wie ein Schweizer Uhrwerk zusammenarbeiten.

Baukastensystem statt fixer Prozesse

Genau hier setzt das Avatar Hacking® an: Es ist ein Arbeitsframework, basierend auf etablierten Systemen für bessere Marketingergebnisse bei wesentlich geringerem Aufwand durch ein replizierbares Baukastensystem. Genauso wie es in der IT-Entwicklung dank Scrum ein Framework gibt, das auf das agile Bearbeiten von Aufgaben anstatt auf eine lineare Abarbeitung nach der Wasserfall-Methode setzt.

Mit diesem System lassen sich Informationsasymmetrien minimieren und durchgängig skalierbar bessere Werbeanzeigen mit präziser und messerscharfer Ansprache, Briefings beziehungsweise Creatives mit zielgruppengerechten Inhalten sowie Webseiten mit Content, der wirklich Mehrwert hat, umsetzen. Dabei ist vor allem erforderlich, dass gewonnene Erkenntnisse stets in den Prozess eingebunden werden und das Zielgruppenverständnis kontinuierlich wächst. So lassen sich im Zeitverlauf zunehmend Wissensvorsprünge und komparative Konkurrenzvorteile sichern.

Die Basis des Avatar Hacking® beruht auf einem zirkulären Verständnis des Marketingprozesses. In der praktischen Anwendung im digitalen Marketing werden wieder und wieder drei Phasen durchlaufen:

- die **Konzeption (Concept)**, in der die strategische Konzeption erfolgt, erste Ideen geschmiedet und Annahmen gebildet werden,
- die **Kreation (Creation)**, in der auf Basis der ersten Phase Werbeinhalte oder andere Kommunikationsmittel erstellt werden,

- die **Kommerzialisierung (Commerce)**, in der die Inhalte das Licht der Öffentlichkeit erblicken und an der Zielgruppe Daten hervorbringen, die anschließend wieder in der Konzeptions- oder Kreationsphase Anwendung finden.

Da das Ganze auf Englisch wesentlich eingängiger klingt, sprechen wir von den **3 Cs**. Wichtig ist, dass wir uns einig sind, dass die drei Phasen miteinander verbunden sind sowie flexibel und ganz im Sinne einer agilen Arbeitsweise unabhängig voneinander laufen können. Mit den 3 Cs drehst du dem Wasserfall-Marketing endgültig den Hahn ab.

Abb. 23: Die 3 Cs – zirkuläres Marketing

Jede Phase der 3Cs beinhaltet einen für sich vordefinierten abgeschlossenen Prozess, der Ergebnisse für die nächste bereithält. Allerdings ist im Gegensatz zu einem veralteten analogen Marketingverständnis der Prozess nicht vorbei, wenn er einmal durchlaufen wurde. Ganz im Gegenteil. Vor allem in der Commerce-Phase werden so viele Daten generiert, die wiederum Einflüsse auf die Creation- oder Concept-Phase haben und hier wieder und wieder verarbeitet werden müssen. Jede Phase ist wie ein eigenes Inkrement zu betrachten, das in Form von Sprints stetig upgedatet wird.

IN
PUMP
OUT
CCC

3 Concept

Du hast den theoretischen Unterbau des Avatar Hacking® und seine Sinnhaftigkeit verstanden und verinnerlicht. Jetzt geht es ans Eingemachte: die praktische Anwendung des Avatar Hacking® für dein Marketing.

Die Concept-Phase ist der Ausgangspunkt. Hier wirst du auf Datenbasis deine Marketingstrategie entwickeln. Dabei geht es vor allem um die Analyse aggregierter Daten und die Übersetzung in ein geordnetes Framework, um sie mittels des Value Proposition Canvas (Kapitel 3.4.2) für deine Marketingstrategie nutzbar zu machen.

> *»Every trackable interaction creates a data-point, and every data-point tells a piece of the customer's story.«*[38]

Im ersten Schritt geht es um die unterschiedlichen Datenquellen. Wir zeigen dir, welche Daten du für dich wie aggregieren kannst, sie im nächsten Schritt auswertest und dann schließlich in der Masse nutzbar machst, um einen realen Mehrwert zu generieren. Die Concept-Phase kannst du dir wie die zentrale Kontrolleinheit, sozusagen das Gehirn des Avatar Hacking® vorstellen. Wenn du dich an das Beispiel vom Lego-Piratenschiff erinnerst, ist genau jetzt der Zeitpunkt gekommen, an dem du dich durch das Klemmbaustein-Wirrwarr durchwühlst und Teil für Teil sorgsam sortierst, sodass du im Nachgang zielsicher einen Baustein auf den nächsten setzen kannst und dein Korsarenkutter die sieben Marketingweltmeere unsicher machen kann. Hier werden alle Weichen gestellt und immer wieder neu eintreffende Informationen in deine Marketingstrategie eingearbeitet. Vor allem bei der ersten Durchführung deines Avatar Hacking® wirst du hiermit sehr viel Zeit verbringen. Aber auch im laufenden Prozess wirst du dich immer wieder in der Concept-Phase wiederfinden, Daten hinzufügen, analysieren und (neu) sortieren. Also Leinen los und ran an die Arbeit.

3.1 Datenanalyse: sammeln – aggregieren – auswerten

3.1.1 Interne Daten – First Party Data

First-Party-Data sind Daten, die von einem Unternehmen selbst erhoben und gesammelt werden. Dies bedeutet, dass die Daten eine hohe Relevanz haben, da sie unmittelbar von den mit dem Unternehmen interagierenden Zielgruppen stammen. In der Praxis werden diese Daten häufig mithilfe von Tools wie Google Analytics, E-Mail-Mar-

38 Roetzer, P. (09.09.2015): The Content Marketing Metrics that Matter: How To Measure, Visualize & Report On Content Performance, Cleveland: Content Marketing World Conference 2015.

keting-Tools oder Umfragen auf der Website, im Kaufprozess oder nach dem Kauf (z. B. in Form von Post Purchase Surveys, PPS) erfasst.

First-Party-Daten geben dir valide Auskunft darüber, wie deine Bestandskundschaft sich verhält, wie sie tickt und was ihr wichtig ist. Diese Daten sind als direktes Feedback deiner Zielgruppen, die du bisher erreicht hast, zu lesen. Tatsächlich dürfte die Bedeutsamkeit mittlerweile selbst bis in die tradiertesten Unternehmen vorgedrungen sein – auch wenn der Digitalisierungsstand in Deutschland immer noch sehr zu wünschen übrig lässt. In einer Studie aus dem Jahr 2021 wurden exemplarisch 502 Unternehmen unterschiedlicher Größe aus dem verarbeitenden Gewerbe, der Logistik, der Bauwirtschaft, den Medien, dem IKT-Sektor und den unternehmensnahen Dienstleistungen zum Stand hinsichtlich ihrer Datennutzung befragt. Bei der »Data Readiness« zeigen sich große Unterschiede in den Unternehmensrealitäten. 28 Prozent der Unternehmen weisen einen hohen Digitalisierungsstand hinsichtlich des eigenen Datenmanagements auf und wurden als digital klassifiziert, während 72 Prozent noch weniger digital sind.[39] Umso erstaunlicher, dass vor allem Unternehmen, die bereits länger aktiv am Markt vertreten sind, oftmals eine Vielzahl an Daten gesammelt haben, diese aber nicht nutzen, um (kontinuierlich) mehr über ihre Zielgruppen herauszufinden. Denn wenn die internen Daten korrekt aggregiert und ausgewertet werden, ergibt sich daraus ein klarer Wettbewerbsvorteil gegenüber Unternehmen, die neu am Markt sind.

Customer Analytics

Unternehmen, die bereits am Markt aktiv sind und vorbildlich Daten sammeln, haben natürlich einen enormen Vorteil, um Informationen wie Kaufhistorie, Interaktionen mit dem Kundenservice, Nutzung von Produkten oder Dienstleistungen und mehr zu analysieren. Diese Daten bieten wichtige Einblicke in das Verhalten und die Vorlieben der Kundschaft. Auch Verkaufs- und Kundenservicedaten stammen aus dieser Kategorie und sind von enormem Wert. Sie können Informationen über häufige Kundenprobleme, Gründe für Rücksendungen oder Beschwerden, Verkaufstrends und mehr liefern. Insbesondere Post Purchase Surveys (PPS) – also Umfragen nach dem Kauf – oder Website Surveys können Aufschluss über die Bedürfnisse und Wünsche deiner Zielgruppe liefern. Da du im Gegensatz zu Käuferdaten im Shop bei Website- oder PPS-Umfragen nicht nur demografische Insights erhältst, ist es elementar, diese Form der Datenerhebung in deine Prozesse zu integrieren.

Das Sammeln dieser Daten erfolgt jedoch nicht unidirektional. Du kannst genauso deine Kundschaft mit der höchsten Wiederkaufrate oder dem größten Warenkorb persönlich kontaktieren und nach ihren Beweggründen und Feedback befragen. Wir

39 Röhl, K. H., Bolwin, L., Hüttl, P. (2021): Datenwirtschaft in Deutschland, S. 4 ff. Köln: Institut der deutschen Wirtschaft.

haben sowohl für eigene Unternehmungen, aber auch im Auftrag unserer Agenturkunden schon mehrfach die wertvollsten Kundinnen angerufen und zehn bis 15 Fragen gestellt – beispielsweise: Welche Lösung hast du gesucht? Wie zufrieden bist du mit dem Produkt? Was hat dich im Kaufprozess am meisten überzeugt? –, die uns wiederum wertvolle Insights zum Kaufprozess, aber auch zu den Schmerzpunkten, warum sie genau das Produkt gekauft haben, zu ihren Wünschen, die sie mit dem Kauf erfüllen wollen und dem individuell wahrgenommenen Wert des Angebots geliefert haben.

Der Kundenservice im Unternehmen sollte immer im Fokus haben – und bei Bedarf geschult werden –, dass er aktiv Kaufgründe deiner Zielgruppe in Erfahrung bringt. So können beispielsweise initiale Supporttickets über Tools wie Zendesk ausgewertet und über ChatGPT Muster erkannt und segmentiert werden, zum Beispiel in Form einer Tabelle, die dir die meistgenannten Probleme auflistet.

Eine wahre Fundgrube, um die von deiner Zielgruppe verwendeten Begrifflichkeiten und Wordings zu identifizieren – die wiederum ihre Bedürfnisse ausdrücken –, sind Kundenkommentare und Bewertungen. Wenn du nicht in gefakte Bewertungen investiert hast, geben dir Bewertungen validen Aufschluss über die Erwartungshaltung deiner Kundschaft, ihre Bedürfnisse und inwieweit dein Produkt/Service dieser Erwartung Rechnung trägt. Das Großartige dabei ist, dass du die Sprache deiner Zielgruppe lernst. Die einfachste Art, einem Menschen ein gutes Gefühl zu geben, ist, wenn die Person sich verstanden fühlt. Und genau das kannst du sehr schnell erzeugen, wenn du wie sie kommunizierst und beispielsweise die gleichen Formulierungen nutzt. Anstatt dein Shampoo also als »mild und seidig« zu bewerben, kannst du auch sagen: »Weil es nicht in den Augen brennt und nicht in den Haaren ziept!« Die Chancen stehen sehr gut, dass, wenn du dich eben dieser Formulierungen bedienst, die du in deinen Produktbewertungen nachlesen kannst, deine Zielgruppe sich gehört und verstanden fühlt. Das Ergebnis ist Vertrauen. Und Vertrauen schafft mittel- und langfristig Umsatz. Es lohnt sich also doppelt und dreifach, deine Kommentare, DMs oder Rezensionen zu lesen. Dabei sind die guten mindestens genauso lehrreich wie die negativen.

Weitere eigene Daten sind die aus internen Mitarbeitendenumfragen, die du auch wunderbar für deine Arbeitgebermarke nutzen kannst, wenn du das Avatar Hacking® für den Aufbau deiner Employer Brand (siehe dazu auch Kapitel 6.2.2) oder die Optimierung deines Recruitment Funnel nutzen möchtest.

Website Analytics

Die Websiteanalyse ist ein wesentlicher Bestandteil des digitalen Marketings und bietet tiefe Einblicke in das Verhalten und die Interaktionen von Websitebesuchenden. Folgende Tools sind nützlich, um den Erfolg von Marketingkampagnen zu messen, die Benutzendenerfahrung zu optimieren und letztlich Geschäftsziele zu erreichen.

Google Analytics: Ein sehr populäres und anerkanntes Tool in diesem Bereich ist Google Analytics. Es ermöglicht dir, detaillierte Informationen über Besucherströme, Verweildauer, Absprungraten, Konversionspfade und viele andere wichtige Metriken zu erhalten. Mit diesen Daten kannst du fundierte Entscheidungen über Design, Inhalt und Marketingstrategien deiner Website treffen.

SEMrush: SEMrush ist ein umfassendes, allerdings kostenpflichtiges Tool, das sich nicht nur auf Website Analytics konzentriert, sondern auch auf Suchmaschinenoptimierung (SEO) und Onlinemarketing. Es bietet eine breite Palette von Funktionen, die von der Keywordrecherche bis hin zu Wettbewerbsanalysen reichen. Mit SEMrush kannst du die Performance deiner Website in Suchmaschinen verfolgen – einschließlich der Rankings deiner Keywords und der Sichtbarkeit deiner Seite. Es hilft dir auch, Backlinks zu analysieren und On-Page SEO-Probleme zu identifizieren, die deine Websiteperformance beeinträchtigen könnten. Durch die umfangreichen Daten, die SEMrush liefert, kannst du deine SEO-Strategie optimieren, deine Inhalte besser auf die Bedürfnisse deiner Zielgruppe ausrichten und letztendlich deine Onlinepräsenz stärken.

Heatmap-Tools: Ein weiterer wichtiger Bestandteil des Web-Analytics-Arsenals sind Heatmap-Tools wie Hotjar oder Crazy Egg. Diese Tools visualisieren, wo und wie Nutzende auf deiner Webseite interagieren. Sie zeigen »heiße« Bereiche (orange/rot), in denen viele Klicks oder Mausbewegungen stattfinden, und »kalte« Bereiche (blau/grün), die weniger Aufmerksamkeit erhalten. Durch solche Analysen kannst du verstehen, welche Botschaften auf der Website oder Landingpage bei deiner Zielgruppe am meisten Aufmerksamkeit erzeugen und welche möglicherweise überarbeitet oder ersetzt werden müssen.

3.1.2 Externe Daten – Third Party Data

Solltest dir für die erste Concept-Phase (noch) keine unternehmenseigene Daten zur Verfügung stehen, ist das kein Problem. Es gibt andere Wege. Denn alles, was mit Blick auf deine eigenen Kundendaten gilt, funktioniert auch mit Daten von Dritten. Allerdings bist du hier insofern limitiert, als du nur mit öffentlich zugänglichen Daten oder solchen, die ein Tool für dich erfasst, arbeiten kannst. Third Party Data sind Datensätze, die von einem Partner oder einem anderen Unternehmen erfasst und dann weiteren Unternehmen zur Verfügung gestellt werden. Es handelt sich also um Daten, die du »von außen« übernimmst.

Competitive Analytics

Die Analyse des Wettbewerbs ist ein wichtiger Bestandteil, um dir ein Bild davon zu machen, wo bei deinen Marktbegleitenden konkrete Stärken und Schwächen liegen, was bei der Zielgruppe positive oder negative Erwähnung findet und noch mehr Datengrundlage zu schaffen, aus der du Bedürfnisse der Zielgruppe extrahierst.

Bewertungsplattformen & Amazon: Eine Wettbewerbsanalyse kann Einblicke in das Verhalten und die Vorlieben von Personen mit Kaufinteresse liefern. Dazu gehören die Beobachtung von Trends und Mustern im Verhalten der Wettbewerbenden und die Überprüfung und Dokumentation von Kundinnenbewertungen und Feedback zu Wettbewerberprodukten (vor allem die negativen, da du bei positiven nicht sicher sein kannst, ob der Wettbewerber diese nicht selbst beauftragt hat). Die wichtigsten Plattformen, die du mit Blick auf Bewertungen und Rezensionen untersuchen solltest, sind Review.io, TrustedShops, Trustpilot und Amazon. Diese Bewertungen lässt du von einem Webscraper (beliebt sind z. B. Apify und Octoparse) in Form einer Exceltabelle extrahieren, sodass du sie leichter analysieren kannst.

Schritt-für-Schritt-Anleitung für Webscraper

1. **Auswahl eines Webscraping-Tools**: Wie bereits erwähnt sind Apify und Octoparse populäre Tools, doch es gibt viele weitere auf dem Markt. Die Wahl hängt von deinen spezifischen Bedürfnissen, deinem Budget und technischem Know-how ab.
2. **Ziel-URL bestimmen**: Gehe zur Webseite, von der du Daten extrahieren möchtest, und kopiere die URL. Beispielsweise könntest du eine spezifische Produktseite auf Amazon wählen, die zahlreiche Kundinnenbewertungen hat.
3. **Scraper konfigurieren**: Nachdem du das Tool gestartet und die Ziel-URL eingefügt hast, musst du den Scraper so einstellen, dass er die gewünschten Daten extrahiert. Bei Bewertungsplattformen sind beispielsweise Bewertungstexte, Sternebewertungen und Datum der Bewertung interessant.
4. **Extraktion starten**: Beginne den Extraktionsprozess. Je nach Menge der Daten und Geschwindigkeit des Tools kann dies einige Minuten bis mehrere Stunden dauern.
5. **Daten überprüfen**: Überprüfe die gesammelten Daten auf Konsistenz und Vollständigkeit. Stelle sicher, dass keine Duplikate oder irrelevanten Informationen vorhanden sind.
6. **Daten exportieren**: Die meisten Webscraping-Tools ermöglichen es, die extrahierten Daten in verschiedenen Formaten wie Excel, CSV oder JSON zu exportieren. Wähle das für dich passende Format (wir nutzen in der Regel CSV-Dateien) und speichere die Daten.
7. **Datenanalyse**: Mit den Daten in einer strukturierten Form, zum Beispiel einer CSV, kannst du nun Muster erkennen, Durchschnittsbewertungen berechnen oder negative Bewertungen filtern, um mögliche Schwachstellen der Wettbewerbenden zu identifizieren. Hierfür sind vor allem entsprechende ChatGPT-Prompts hilfreich. Checke dafür die Prompts in unserer digitalen Bibliothek in Kapitel 5.4.

Hinweis: Beachte, dass Webscraping rechtliche und ethische Grenzen hat. Nicht alle Websites erlauben es, ihre Daten zu scrapen. Überprüfe immer die robots.txt-Datei der Website und stelle sicher, dass du keine Gesetze oder Nutzungsbedingungen verletzt. Wenn du regelmäßig scrapen möchtest, kann es sinnvoll sein, den Vorgang zu automatisieren oder ein Tool mit Proxy Rotation zu verwenden, um IP-Blockierungen zu vermeiden. Falls das für dich zu technisch ist, hole dir Hilfe aus deinem Team, lasse dir die genauen Schritte von ChatGPT oder anderen externen Stellen erklären. Mit diesen Schritten und der nötigen Vorsicht kannst du eine effektive Wettbewerbsanalyse durchführen und wertvolle Insights aus den Daten deiner Konkurrenten gewinnen.

Werbebibliotheken: Für die Untersuchung der Werbung und Marketingstrategien des Wettbewerbs lohnt sich vor allem ein regelmäßiger Blick in die Werbebibliotheken von Meta, TikTok und/oder Pinterest, in denen du die aktuellen Werbeanzeigen deiner Konkurrenz unter die Lupe nehmen kannst. Schau insbesondere darauf, welche Angles mit Blick auf Schmerzpunkte (Pains) und Wünsche (Gains) (beide Kapitel 3.4.2) dort getestet werden. Wir empfehlen eine regelmäßige Dokumentation der laufenden Anzeigen deiner Hauptkonkurrenten, sodass sich im Zeitverlauf dahinterliegende Strategien und Best Performer (die kontinuierlich oder immer wieder laufen) ersichtlich werden. Eine solche Dokumentation lässt sich über eine Chrome Extension (Browser Erweiterung) wie AdScan realisieren. Über AdScan siehst du sogar, wie viel Adspend (Werbebudget) eine Werbeanzeige erhält und kannst über die Budgetallokation erkennen, welche Anzeigen besonders gut performen. Auch sehr wertvoll sind Nutzendendaten in Form von Kommentaren und Brand Engagement auf Social Media. In den Kommentarspalten beispielsweise unter Videos zu Produkt-Announcements oder hoch frequentierten TikToks oder Reels findest du insbesondere Wordings, die die Zielgruppe auf der Plattform präferiert und verwendet. Auch hier kannst du ein Scrapertool wie Octoparse oder Apify nutzen und mithilfe von beispielsweise ChatGPT KI-gestützt analysieren.

Ad Analytics

Bestehende Pixel und Werbekonten liefern, wenn du Anzeigen schaltest, einen riesigen Schatz an wertvollen Zielgruppen-Insights. Hast du in der Vergangenheit bereits Anzeigen auf Plattformen wie Meta, TikTok&Co geschaltet, wirst du über die Analyse deiner bisherigen Anzeigen Ansatzpunkte und Muster erkennen, welche Formen der Ansprache oder welche kommunizierten Botschaften deiner Werbeanzeigen gut funktionieren und welche nicht. Dies setzt jedoch voraus, dass du ein Testing Framework für das Schalten deiner Anzeigen nutzt, aus dem sich valide Erkenntnisse ableiten lassen. Ein Testing Framework ist ein systematischer Ansatz, um die Effektivität verschiedener Werbemaßnahmen zu überprüfen und zu optimieren. Ein A/B-Test ist eine der häufigsten Methoden innerhalb dieses Frameworks. Bei einem A/B-Test werden zwei unterschiedliche Versionen einer Werbeanzeige (A und B) gleichzeitig an ähnliche Zielgruppen ausgespielt, um herauszufinden, welche Version besser abschneidet. Wenn du bisher keine bezahlte Werbung geschaltet hast, ist das kein Beinbruch. Auch bei der Veröffentlichung von organischem, sprich unbezahltem Content kannst du auf zahlreiche Daten und Zahlen zurückgreifen, die dir über dessen Wirksamkeit Aufschluss bieten Wie du deinen organisch veröffentlichten Content auswertest, erfährst du in Kapitel 5.2.2.

A/B-Testing – das braucht es

Ein sauberer A/B-Test in einem Werbeanzeigenmanager sollte folgende Merkmale aufweisen:

- **Klare Hypothese**: Vor dem Test sollte klar sein, welche Änderung getestet und welche Auswirkung erwartet wird. Beispiel: »Durch das Verwenden eines menschlichen Gesichts im Bild erhöht sich die Klickrate.«
- **Nur eine Variable testen**: Um sicherzustellen, dass die Ergebnisse auf die getestete Änderung zurückzuführen sind, sollte nur eine Variable gleichzeitig geändert werden. Dies könnte das Bild, der Anzeigentext oder der Call-to-Action sein.
- **Statistische Signifikanz**: Um valide Ergebnisse zu gewährleisten, muss der Test lange genug laufen und eine ausreichende Anzahl von Nutzenden erreichen, um statistisch signifikante Ergebnisse zu erzielen.
- **Kontrollierte Bedingungen**: Äußere Faktoren, die die Ergebnisse beeinflussen könnten, sollten so weit wie möglich ausgeschlossen werden. So sollten die Anzeigen beispielsweise zur gleichen Tageszeit und bei ähnlichen Zielgruppen ausgespielt werden.
- **Auswertung und Anpassung**: Nach Abschluss des Tests werden die Ergebnisse analysiert und die erfolgreichere Anzeige wird als neue Standardversion übernommen. Mit ihr können weitere Tests durchgeführt werden, um die Anzeige kontinuierlich zu optimieren.

Neben A/B-Tests gibt es zahlreiche weitere Testmethoden, die je nach Situation und Ziel verwendet werden können. Einige aus unserer Sicht relevante möchten wir dir ebenfalls vorstellen.

Multivariater Test (MVT): Bei multivariaten Tests werden gleichzeitig mehrere Variablen in unterschiedlichen Kombinationen getestet. Sie können zur Optimierung mehrerer Elemente einer Seite oder Anzeige gleichzeitig verwendet werden, erfordern aber eine wesentlich höhere Besucher- oder Klickzahl, um statistisch signifikante Ergebnisse zu erreichen.

Split-URL-Test (Redirect-Test): Hier werden verschiedene Versionen einer gesamten Webseite auf unterschiedlichen URLs gehostet. Der Traffic wird dann zwischen diesen URLs aufgeteilt. Dies eignet sich besonders, wenn Änderungen auf Backendebene oder in der gesamten Seitengestaltung geplant sind und getestet werden sollen.

Multi-armed Bandit Test: Bei dieser Methode wird ein Algorithmus verwendet, der die Verteilung des Traffics zwischen den verschiedenen Versionen während des Tests dynamisch anpasst. Sie versucht, den »Verlust« durch weniger performante Versionen zu minimieren, während sie gleichzeitig lernt, welche Version am besten abschneidet.

Marktforschung

Gerade größere Unternehmen kaufen Studiendaten zu verschiedenen Marktsegmenten. Diese Third-Party-Daten enthalten Informationen zu demografischen Merkmalen, Kaufverhalten, Interessen und so weiter. Diese Datenpakete sind allerdings häufig extrem kostspielig und stehen für viele Unternehmen in ihrer Marketingpraxis nicht im Verhältnis zu den Aussagen, die sich durch solche Studien ergeben. Aber auch eine eigens beauftragte Marktforschung dauert lange und ist ebenfalls teuer. Die sehr gute Nachricht: Für Unternehmen mit kleineren Budgets gibt es mittlerweile großartige Mittel und Wege, um an aufschlussreiche Insights aus dem Markt zu gelangen.

AnswerThePublic: Hierbei handelt es sich um ein wertvolles Tool, das dir dabei hilft, Inhaltsideen auf der Grundlage dessen zu generieren, wonach Menschen online suchen. Dieses Tool wurde entwickelt, um die kollektiven Suchanfragen von Nutzenenden anzuzapfen, um zu erkennen, welche Themen und Fragen derzeit relevant sind.

Google Trends: Ein weiteres mächtiges Tool, das in den Werkzeugkasten jedes Marketers gehört, ist Google Trends. Das Tool zeigt die Entwicklung von Suchanfragen über einen bestimmten Zeitraum hinweg und kann dazu genutzt werden, um saisonale Schwankungen, aufkommende Trends oder plötzliche Spitzen bei bestimmten Suchanfragen zu identifizieren. Besonders interessant ist die Möglichkeit, verschiedene Suchbegriffe miteinander zu vergleichen, um das relative Interesse zu messen.

Google Keyword Planner: Der Google Keyword Planner ist ein integraler Bestandteil von Googles Werbenetzwerk AdWords. Doch auch jenseits von bezahlter Suchwerbung kann er dich mit wertvollen Informationen versorgen. Dieses Tool ermöglicht es herauszufinden, wie oft bestimmte Begriffe gesucht werden und wie sich das Suchvolumen über die Zeit hinweg entwickelt hat. Zudem gibt der Keyword Planner Hinweise auf das zu erwartende Klickverhalten, den Wettbewerb um bestimmte Keywords und sogar Kostenprognosen für Werbekampagnen. Eine seiner relevantesten Funktionen ist jedoch die Keyword-Ideen-Generierung. Basierend auf einem Haupt-Keyword oder einer Website schlägt der Planner eine Reihe verwandter Suchbegriffe vor, die dir neue Nischen oder Werbemöglichkeiten aufzeigen können.

Ähnliche Suchanfragen auf Google: Eine simple Alternative zum Keyword Planner, die sich für kurze Recherchen zum Suchverhalten rund um ein Keyword eignet, ist die Eingabe eines Begriffs in der Google-Suche. Auf der Ergebnisseite erscheinen beim Scrollen unter »Weitere Fragen« oder »ähnlich« Vorschläge zu häufigen Suchanfragen. Zudem schlägt Google bei der Eingabe eines Begriffs automatisch passende Vervollständigungen vor (Suggest List). Diese können dir ebenfalls erste Ideen und Aufschlüsse über relevante Suchanfragen bieten.

Quantitative und qualitative Daten

Neben den verschiedenen Arten von Datenquellen ist es wichtig, zwischen quantitativen und qualitativen Daten zu unterscheiden, da mit ihnen anders umgegangen werden muss.

Quantitative Daten sind numerisch und bieten eine objektive Perspektive, indem sie messbare und verifizierbare Informationen liefern. Sie werden in großen Mengen gesammelt und mit statistischen Methoden analysiert, um Muster und Trends zu identifizieren. Sie sind besonders nützlich, um zu messen, wie viele oder wie oft bestimmte Ereignisse eintreten, beispielsweise wie viele Personen ein Produkt gekauft haben oder wie oft eine Webseite besucht wurde.

Beispiele für quantitative Datenquellen:

- **Verkaufsdaten**: Wie viele Einheiten eines Produkts wurden verkauft? Wie oft kaufen Kundinnen wiederholt ein?
- **Webanalysedaten**: Wie viele Besuchende hat eine Webseite? Wie lange bleiben sie auf der Seite? Welche Unterseiten besuchen sie und mit welchen Sektionen auf einer Seite interagieren User am meisten?
- **Umfragedaten**: Wie viele Kundinnen sind mit einem Produkt oder Service zufrieden? Wie viele würden es einer Freundin empfehlen?

Der große Vorteil von Third-Party-Daten ist, dass du kaum Aufwand in die komplexe Erfassung und statistische Auswertung dieser Daten aufwenden musst. Google Analytics oder die Open-Source-Alternative Matomo, Tools wie Hotjar sowie die Werbeanzeigenmanager erledigen genau das. Deine Aufgabe ist es vielmehr, diese Daten auf Basis der für dich relevanten Fragestellungen zu betrachten und in Zusammenhang zu bringen, um auf Insights zu stoßen, die dir bisher verborgen waren.

Beispiel: bezahlte Werbung

Wenn es um bezahlte Werbung geht, ist es entscheidend, dass genügend Daten vorhanden sind, um statistisch signifikante Erkenntnisse zu gewinnen. Wenn du eine Werbeanzeige testen möchtest, sollte diese Anzeige ausreichend Impressionen (Anzahl der Personen, an die deine Werbeanzeige ausgestrahlt wird) erhalten, um eine valide Auswertung zu ermöglichen. Ein gängiger Richtwert ist, dass eine Anzeige mindestens mehrere tausend bis zehntausend Impressionen haben sollte, um aussagekräftige Daten für einen A/B-Test zu liefern. Kleinere Werbebudgets können eine Herausforderung darstellen, da sie möglicherweise nicht ausreichen, um solche Volumina zu erreichen. Und mit wenigen hundert Euro im Monat verfügst du leider nicht über die Möglichkeit, repräsentative Datenmengen zu generieren. Bei der Definition von Annahmen und Tests sollte daher immer abgeklärt werden, ob die zu testenden Werbeanzeigen auch über ausreichend Budget verfügen und die Zielgruppen hinreichend groß sind (dies wird dir in dem jeweiligen Werbeanzeigenmanager angezeigt), um die Lernphase, in der der Algorithmus deine Werbeanzeigen einem kleinen »Kuchenstück« deiner potenziellen Zielgruppe präsentiert, zu verlassen.

Qualitative Daten
Qualitative Daten liefern tiefere und detailliertere Einblicke in das Verhalten, die Einstellungen und die Motivationen von interessierten oder kaufbereiten Personen. Sie sind weniger strukturiert und messbar als quantitative Daten und erfordern oft interpretative oder explorative Analysetechniken. Qualitative Daten zielen darauf ab, das *Warum* hinter den Zahlen und Trends zu verstehen. Während quantitative Daten oft ein breiteres Bild geben und das *Was* beantworten, tauchen qualitative Daten tiefer in individuelle Erfahrungen und Meinungen ein, um ein umfassendes Verständnis der Nutzerperspektive zu erlangen.

Beispiele für qualitative Datenquellen:

- **Textanalyse**: Hier werden Kommentare, Bewertungen und Feedbacks von Kundinnen auf Plattformen wie Social Media, Onlineshops und Feedbackformularen untersucht. Diese Analysen können Aufschluss über die Bedürfnisse, Wünsche und Schmerzpunkte geben.
- **Interviews und Umfragen**: Diese Methoden ermöglichen direkte Gespräche mit Kunden. Durch gezielte Fragen und Diskussionen erhältst du tiefere Einblicke in ihre Erfahrungen, Erwartungen und Bedenken. Was sagen Kunden über ein Produkt? Wie verwenden sie es? Was gefällt ihnen daran und was nicht?
- **Beobachtungen und Ethnografien**: Wie verhalten sich Personen in einer bestimmten Umgebung oder Situation? Was tun sie und warum tun sie es?

3.2 Zielgruppenanalyse

Nachdem du nun ein makroskopisches Verständnis der Datenkategorien hast, ist der nächste Schritt, dich auf die Mikroebene zu konzentrieren und genau zu definieren, welche spezifischen Metriken für dein Zielgruppenverständnis am relevantesten sind. Bei der Identifizierung und Analyse dieser Metriken sollte stets die Frage im Mittelpunkt stehen: »Wie helfen diese Daten bei der effektiven Segmentierung meiner Zielgruppe?« Es ist entscheidend, die richtigen Metriken zu identifizieren und sicherzustellen, dass sie kontinuierlich erfasst werden, um fundierte Marketingentscheidungen treffen zu können.

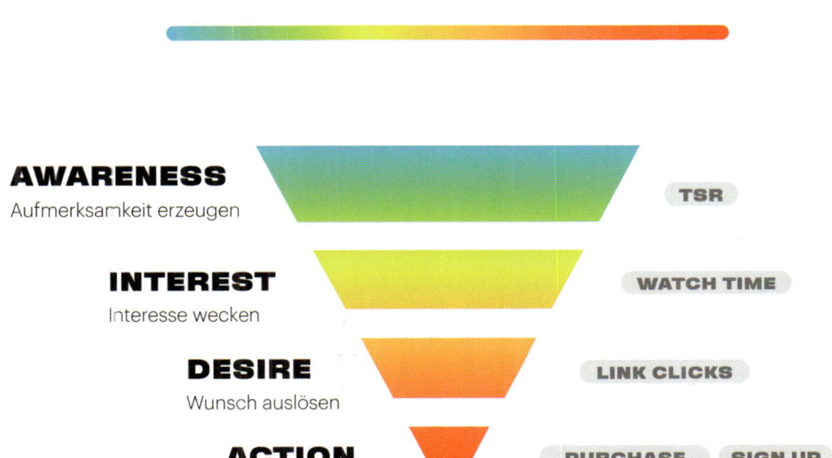

Abb. 24: Metriken entlang der Customer Journey/AIDA-Formel

Um deiner Analyse – gerade, wenn du noch wenig Erfahrung hast – eine Struktur zu geben, empfehlen wir folgendes schrittweise Vorgehen.

Schritt 1: Brand-Engagement-Analyse – Auswertung qualitativer Daten
Bei der Analyse beginnst du mit den qualitativen Daten, die inhaltlich am aufschlussreichsten für die Analyse deiner Zielgruppensegmente sein werden. Wir sprechen von der sogenannten Brand-Engagement-Analyse. Hier kommunizieren Personen aus der Zielgruppe, was ihnen wichtig ist und woran sie sich stören – in ihren eigenen Worten. Mindestens dein Copywriting und dein Designteam werden so manches Mal staunen und von diesen Insights in besonderem Maße profitieren.

Im Rahmen der Brand-Engagement-Analyse-bedarf es mehrerer Dateien (entweder CSV oder Excel, auf jeden Fall für alle Dateien dasselbe Format), die du mithilfe eines der vorgestellten Scrapertools (Kapitel 3.1.2) erstellst und folgende Informationen aggregierst:

- **Datei 1 – deine Kundenbewertungen**: Die Datei enthält alle Kundenbewertungen zu deinem Unternehmen auf der relevanten Plattform. Zum Beispiel Trustpilot, wenn du ein E-Commerce-Unternehmen bist, Tripadvisor, wenn du in der Hotellerie bist, oder Kununu, wenn du deine Employer Brand oder dein Recruitment Marketing optimieren möchtest.

- **Datei 2 – Kundenbewertungen von Wettbewerbern**: Dasselbe Vorgehen wie bei Datei 1, allerdings für deine drei bis fünf wichtigsten Marktbegleitenden. Da du davon ausgehen kannst, dass der eine oder andere Wettbewerber positive Bewertungen fakt oder kauft, wirst du dich im weiteren Verlauf der Analyse mithilfe von ChatGPT vor allem auf die negativen Kommentare und Bewertungen fokussieren.
- **Datei 3 – Kommunikation/Interaktion auf Social Media**: Wenn du ein Unternehmen mit einer starken Social-Media-Präsenz hast oder dort arbeitest und über eine große Community verfügst, solltest du auch die Kommentare zu und Interaktionen mit deiner Brand auf Instagram, TikTok, Facebook oder den Plattformen mit dem höchsten Engagement erfassen und einbeziehen. Konzentriere dich insbesondere auf Posts, die einen Produktbezug haben (z. B. ein Launch, eine Kollektion oder eine Ankündigung).
- **Datei 4 – Social Media der Wettbewerbenden**: Das gleiche Spiel wie bei Datei 3, allerdings jetzt für deine drei bis fünf wichtigsten Marktbegleitenden. Wir empfehlen, bei der Betrachtung je nach Menge an Daten nicht über die letzten drei bis sechs Monate hinauszugehen.

Schritt 2: Key Performance Indicators (KPIs) – deine Analysewährungen

Du hast viele Daten gesammelt – nun musst du mit ihnen natürlich auch etwas anfangen. Anhand der Key Performance Indicators, der Leistungskennzahlen, kannst du den Grad der Erfüllung beziehungsweise den Fortschritt deiner Maßnahmen und (Teil-)Ziele messen und greifbar machen.

Mit Blick auf deine Customer Analytics und um deine KPIs bestimmen zu können, gehören diese Daten in deine Avatar-Hacking®-Zielgruppenanalyse, die dir ebenfalls in demselben Dateiformat (CSV oder Excel) vorliegen sollten:

- **PPS- und NPS-Umfrageergebnisse**.
- Wiederkaufsrate und Retention Rate.
- demografische Daten: Angaben wie Alter, Geschlecht, Standort und Sprache der Kundschaft.
- **Customer Lifetime Value (CLV)**: Die CLV-Metrik gibt an, wie viel ein Kunde über seine gesamte Kundenbeziehung hinweg voraussichtlich für deine Produkte oder Dienstleistungen ausgeben wird. Kunden mit einem hohen CLV sind für dein Unternehmen besonders wertvoll und sollten entsprechend gepflegt werden.
- **Warenkorbabbrüche und Rückgaben**: Analysiere die Gründe für Warenkorbabbrüche oder Rücksendungen. An welcher Stelle im Kaufprozess steigen Interessentinnen aus? Welche Gründe werden bei Reklamationen angegeben? Falls du die Gründe bisher nicht erfasst, solltest du das umgehend ändern.
- **Kaufvolumen und -interessen**: Anhand beispielsweise der Häufigkeit der Einkäufe, dem durchschnittlichen Bestellwert und/oder bevorzugter Produktkategorien kannst du Gelegenheitskaufende, Vielkaufende oder Kunden mit bestimmten Präferenzen identifizieren.

Mit Blick auf deine Werbekampagnen im Ads Manager sind für die Zielgruppenanalyse vor allem folgende Kennzahlen relevant:

- **Conversion Rate**: Die Conversion Rate zeigt das Verhältnis der Anzahl der Personen, die nach dem Klick auf die Anzeige eine gewünschte Aktion durchgeführt haben zur Gesamtzahl der Klicks. Diese gewünschte Aktion kann ein Kauf, eine Anmeldung, das Ausfüllen eines Formulars oder jede andere Handlung sein, die von der Zielgruppe erwartet wird.
- **Cost per Acquisition (CPA)**: Diese Metrik gibt an, wie viel durchschnittlich für jeden Kauf ausgegeben wird. Dies hilft, die Effektivität der Werbeanzeigen aus finanzieller Sicht zu bewerten und Kampagnen mit einem besseren Kosten-Nutzen-Verhältnis zu identifizieren.
- **Cost per Lead (CPL)**: Diese Metrik bezeichnet den durchschnittlichen Kaufpreis für einen neuen Prospect, also eine potenzielle Kundin (in der Regel in Form einer E-Mail-Adresse).
- **Return on Advertising Spend (ROAS)**: Der ROAS ist das Verhältnis des Umsatzes, den du durch bezahlte Werbeanzeigen erzielt hast, zum investierten Werbebudget. Eine ROAS-Messung zeigt, wie effektiv deine Werbeausgaben und ob deine Anzeigen rentabel sind.
- **Thumb-Stop Ratio (TSR)**: Die Thumb-Stop Ratio bezieht sich darauf, wie viele Nutzende beim Surfen anhalten, um deine Anzeige anzuschauen, wenn sie auf sozialen Medien oder anderen Plattformen durch deinen Content oder Feed scrollen. Eine hohe Thumb-Stop Ratio deutet darauf hin, dass deine Anzeige auffällig und ansprechend ist, da die Leute »stoppen«.
- **Watchtime**: Die Ansehdauer gibt an, wie lange Nutzende deine Videoanzeige angesehen haben. Je länger die Watchtime, desto mehr Interesse weckt deine Anzeige bei der Zielgruppe. Anhand dieser Kennzahl findest du heraus, welche Teile deiner Anzeige besonders fesselnd sind und welche möglicherweise verbessert werden müssen.
- **Click-Through-Rate (CTR)**: Die Klickrate zeigt, wie viele Personen auf deine Anzeige geklickt haben. Eine hohe CTR ist ein gutes Zeichen, denn sie zeigt, dass die Anzeige Neugier weckt und zum Handeln anregt. Niedrige CTRs können darauf hindeuten, dass die Anzeige nicht ansprechend genug ist oder die Zielgruppe nicht getroffen wurde.
- **Zielgruppeninteraktion**: Analysiere, wie die Zielgruppe mit deinen Anzeigen interagiert, zum Beispiel durch Kommentare, Likes, Shares oder Reaktionen. Dies kann dir helfen festzustellen, welche Art von Inhalten und Botschaften deine Zielgruppe am meisten anspricht.

Am besten schaust du dir die Entwicklung der Zahlen in verschiedenen Betrachtungszeiträumen an und überträgst die Best Performer und Low Performer aus den letzten zwei bis drei Monaten samt Indikatoren in dein Avatar Hacking®, warum diese am besten beziehungsweise schlechtesten performt haben. Zusätzlich ist es sinnvoll, einen

Benchmark aus den Ergebnissen der letzten sechs Monate zu erstellen – länger wäre unvorteilhaft aufgrund zu starker saisonaler Faktoren. So kannst du einfacher realistische KPIs für zukünftige Kampagnen definieren und der Durchschnittswert aus den jeweiligen Zahlen bildet deine KPI. In Kapitel 5.2 wirst du noch mehr über die Benchmark-Schaffung und Notwendigkeit der Dokumentation des Ist-Zustandes wichtiger Parameter erfahren.

Aus unserer Praxis: Bei einem Auftrag fragen wir unsere Kunden im Onboarding stets, ob beschriebene oder auch weitere Daten(kategorien) vorhanden sind. Falls ja, erhalten wir in der Regel auch Zugänge, um selbstständig auf die Daten zugreifen und den Stand der Dinge evaluieren zu können. Mit den bestehenden Daten lässt sich nicht nur ein erstes, schemenhaftes Bild der Ist-Zielgruppen zeichnen, sondern vor allem auch der Status quo des Marketings an sich. Wie haben sich die wichtigsten Metriken und KPIs im Laufe der letzten Monate entwickelt? Welche Trends sind zu erkennen? Wo besteht Optimierungspotenzial? Wie ist die Kampagnenstruktur im Werbeanzeigenmanager? Ist ein Testing Framework erkennbar und wie sehen die aktuellen Arbeitsweisen und Workflows aus?

Eine sorgfältige Analyse der (Einstiegs-)Daten ist Sisyphusarbeit. Aber sie muss sein und sie lohnt sich – denn sie vermeidet, dass du mit Maßnahmen an den Start gehst, die nicht funktionieren und du dadurch sehr viel Geld verbrennst und bei denen du auch nicht herausfinden kannst, warum sie im Zweifelsfall nicht wie gewünscht (an) gelaufen sind.

Um dir die Arbeit an dieser Stelle zu erleichtern, haben wir eine Checkliste erstellt – du erreichst sie über den QR-Code –, mit der du dein Daten-Set-up strukturiert auf solide Beine stellst. Hierbei handelt es sich um wichtige Grundlagen und es ist essenziell, dass du dir für die Datensammlung und -strukturierung ausreichend Zeit nimmst: Du solltest mindestens zwei bis drei Wochen einplanen.

3.3 Arbeit mit Daten – Gastbeitrag von Lucas Obstfeld

Im Marketing stehen Marketingprofis täglich vor der Herausforderung, Annahmen zu treffen, Hypothesen zu entwickeln und diese mithilfe von Tests und Experimenten zu validieren oder zu verwerfen.

Ein gängiger Fehler bei der Ausarbeitung der Hypothesen, auf den wir mit Regelmäßigkeit in den vergangenen Jahren in der Praxis immer wieder gestoßen sind, ist das Treffen von Annahmen und Aussagen ohne valide Grundlage. Oftmals ist hier das Bauchgefühl der Geschäftsführung, oder der Marketingmitarbeitenden federführend. Während die Intuition zwar gelegentlich ein guter Impulsgeber für den Start einer Diskussion sein kann, sollte jedoch allen einbezogenen Annahmen ein valides Fundament zugrunde liegen. Denn die Konzeption und Entwicklung von Marketingstrategien sollte unvoreingenommen, ohne jegliche zuvor getroffene Annahmen beginnen. Genau in diesem Schritt ist eine tiefe Analyse der zur Verfügung stehenden Daten unabdinglich.

Durch die Analyse von Daten ist es möglich, genaue Einblicke in die Präferenzen und die Verhaltensmuster der Zielgruppen zu erhalten. Darüber hinaus lassen sich diese so sinnvoll einteilen und segmentieren. Die differenzierte Unterteilung führt zu einem deutlich gesteigerten Verständnis der Zielgruppe. Dies hat unmittelbar positive Auswirkungen auf die Kommunikationsstrategie und die durchgeführten Marketingmaßnahmen, da so deutlich genauer und passender kommuniziert werden kann. Unter Berücksichtigung der Vielzahl an (Werbe-)Botschaften, denen wir uns aktuell ausgesetzt sehen, ist dies ein klarer Wettbewerbsvorteil.

Um Daten in die Erarbeitung und Bewertung von Hypothesen miteinbeziehen zu können, ist es unabdinglich, Daten – unter Einhaltung des Datenschutzes – korrekt zu erfassen. Deshalb sollte sichergestellt sein, dass Webanalyse-Tools, E-Mail-Marketing-Tools und CRM-Systeme korrekt implementiert und funktionsfähig sind.

Die richtigen Fragen stellen

Nachdem in dem Kapitel bereits geklärt wurde, welche Datentypen es gibt und wie diese erfasst werden, ist es an der Zeit loszulegen, wirklich mit den Daten zu arbeiten. Dabei ist wichtig zu verstehen, dass die Daten die Grundlage für aussagekräftige, fundierte Antworten stellen. Die richtigen Fragen müssen weiterhin von uns Menschen gestellt werden.

Um effizient sinnvolle Fragen zu entwickeln, hat es sich in der täglichen Arbeit als Best Practice erwiesen, so nahe wie möglich am gewünschten Ziel zu beginnen. Optimierungen, die unmittelbar vor dem gewünschten Ziel, der Conversion, vorgenommen werden, haben sofortigen positiven Einfluss auf die Performance der Marketingaktivitäten.

Mögliche Fragen zum Start einer Analyse können zum Beispiel wirtschaftlichen Charakter haben. So kann ein Startpunkt ein Abgleich der meistverkauften Produkte mit den Produkten mit der höchsten Marge sein. Bezieht man hier noch die ausgegebenen Werbekosten ein, ist genügend Grundlage für eine spannende Diskussion zur Steigerung der Effizienz gegeben.

Neben Fragen, die direkten Bezug zu wirtschaftlichen Zielen haben, ist es auch sinnvoll, das Verständnis für die Zielgruppe basierend auf Daten weiter zu steigern. Hierfür ist es notwendig, entscheidende Merkmale der Zielgruppe zu identifizieren und die Verhaltensweise in der Customer Journey, die Reise des Kunden vom ersten Touchpoint bis zum treuen Superfan, bestmöglich zu verstehen.

Einen guten Einstieg erlangt man mit Webanalyse-Tools wie Google Analytics. Mithilfe von Google Analytics ist es möglich, direkt eine Vielzahl an Insights zu gewinnen. So hilft Google Analytics dabei, zunächst zu verstehen, wie, also über welche Kanäle, User auf die eigene Website gelangen. Analysiert man die einzelnen Kanäle tiefer, können an dieser Stelle auch Fragen zum Charakter des Besuches beantwortet werden. Welche User wollen sich zunächst umschauen und einen ersten Überblick verschaffen? Und welche User sind direkt bereit, ein Produkt zu kaufen beziehungsweise eine Leistung in Anspruch zu nehmen?

Versteht man die unterschiedlichen Intentionen der User, ist es nun möglich, passende Inhalte an den richtigen Stellen zur Verfügung zu stellen, um die User angenehm in die nächste Phase der Customer Journey weiterzuleiten.

Arbeiten mit externen Daten

Stehen keine eigenen First-Party-Daten zur Verfügung, ist es natürlich trotzdem wichtig, datenbasiert zu arbeiten und offene Fragestellungen zu beantworten. Hier kommen die Third-Party-Daten (Kapitel 3.1.2) ins Spiel. Zum Glück ist es möglich, auf eine der größten Datenbanken der Welt zuzugreifen. Google ermöglicht es, mithilfe verschiedener Tools die aggregierten Daten einfach zugänglich einzusehen.

Mit Google Trends kann zum Beispiel die Entwicklung eines bestimmten Themas analysiert und bewertet werden. So kann bereits in der Findungsphase einer neuen Geschäftsidee oder eines neuen Produktes überprüft werden, wie sich das jeweilige Thema in den einzelnen Plattformen von Google entwickelt. So kann, wie der Name des Tools beschreibt, ein Trend abgeleitet werden.

Aussagekräftiger als Trends sind tatsächliche Befragungen der Zielgruppe. Allerdings sind Marktumfragen in der Praxis sehr teuer und deshalb nur bedingt nutz- beziehungsweise machbar. Aber auch hier stellt Google eine kostenlose Lösung bereit: den Google Keyword Planner. Was zunächst nach einem Google Ads oder Tool für die Suchmaschinenoptimierung klingt, ist in Wahrheit viel mehr. Denn mithilfe des Keyword Planners ist es möglich zu analysieren, welche Begriffe wie häufig durchschnittlich beispielsweise in den letzten zwölf Monaten in die Google Suche eingegeben wurden. Hier gibt der Keyword Planner die durchschnittliche Häufigkeit der Suchanfragen sowie die Kosten pro Klick auf eine etwaige zu dem Keyword geschaltete Anzeige an. Diese beiden Werte alleine lassen bereits Rückschlüsse auf die Relevanz der Suchanfrage beziehungsweise des Themas und dem Wettbewerb zu. Denn wenn nur ein geringes Suchvolumen für eine Anfrage vorhanden ist, lässt dies Rückschlüsse auf Relevanz und Nachfrage zu. Die Kosten pro Klick sind ein valider Indikator für die Wettbewerbsintensität zu der Suchanfrage. Denn Google Ads basieren auf einem Auktionsprinzip. Das bedeutet, dass mehr Wettbewerb zu steigenden Kosten-pro-Klick führen.

In der Praxis stehen uns als Marketers also genügend Daten zur Verfügung – ob unternehmenseigene Daten oder externe Daten. Nun liegt es an uns, in den täglichen Analysen und Entscheidungen die unterschiedlichen Daten miteinzubeziehen.

3.4 Daten nutzbar machen – Business Model Canvas und Value Proposition Canvas

Du hast nun Datenexpertise aufgebaut und deine Zielgruppenanalyse sorgfältig durchgeführt. (Das allerdings nicht zum letzten Mal. Du erinnerst dich an die Zirkularität? Es gibt kein Ende – denn dein Produkt, aber vor allem die Zielgruppe ändert sich stetig.) Jetzt geht es um die Transferleistung von der Analyse hin zum Zielgruppenverständnis. Deine Erkenntnisse wirst du im Folgenden entlang der sogenannten Value Proposition, dem Nutzenversprechen, kategorisieren und für die Formulierung von Annahmen hierarchisieren. Dafür starten wir erneut mit dem theoretischen Verständnis, um dich anschließend im Praxisteil in der konkreten Ausarbeitung zu begleiten.

In diesem Kapitel lernst du,

- was das Business Model Canvas und das Value Proposition Canvas sind, inwieweit du sie für das Avatar Hacking® nutzt und es eine Evolution dieser Methoden darstellt.
- wie du basierend auf deinen Erkenntnissen der Zielgruppenanalyse deine Zielgruppe sinnvoll segmentierst.
- was Customer Jobs, Pains, Gains, Pain Relievers und Gain Creators sind und wie du diese herausarbeitest.

Alexander Chernev brachte es 2022 in einem Interview treffend auf den Punkt:

> *»Data analytics, automation, and artificial intelligence are very powerful tools in managing value, but they are just tools. Without a sound strategy guiding their use, they can become a distraction from a company's core mission.«*[40]

Das heißt: Die größte Menge an Daten, egal wie qualitativ hochwertig sie auch sein mögen, nützt dir nichts, wenn du sie sie dir nicht auch auf irgendeine Art und Weise nutzbar machen kannst. Um also deine Daten-PS auf die Straße bringen zu können, musst du auch wissen, wie du deinen Marketing-Porsche zu bedienen hast. Die Bedienungsanleitung beziehungsweise das System dafür basiert auf etablierten Frameworks aus der Wirtschaftsökonomie und IT – damit ist Agile Work (Kapitel 1.4) gemeint.

40 KelloggInsight (21.01.2022): How Has Marketing Changed over the Past Half-Century?, https://insight.kellogg.northwestern.edu/article/how-has-marketing-changed-over-the-past-half-century, abgerufen am 03.02.2024.

Das Business Model Canvas (BMC) sowie das Value Proposition Canvas (VPC) sind weitläufig bekannte Modelle, die die wichtigsten Attribute eines Unternehmens auf einen Blick darstellen und zueinander ins Verhältnis setzen. Perfekte Tools also, um deine aggregierten Daten zu visualisieren und nutzbar zu machen. Das Business Model Canvas ist ein Framework für die Visualisierung und Strukturierung von Geschäftsmodellen. Es wurde vom Schweizer Alexander Osterwalder entwickelt und im Jahre 2008 veröffentlicht. Das BMC legt auf Makroebene den Rahmen für die allgemeine Geschäftsstrategie fest, während das Value Proposition Canvas sich explizit mit zwei Teilbereichen des BMC beschäftigt und – quasi reingezoomt – die Feinheiten des Kundennutzens und der Produktoptimierung betrachtet. Für die Einordnung des Avatar Hacking® ist Wissen über beide Methoden von Vorteil. Deswegen stellen wir dir beide Konzepte kurz vor, der praktische Fokus liegt dabei auf dem Value Proposition Canvas. Es bildet sozusagen das Herzstück deiner Datenanalyse. Wenn du hier tiefer einsteigen möchtest, empfehlen wir dir das Buch »Business Model Generation« von Osterwalder & Pigneur. BMC und VPC wurden von und für Strategyzer entwickelt und sie werden in diesem Buch ausführlich beschrieben. Beide Ansätze helfen dir, deine Geschäftsmodelle und Wertangebote zu definieren, zu analysieren und schließlich zu optimieren.

3.4.1 Business Model Canvas (Avatar-Verständnis)

Das Business Model Canvas (BMC) ist eine Art Kurzübersicht für dein Unternehmen. Es ist ein Werkzeug, das dir hilft, dein Geschäft zu strukturieren und zu visualisieren, ohne dich in den Tiefen komplexer Businesspläne zu verlieren. Stelle es dir wie ein großes Puzzle vor, bei dem jedes Teil ein wichtiges Stück deines Geschäftsmodells repräsentiert.

Warum das Business Model Canvas?

- **Flexibilität und Klarheit**: Es bietet eine flexible und leicht verständliche Struktur, um Geschäftsmodelle zu entwickeln und zu überprüfen.
- **Ganzheitliche Sichtweise**: Das Canvas ermöglicht es dir, alle wesentlichen Aspekte deines Geschäfts auf einen Blick zu erfassen.
- **Anpassungsfähigkeit**: Es ist ideal, um Ideen iterativ zu entwickeln.

Praktisch: So setzt du das BMC um

- Nimm ein großes Blatt Papier oder eine Whiteboard-Tafel und zeichne das Canvas darauf (die Vorlage zum Download siehe folgender QR-Code).
- Fülle jeden der neun Bereiche aus, beginnend mit deinen Kunden und endend mit deiner Kostenstruktur.
- Diskutiere und überprüfe regelmäßig deinen Canvas, um Anpassungen und Updates vorzunehmen.

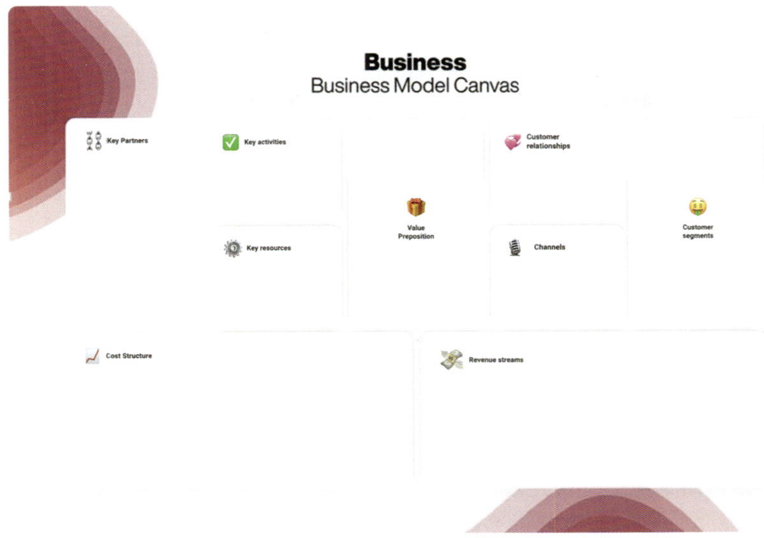

Abb. 25: Business Model Canvas

Über den QR-Code gelangst du zu einer Vorlage für das Business Model Canvas.

Das Business Model Canvas besteht aus neun Kategorien, die universell für jedes Geschäft gelten – für dein eigenes Unternehmen genauso wie für den Bäcker um die Ecke, ein Silicon Valley Unicorn und alles dazwischen.

Die neun Kategorien des Business Model Canvas:

1. **Customer Segments (Kundensegmente)**: Hier definierst du, für welche verschiedenen Gruppen von Menschen oder Organisationen du Werte schaffst. Sind es Massenmärkte, Nischenmärkte oder etwas dazwischen? Zu verstehen, wer deine Kundinnen sind, ist essenziell.
2. **Value Propositions (Wertangebote)**: Was macht dein Produkt oder deine Dienstleistung einzigartig? Hier beschreibst du, durch welche USPs und Benefits du die Bedürfnisse deiner Kundensegmente erfüllst. Frage dich dabei vor allem: Was mache ich anders als meine Wettbewerbenden?
3. **Channels (Kanäle)**: Über welche Wege erreichst und bedienst du deine Kundinnen? Dies kann Onlinevertrieb, Einzelhandel und/oder direkter Verkauf sein. Es geht darum, wie deine Kundinnen dein Angebot entdecken, kaufen und erhalten.
4. **Customer Relationships (Kundenbeziehungen)**: Welche Art von Beziehung erwartet jedes deiner Kundensegmente, das du aufbaust und pflegst? Dies können beispielsweise persönliche Betreuung, Selbstbedienung oder automatisierte Dienste sein.

5. **Revenue Streams (Einnahmequellen)**: Woher kommt das Geld? Hier identifizierst du, wie jedes Kundensegment zum Gesamtumsatz beiträgt. Überlegungen können zum Beispiel Einzelverkauf, Abonnementgebühren oder Lizenzgebühren einschließen.
6. **Key Resources (Schlüsselressourcen)**: Welche wichtigsten Ressourcen benötigst du, um deine Wertangebote zu erstellen, deine Kanäle zu erreichen, Kundenbeziehungen aufrechtzuerhalten und Einnahmen zu erzielen? Denke an physische Ressourcen, intellektuelles Eigentum, menschliches Kapital und Finanzen.
7. **Key Activities (Schlüsselaktivitäten)**: Welche entscheidenden Dinge musst du tun, um dein Geschäftsmodell zu betreiben? Dies kann unter anderem Produktion, Problemlösung oder Plattform-/Netzwerkmanagement betreffen.
8. **Key Partnerships (Schlüsselpartnerschaften)**: Mit wem arbeitest du zusammen, um dein Geschäft zu betreiben? Dazu gehören zum Beispiel Lieferantinnen, Partnerunternehmen oder strategische Allianzen.
9. **Cost Structure (Kostenstruktur)**: Was sind die größten Kosten in deinem Geschäftsmodell? Hier betrachtest du, welche Schlüsselressourcen und Schlüsselaktivitäten am teuersten sind.

Kompakt

Das Business Model Canvas ist ein Werkzeug für Unternehmende, die aus der Vogelperspektive einen geordneten Blick auf ihr Geschäftsmodell wünschen. Es ermöglicht dir und Dritten den Überblick über alle Bestandteile deines Geschäfts, um sie anschließend in einzelne Baukastensteine zu »zerlegen«, zu analysieren und zu optimieren. Mit ihm kannst du dein Business aus verschiedenen Blickwinkeln betrachten, strategische Anpassungen vornehmen und sicherstellen, dass alle Teile deines Geschäfts harmonieren.

Das Business Model Canvas ist dein Wegweiser im Dschungel des Unternehmertums, das dir auch fernab des Avatar Hacking® hilft, auf einen Blick die wichtigsten Elemente deines Unternehmens zu verstehen. Es ist zweifellos ein mächtiges Instrument, um Geschäftsideen zu strukturieren und zu visualisieren. Das BMC bietet eine klare, flexible Struktur, die es ermöglicht, alle wesentlichen Aspekte eines Geschäftsmodells auf einen Blick zu erfassen. Tatsächlich ermöglicht es dir, wie ein Blutbild vom Arzt, direkt festzustellen, ob alle Puzzlestücke oder noch besser Zahnräder deines Unternehmens ineinandergreifen. Es bietet sich deshalb immer wieder an, es upzudaten oder gerade in Krisenzeiten wieder hervorzuholen, um dir zu verinnerlichen, wie dein Unternehmen im Kern unter allen Mikroprozessen aufgebaut ist.

Für dein Marketing ist vor allem die Gegenüberstellung deiner Value Proposition und der Customer Segments wichtig. Gemeinsam zoomen wir jetzt in diese beiden Kacheln deines BMC hinein, denn aus ihnen ergibt sich der Value Proposition Canvas, einer der Dreh und Angelpunkte der Concept-Phase und somit essenzieller Bestandteil des Avatar Hacking®.

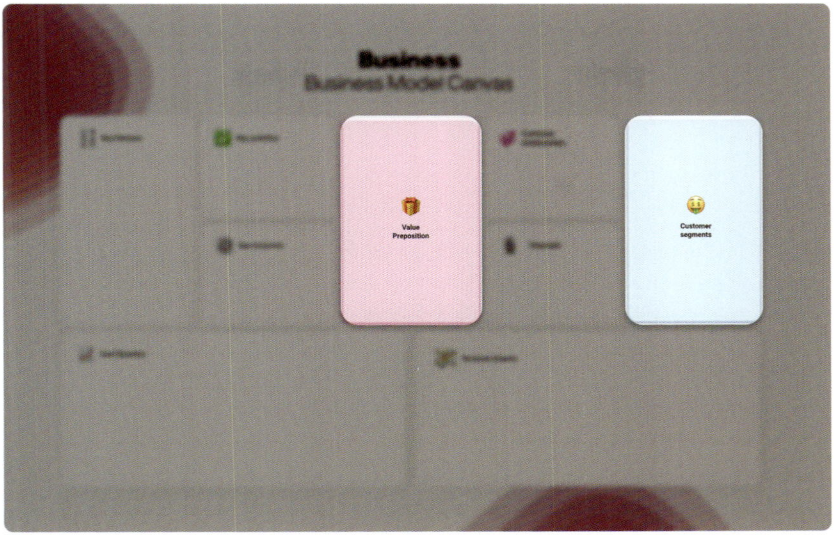

Abb. 26: Value Proposition Canvas als Teilausschnitt des Business Model Canvas

3.4.2 Value Proposition Canvas (Avatar Elements)

Stelle dir das Value Proposition Canvas (VPC) vor als den cleveren Sidekick des Business Model Canvas – wie Robin zu Batman. Während das Business Model Canvas über den Dächern Gotham Cities die ganze Stadt (dein Geschäftsmodell) im Blick hat, fokussiert sich das Value Proposition Canvas auf die Mission: Wie rettest du den Tag für deine Kundschaft(Wertangebot) und wie bekämpfst du ihre Widersacher (Kundenprobleme)? Genau wie beim Fledermausduo ist der Sidekick tatsächlich mindestens genauso stark wie der große Titelheld und ebenfalls ein Superheld für sich.[41]

Der Sprung vom Business Model Canvas in das Value Proposition Canvas ist wie das Heranzoomen mit einer Kamera, um sich auf die entscheidenden Details zu konzentrieren. Das BMC ist die Gesamtaufnahme, ein Panoramabild, das jeden Aspekt deines Geschäftsmodells grob im Kontext darstellt, von deinen Kunden und Wertangeboten über deine Schlüsselaktivitäten und -ressourcen bis hin zu Einnahmequellen und Kostenstruktur.

Das Value Proposition Canvas fokussiert zwei spezifische und entscheidende Teile dieses großen Bildes – die Wertangebote (Value Propositions) und die Kundenseg-

41 Harth, D. (11.01.2022): 10 Comic Sidekicks Stronger Than Their Heroes, Ranked, https://www.cbr.com/sidekicks-stronger-than-their-heroes-ranked/, abgerufen am 13.02.2024.

mente (Customer Segments) – und vergrößert sie. Das VPC ermöglicht es dir, tiefer in das Verständnis dessen einzutauchen, was deine Kundschaft wirklich will und wie dein Unternehmen diese Bedürfnisse am besten erfüllen kann. Es ist wie ein Mikroskop, das die kleinsten Details deiner Kundinnenbeziehungen und deiner Angebote offenlegt.

Kompakt

Während das Business Model Canvas dir hilft, die Struktur und das Potenzial deines Geschäftsmodells zu erkennen, dient das Value Proposition Canvas dazu, die Verbindung zwischen dem, was dein Unternehmen bietet, und dem, was deine Kunden benötigen, zu stärken und zu verfeinern.[42] Das Value Proposition Canvas ermöglicht es dir, deine Geschäftsidee nicht nur zu gestalten, sondern sie so detailliert auszuarbeiten, dass sie perfekt auf deine Zielkunden zugeschnitten ist und ein echter Product-Market-Fit erreicht wird. Und damit bist du schon einen entscheidenden Schritt Richtung Avatar Hacking® unterwegs, das die entscheidenden Elemente des Value Proposition Canvas nutzt, um deine Daten aus der Zielgruppe in eine geordnete Struktur zu transferieren.

Das VPC hilft dir zu verstehen, wie deine Produkte oder Dienstleistungen die spezifischen Herausforderungen, Bedürfnisse und Wünsche deiner Zielkunden ansprechen können. Durch die Kombination dieser beiden Perspektiven kann das VPC dazu beitragen, ein stärker kundenorientiertes Geschäftsmodell zu entwickeln, aber eben auch dein Angebot zielgruppengerecht zu kommunizieren. Mit diesem Tool kannst du präzise ausarbeiten, wie du deine Kunden am besten erreichen und ihnen einen echten Mehrwert bieten kannst.

Warum das Value Proposition Canvas?

- **Spezialisierter Fokus**: Im Gegensatz zum breiter angelegten Business Model Canvas konzentriert sich das Value Proposition Canvas speziell auf das Verständnis und die Optimierung der Beziehung zwischen Kundinnenbedürfnissen und deinem Wertangebot.
- **Zielgerichtete Produktentwicklung**: Durch die genaue Abstimmung deines Angebots auf die Kundenbedürfnisse kannst du Produkte und Dienstleistungen entwickeln, die echten Mehrwert bieten und sich am Markt abheben.

Dafür nutzt du das VPC

- **Kundenprofil erstellen**: Hier analysierst du, was deine Zielgruppe wirklich will. Was sind ihre Bedürfnisse, Wünsche und Probleme?

42 Osterwalder, A., Pigneur, Y., Bernarda, G., Smith, A. (2014): Value Proposition Design. Frankfurt am Main, Campus Verlag.

- **Wertangebot entwickeln**: Jetzt denkst du darüber nach, wie dein Produkt oder deine Dienstleistung diese Bedürfnisse befriedigen kann. Was macht dein Angebot einzigartig und unwiderstehlich?
- **Matchmaking**: Schließlich bringst du beides zusammen und schaust, wie gut dein Wertangebot zu den Kundenbedürfnissen passt.

Relevanz des Value Proposition Canvas für das Avatar Hacking®

Das BMC und das VPC sind das Ergebnis einer langen Entwicklung in der Managementtheorie. Bereits in den 1950er- und 1960er-Jahren wurde das Konzept der »Wertkette« von Michael Porter eingeführt, um zu analysieren, wie Unternehmen Werte schaffen und liefern.[43] In den 1990er-Jahren brachte das Konzept des »Geschäftsmodells« eine systemische Perspektive auf die Wertschöpfung in Unternehmen.[44] Das BMC und das VPC bauen auf diesen früheren Konzepten auf und fügen ein starkes visuelles Element hinzu, das die Kommunikation gegenüber externen wie internen Stakeholdern sowie das Design von Geschäftsmodellen erleichtert.

Und du machst dir jetzt die Chancen dieser jahrelang erprobten Werkzeuge für dein Marketing zunutze – allerdings mit einer kleinen Abwandlung, die ungeahnte Power für dein Marketing freisetzt.

Denn obwohl das BMC und das VPC leistungsstarke Werkzeuge sind, haben sie auch ihre Grenzen. Erstens sind sie hoch abstrakt, auch wenn sie die Komplexität realer Geschäftsmodelle vereinfachen können. Vor allem das BMC betrachtet Zusammenhänge aus der Vogelperspektive und bringt keine Ergebnisse oder Ideen hervor, die auf operativer Ebene im Marketing anschlussfähig für konkrete Maßnahmen sind. Das VPC geht zwar etwas weiter, indem es die Kundenbedürfnisse unter die Lupe nimmt und somit hilft, von einem produktfokussierten Blick hin zu einem nutzerorientierten Ansatz zu gelangen. Doch es bietet weder einen systematischen Rahmen oder die Möglichkeit zur konkreten Anwendung und Übersetzung der Kundenbedürfnisse in wirksame Marketingmaßnahmen, noch basiert es auf fortlaufenden Datenerkenntnissen. Zweitens können sie dazu verleiten, sich auf die interne Logik des Geschäftsmodells zu konzentrieren, anstatt die dynamischen Wechselwirkungen mit der externen Umgebung einzubeziehen.[45] Daten aus dem tatsächlichen Marktgeschehen werden in der klassischen Anwendung beider Modelle weder betrachtet noch wirksam integriert. Und genau hier macht das Avatar Hacking® den entscheidenden Unterschied. Denn du fütterst dein Value Proposition Canvas mit realen Daten, die du in seine sechs Elemente einsortierst.

43 Porter, M. E. (1985): The Competitive Advantage: Creating and Sustaining Superior Performance. New York, Free Press.

44 Teece, D. J. (04/2010): Business Models, Business Strategy and Innovation. In: Long Range Planning.

45 Casadesus-Masanell, R., Ricart, J. E. (2010): From Strategy to Business Models and onto Tactics. In: Long Range Planning.

Die wesentlichen Bausteine der Value Proposition sind:

auf der Zielgruppenseite:

- Customer Jobs,
- Pains,
- Gains.

auf der Unternehmensseite:

- Product/Service,
- Pain Relievers,
- Gain Creators.

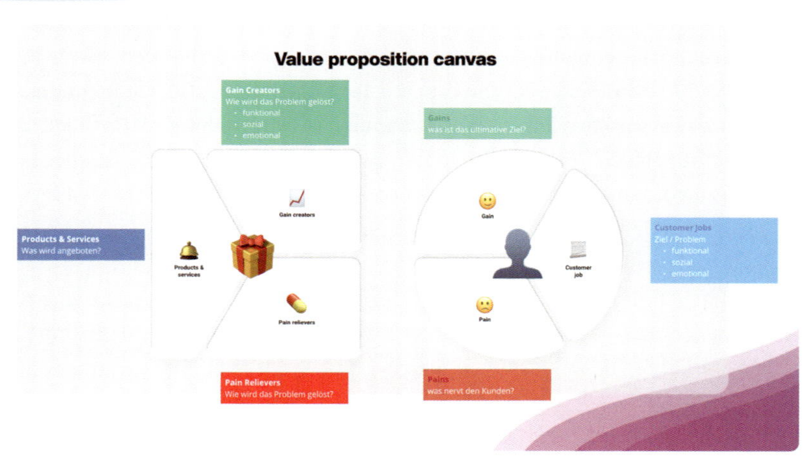

Abb. 27: Value Proposition Canvas

Sie bilden die Informationen, die deine Avatare definieren. Aus diesem Grund sprechen wir hier auch von **Avatar Elements**. Wir gehen auf den folgenden Seiten jedes Avatar Element detailliert durch und erklären dir genau, worauf es für eine operationalisierbare Ausarbeitung der einzelnen Schritte ankommt.

Der USP des Avatar Hacking®

Das Avatar Hacking® greift deutlich weiter als das BMC und das VPC und liefert das Framework, um mehr Nuancen in die Darstellung von Kundensegmenten zu bringen und die Dynamik von Kundinnenbedürfnissen und Produktlebenszyklen zu fokussieren. Das BMC und das VPC zeigen im Normalfall eine Momentaufnahme, werden nicht upgedatet und bieten somit rein statische Informationen. Das Avatar Hacking® bedient sich lediglich der Struktur und bleibt inhaltlich agil. Die Struktur des VPC wird fortlaufend mit realen Daten befüllt, die hierdurch kategorisierbar und nutzbar werden. Anstelle einer in sich geschlossenen Methodik, die du einmal auf deinem aufgezeichneten Canvas und dann gar nicht mehr bis selten aktualisierst, ist das Avatar Hacking® ein zirkuläres System, welches kontinuierlich Ideen und Annahmen für die unmittelbare Validierung in Form von kommunikativen Marketingmaßnahmen liefert.

So setzt du das Value Proposition Canvas um

Für die Umsetzung des Value Proposition Canvas deines Avatar Hacking® beginnst du stets ausgehend von deiner Zielgruppe.

- **Starte mit dem Kundenprofil.**
  - Zielgruppensegmentierung: Da du mit verschiedenen Zielgruppen arbeiten wirst, ist es erforderlich, dass du dich für eine eindeutige Segmentierung entscheidest. Sie bildet die Überschrift für die weiteren Elemente, die sich unter deinem Avatar subsumieren.
  - Customer Jobs (Kundenbedürfnisse): Was sind die Aufgaben oder Situationen, die den Rahmen bilden, indem deine Kundschaft von deinem Produkt oder deiner Dienstleistung profitieren oder damit konfrontiert sein könnte? Das kann alles sein: von alltäglichen Aufgaben bis hin zu Lebenszielen. Hilfreich sind zeitliche Formulierungen wie »beim« oder »während« – »beim Zähneputzen«, »während der Schwangerschaft«, »beim Autofahren« – oder wenn-Formulierungen – »wenn das Haustier erkrankt«, »wenn man gekündigt wurde«, »wenn man heiraten möchte«.
  - Pains (Schmerzpunkte): Was sind die größten Frustrationen und Herausforderungen deiner Kundinnen im Zusammenhang mit diesen Aufgaben? Identifiziere, was sie zurückhält oder stört. Hier kann es auch hilfreich sein, in negativen Glaubenssätzen, Ängsten und Sorgen zu denken.
  - Gains (Gewinne): Was sind die positiven Ergebnisse oder Vorteile, die deine Kundschaft anstrebt? Was ist ihr ultimatives Ziel? Überlege, was ihnen Erfolg, Freude oder Erleichterung bringt.

Im Anschluss widmest du dich den entsprechenden Elementen auf der Unternehmensseite.

- **Entwickle dein Wertangebot.**
  - Products & Services (Produkte & Dienstleistungen): Liste die spezifischen Produkte oder Dienstleistungen auf, die du anbietest, und verbinde sie mit den Schmerzlinderern und Gewinnschaffern.
  - Pain Relievers (Schmerzlinderer): Wie kann dein Produkt oder deine Dienstleistung die identifizierten Schmerzpunkte lindern oder beseitigen? Denke an Lösungen oder Funktionen, die konkrete Probleme deiner Kundinnen adressieren.
  - Gain Creators (Gewinnschaffer): Wie kann dein Angebot einen zusätzlichen Nutzen für die Kunden schaffen und ihre Wünsche erfüllen? Hier geht es darum, wie du das Leben deiner Kunden verbessern oder bereichern kannst.

- **Finde das perfekte Match.**
  - Überprüfe, wie gut dein Wertangebot zu den Bedürfnissen und Wünschen deiner Kundinnen passt. Das Ziel ist es, eine nahtlose Übereinstimmung zu finden, bei der dein Angebot die Kundinnenbedürfnisse präzise adressiert. Hier kannst du bereits erste Paarungen zwischen Pains/Pain Relievers und Gains/Gain Creators vornehmen.

Im Avatar Hacking® nutzt du die sechs Kategorien des Value Proposition Canvas, um die von dir gesammelten Daten zu sortieren und diese in den nächsten Schritten nutzbar zu machen. Im Beispiel der Legokiste hast du jetzt alle Steine ausgekippt und sortierst sie wertungsfrei in die sechs Kategorien ein.

Erstellung der Avatare/Zielgruppensegmentierung

Mit den Ergebnissen aus der vorangegangenen Analyse, dem Blick auf deine Kundendaten (First Party und/oder Third Party) und ersten Ideen bezüglich deiner Soll-Zielgruppen formulierst du in diesem Schritt deine ersten Annahmen. Diese sind unserer Erfahrung nach am herausforderndsten – vor allem, wenn du es das erste Mal tust.

Du splittest deine Zielgruppe in drei bis vier erste Segmente: Das sind deine Avatare, die den Startpunkt bilden und denen du jeweils eine beschreibende Kategorie verleihst. Überlege dir dabei, was die wirklich differenzierenden Merkmale deiner Avatare sind. Je gegensätzlicher die Segmente, desto besser. Du musst dich dabei nicht lange an Wörtern oder Formulierungen aufhängen. Wichtig ist nur, dass die Segmente nicht aus der Luft gegriffen sind und sich dir klar erschließt, wen du meinst, sodass du und alle Beteiligten im weiteren Verlauf stets wissen, über welchen Avatar ihr gerade sprecht. Idealerweise nutzt du kurze Bezeichnungen, die du auch im späteren Verlauf für die Benennung deiner Werbeanzeigen, Grafikdateien etc. nutzen kannst.

Beispiel Nike

Nehmen wir den Sportswear-Giganten Nike, der die Wichtigkeit und Intention dieser Segmentierung greifbar macht. Als zentrales Zielgruppensegment der Marke wurden bereits vor Jahrzehnten die Profisportler definiert, die Early Adopter – und das nicht nur im Fußball, sondern auch im Basketball und später in Randsportarten. Durch die Durchdringung dieses sehr spezifischen Segments an Profisportlerinnen wurden auch immer mehr Freizeitsport-Communitys auf die Marke aufmerksam und zählten folglich zu einer zentralen Zielgruppe. Mittlerweile sind aufgrund der Begehrlichkeit und der Assoziationen und Werte, mit denen die Marke aufgeladen ist, auch die Segmente der Fashioninteressierten oder Qualitätsshoppenden für das Marketing von Nike hoch relevant. Die Brand hat sich aus der Nische immer weiter in der Breite positioniert und spricht mittlerweile Zielgruppen mit komplett unterschiedlichen soziokulturellen, psychosozialen und demografischen Merkmalen an. Diese Breite umfasst zahlreiche

Segmente, deren Adressaten der Brand aus unterschiedlichen Bedürfnissen zugetan sind.

SEGMENTIERUNG
SAME SHOE. DIFFERENT AUDIENCE

Abb. 28: Entwicklung der Zielgruppensegmente am Beispiel Nike

Segmentierung

Es ist nötig und macht es greifbarer für dich zu definieren, auf welcher Ebene du die Segmentierung deiner Zielgruppen vornehmen möchtest. Lass uns annehmen, du nutzt das Avatar Hacking®, um die richtigen Kandidatinnen für deine offenen Vakanzen anzusprechen und durch zielgruppenspezifische Stellenanzeigen qualifiziertere Bewerbungseingänge zu verzeichnen. Du könntest die Segmentierung vornehmen, indem du die offene Position oder Jobbezeichnung heranziehst (z. B. Projektmanagerin, Video Cutter, Sales Managerin) und sehr spezifisch die Pains und Gains von Kandidatinnen aus diesen Bereichen untersuchst. Du könntest auch noch etwas detaillierter segmentieren, indem du zwischen Werkstudenten, Junior- sowie Seniorkandidatinnen – sprich nach Erfahrungsgrad und damit einhergehenden Unterschieden in Bezug auf Bedürfnisse und Anforderungen an einen Arbeitgeber – unterscheidest. Wenn du merkst, dass du im weiteren Verlauf noch granularer oder doch breiter in der Segmentierung werden möchtest – zum Beispiel weil die Qualifikation der Bewerbenden nicht deinen Vorstellungen entspricht –, kannst und solltest du die Kategorisierung deiner Zielgruppensegmente verändern und anpassen. Denke daran: Jeder Avatar beinhaltet die Customer Jobs, Pains, Gains, Pain Relievers und Gain Creators, die in ihrer einzigartigen Kombination eine Annahme bilden, die es anschließend durch die konkreten kommunikativen Maßnahmen zu verifizieren beziehungsweise zu falsifizieren gilt.

Segment

Ein Segment ist eine Gruppe, die ein konkretes Interesse an deinem Angebot hat.

Für ein Produkt, das sehr spezifisch in seiner Funktion ist, beispielsweise ein technisches Equipment für die Programmierung, ist dies in der Regel einfacher zu formulieren, da auch die Zielgruppe »speziell« ist, als für Produkte oder Dienstleistungen, die potenziell »für alle und jeden« relevant sind wie Toilettenpapier oder Schuhe. Gerade für diese generischen Produkt- und Servicekategorien ist es jedoch umso wichtiger, dass du dir viele Gedanken machst und Muster aus der vorangegangenen Analyse der Daten in sinnvolle Annahmen übersetzt.

Beispielhafte Segmentierung

Machen wir es greifbar mit folgenden exemplarischen Zielgruppensegmenten– von denen das erste und dritte eher spitz, das zweite eher breit definiert ist.

Über den QR-Code gelangst du zur interaktiven Erläuterung der folgenden Beispielsegmentierung.

Supplement Brand (Präparate) für Frauen mit Kinderwunsch:

- Avatar 1: Gesundheitsbewusste, ehrgeizige Frauen.
- Avatar 2: Frauen mit Schwierigkeiten, schwanger zu werden.
- Avatar 3: Unerfahrene Frauen, die zum ersten Mal schwanger werden wollen.
- Avatar 4: Frauen, die bereits Kinder haben und erneut schwanger werden möchten.

Wirkstoffkosmetik aus heimischen Pflanzen:

- Avatar 1: Menschen mit Hautproblemen.
- Avatar 2: Personen, die gerne neue Produkte und Selfcare-Routinen testen.
- Avatar 3: Gestresste Menschen, die erholter aussehen wollen.

Finanz- und Anlageberatung:

- Avatar 1: Frisch geschieden.
- Avatar 2: Young Professionals mit steilem Karrieregang.
- Avatar 3: Verlobte Paare mit Kinderwunsch.

Die Zielgruppensegmente sind teilweise extrem unterschiedlich, wenn das Produkt eher breit formuliert ist. Du kannst sie mit der Zeit ins Unendliche weiterentwickeln.

Das bietet sich vor allem an, wenn du Kampagnen planst, die sich an ganz spezifische Gruppen richten. Hast du beispielsweise eine Sneaker Brand und eine Kollaboration mit einer Street-Art-Künstlerin, solltest du im Avatar Hacking® umreißen, welche Segmente in besonderem Maße mit dem Thema und Produkt resonieren.

Wichtig: Überfordere dich hier nicht. Die ersten Segmentierungen und wie du sie betitelst, sollen dir vor allem helfen zu üben, die Bedürfnisse, Sorgen und Wünsche besser und einfacher zuordnen zu können.

Kompakt

Um die Qualität deiner Avatarunterscheidung festzustellen, kannst du untersuchen, ob es viele Überschneidungspunkte hinsichtlich der Pains und Gains gibt. Je mehr Überschneidungspunkte, umso schwacher ist die Differenzierung/Abgrenzbarkeit deiner Avatare.

Dabei sind gewisse Überschneidungen kein Problem, weil du an diesen Stellen die Chance hast, spezifisch zu kommunizieren und dabei gleich mehrere für dich relevante Avatare anzusprechen. Allerdings sollten diese Parallelen zwischen den Segmenten nicht mehr als 20 bis 30 Prozent deiner Zuordnungen ausmachen.

Customer Jobs – das richtige Setting

Der Begriff »Customer Job« beschreibt das Setting, in dem sich deine Zielgruppe mit einem Problem konfrontiert sieht. Das kann sowohl ein emotionaler Zustand als auch eine konkrete Situation sein, ganz egal, ob sie nur in einem kurzen Moment besteht oder von Dauer ist und beispielsweise einen ganzen Lebensabschnitt umfasst.

Beispiele für das Setting:

- **Aufgabenorientiert, situativ**: Customer Jobs können buchstäblich Aufgaben sein, zum Beispiel das Reparieren eines Autos, das Buchen einer Reise oder das Vorbereiten einer Mahlzeit. Sie sind oft praktisch und zielen auf ein spezifisches Ziel oder Ergebnis ab.
- **Emotional**: Customer Jobs umfassen auch emotionale Bedürfnisse oder Wünsche. Beispielsweise kann eine Kundin das Bedürfnis haben, sich sicher oder sozial zugehörig zu fühlen oder Anerkennung zu erhalten: »in Momenten, in denen ich mich alleingelassen fühle« – je konkreter diese benannt werden, umso besser.
- **Aspirationen und Ziele**: Manchmal sind Customer Jobs auch auf höhere Aspirationen oder Lebensziele ausgerichtet. Zum Beispiel könnte ein Kunde danach streben, gesünder zu leben, beruflich aufzusteigen oder persönlich zu wachsen: »in der Umstellung auf ein gesünderes Leben«.

Stelle dir Customer Jobs für deine Avatare wie das Setdesign am Film vor. Der Customer Job gibt dir einen Rahmen vor, der es dir visuell wie inhaltlich erleichtern wird, die anderen Avatar Elements zu erarbeiten. In der Praxis zeigt sich hier gerade bei Anfängerinnen ein Problem bei der Sortierung, da Pains und Gains häufig mit den Customer Jobs vermischt werden. Tatsächlich können sie sich ähneln. Beispielsweise wünschen sich deine Kunden, »gesünder zu leben«, was ein klares Ziel, also ein Gain ist. Der Customer Job »bei der Umstellung auf ein gesünderes Leben« ist inhaltlich nahezu identisch, allerdings kommt es hier auf die Formulierung an: Es wird die konkrete Situation benannt, in der die anderen Avatar Elements relevant werden.

Greifen wir dazu die obige beispielhafte Segmentierung auf.

Supplement Brand für Frauen mit Kinderwunsch – Zielgruppe 2: Frauen mit Schwierigkeiten, schwanger zu werden:

- wenn das erfolglose Versuchen für Stress sorgt.
- bei der täglichen Routine, insbesondere Ernährung.
- in der Vorbereitung auf die Schwangerschaft.
- während Gesprächen mit Familie, Freunden, Partnerin über den unerfüllten Kinderwunsch.
- wenn die Frauenärztin Hormone oder Supplements empfiehlt.

Wirkstoffkosmetik aus heimischen Pflanzen – Zielgruppe 1: Menschen mit Hautproblemen:

- beim morgendlichen Blick in den Spiegel.
- bei der täglichen Skin-Care-Routine.
- bei der Hautpflege auf Reisen.
- bei der akuten Behandlung von stressbedingten Hautproblemen.

Finanz- und Anlageberatung – Zielgruppe 1: Frisch geschieden:

- in Sorge um die Zukunft.
- nach der Scheidung.
- beim Sortieren der Finanzen.

Pains

Pains – Schmerzpunkte (wortwörtlich sowie im Sinne von Problemen) – und Gains – Nutzen (auch im Sinne von Wünschen) – sind zwei Seiten derselben Medaille. Es gibt Menschen, deren Aufmerksamkeit du eher durch eine problemorientierte Ansprache (Pains) gewinnst und jene Menschen, die du über nutzenorientierte Botschaften erreichst (Gains). Wir beobachten häufig, dass die Kommunikation über die Schmerzpunkte bei sehr vielen Menschen besonders wirksam ist, da der Drang, Schmerz zu vermeiden, oft stärker emotionalisiert (und damit den Kaufanreiz erhöht) als der Drang, in einen noch angenehmeren Zustand zu gelangen. Erfahrungsgemäß fällt daher die Auflistung von Pains einfacher als die Auflistung der Gains. Bei den Pains handelt es sich um konkrete Aspekte, die in der Kommunikation der Lösung, respektive deines Produktes, deiner Dienstleistung, getriggert werden sollten. Durch die gezielte Formulierung der Probleme kann dein Marketing überzeugende Botschaften erstellen, die sich auf die Lösung dieser Herausforderungen konzentrieren und so den wahrgenommenen Wert des Angebots erhöhen.

In der Analyse der digitalen Daten, die deine Zielgruppe hinterlässt, werden dir vor allem Pains begegnen. Gerade in negativen Produktbewertungen oder Social-Media-Kommentaren, die häufiger vorkommen als positive, wimmelt es von ihnen. Dem zugrunde liegt der sogenannte Negativitätsbias.

Negativitätsbias

»Der Negativitätsbias (Negativity Bias), auch Negativitätseffekt oder Negativitätsdominanz, beschreibt das sozialpsychologische Phänomen, dass sich negative Gedanken, Gefühle oder Erlebnisse psychisch stärker als neutrale oder positive auswirken, auch wenn diese in gleicher Intensität auftreten. Ein Negativitätsbias bezieht sich somit auf die innere Einstellung, in den meisten Situationen die Aufmerksamkeit eher auf die negativ erscheinenden und negativ bewerteten Faktoren zu richten, während positive nicht oder nur sehr eingeschränkt wahrgenommen werden.«[46]

Diese Pains solltest du akribisch dokumentieren und aktualisieren, denn du wirst immer wieder auf sie zurückkommen! Schreibe daher alle Pains für deine definierten Avatare auf und fange auch da mit jenen Pains an, die besonders häufig genannt wurden. Darüber hinaus kannst du auch selber brainstormen und die beobachteten Pains aus der Datenanalyse um jene ergänzen, die dir in den Sinn kommen: Was sind die Punkte und Aspekte, die das Zielgruppensegment nervt oder als Hürde oder Problem wahrnimmt – und zwar nicht bezogen auf dein Angebot, sondern in ihrem täglichen Leben? Wir empfehlen, in der Exceltabelle, die du unter dem QR-Code am Ende von Kapitel 3.4.2 findest, in der dafür vorgesehenen Spalte der verlinkten Vorlage auszuwählen, ob der aufgeführte Pain aus deiner Datenanalyse stammt oder er eine subjektive Ergänzung von dir ist. So bleibt für dich übersichtlich und nachvollziehbar, was die Herkunft beziehungsweise Quelle des jeweiligen Avatar Elements ist.

Versetze dich – wirklich! – in die Zielgruppe hinein und stelle dir vor, welche Hürden und Probleme dir aus ihrer Sicht begegnen würden. Die Pains können auf emotionaler, sozialer oder funktionaler Ebene verortet werden. Pains auf emotionaler oder sozialer Ebene wirken in der Kommunikation oft stärker als funktionale, die daher im Marketing eher im hinteren Bereich der Customer Journey oder Marketingfunnels Anwendung finden. Du kennst das sicherlich selbst: Selten sehen wir eine Werbeanzeige und kaufen unmittelbar. Es bedarf mehrerer Berührungspunkte, sogenannter Touch-

46 Stangl, W. (2024): Negativitätsbias, https://lexikon.stangl.eu/23062/negativity-bias-negativitaetsbias, abgerufen am 03.02.2024.

points, um zu einer Kaufentscheidung zu gelangen. Die oft wirksamste Reihenfolge ist, zu Beginn mit einer starken Emotionalisierung und Relatability, sprich Identifikation mit dem Kommunizierten, zu arbeiten, anschließend über weitere Berührungspunkte hinweg Vertrauen aufzubauen und schließlich die letzte Überzeugung über funktionale Benefits und starke Pain Relievers beziehungsweise Gain Creators zu liefern.

Und damit zurück zu den Pains. Anhand des Beispielsegments der Wirkstoffkosmetik aus heimischen Pflanzen schauen wir uns das erste Zielgruppensegment an. Folgende Pains könnten Menschen mit Hautproblemen besonders stark tangieren:

- Sichtbare Hautreizungen, Rötungen oder Entzündungen.
- Trockene oder schuppige Haut.
- Übermäßige Talgproduktion oder fettige Haut.
- Akne oder Pickel.
- Unregelmäßige, große Poren.
- Unausgeglichene oder ungleichmäßige Hautfarbe.
- Unsicherheit oder geringes Selbstvertrauen aufgrund von Hautproblemen.
- Stigma und soziale Isolation aufgrund von Hautproblemen.
- Abschätzige Kommentare zum Aussehen.
- Eigene Abwertung durch Vergleich mit Menschen mit reiner Haut.
- Extrem überteuerte Produkte.
- Produkte, die ich mir nicht leisten kann.
- Nervige Arztbesuche.
- Rezeptpflicht von Wirkstoffen, die helfen.
- Schwierigkeiten bei der Identifizierung des richtigen Hauttyps.
- Hautreaktionen oder Allergien.
- Mangel an klaren, verständlichen Informationen über Hautpflege.
- Empfindliche oder leicht reizbare Haut.
- Schwierigkeiten bei der Anpassung der Hautpflegeroutine an wechselnde Wetterbedingungen.
- Verunsicherung durch ständig wechselnde Hautpflegetrends.
- Angst vor langfristigen Hautschäden durch aggressive Produkte oder Behandlungen.
- Frustration über das langsame Tempo der Hautverbesserung.
- Ungewünschte Nebenwirkungen von Medikamenten zur Hautbehandlung.
- Schwierigkeiten bei der Auswahl natürlicher, nicht toxischer Produkte.
- Ineffektive Hausmittel.
- Populäre Mythen zur Hautpflege.
- Mangel an Vertrauen in die Produktversprechen von Kosmetikmarken.
- Stress und Angst, die durch Hautprobleme verursacht werden.

Eine erste Liste an Pains sollte in jedem Fall ausreichend Ansätze beinhalten, um unterschiedliche Argumente und Botschaften für die anschließenden Marketingmaßnahmen abzuleiten. Ist dieser Schritt abgeschlossen, ist die Arbeit aber noch nicht zu Ende. Nun drehen wir die Medaille um und widmen uns den Gains.

Gains

Den Pains gegenüber stehen die Gains. Sie bestehen aus den Wünschen und Zielen deiner Avatare. Was wollen Menschen im Zusammenhang mit deinem Produkt/Service erreichen? Welche Bedürfnisse haben sie? Gains können sich auf eine Vielzahl von Faktoren beziehen. Dazu gehören materielle wie immaterielle, beispielsweise erhöhte Effizienz, verbesserte Leistung, höherer Komfort, mehr Wohlbefinden, Kostenersparnis, erhöhte Zufriedenheit, Gefühl der Sicherheit, Zugehörigkeit zu einer Gemeinschaft oder das Streben nach Selbstverwirklichung.

Gains im Marketing beziehen sich jedoch nicht nur auf die positiven Ergebnisse, die Kundinnen von einem Produkt, einer Dienstleistung erwarten, sondern auch auf tieferliegende Wünsche und Bedürfnisse, die nicht in unmittelbarem Zusammenhang zu einem Produkt oder Service stehen, auf die aber trotzdem durch das Angebot eingezahlt wird.

Für Personen mit Hautproblemen könnten folgende Gains relevant sein:

- Ein klares und gesundes Hautbild.
- Ausgeglichene und strahlende Haut.
- Verminderte Hautirritationen oder Entzündungen.
- Gesteigertes Selbstvertrauen und Wohlbefinden.
- Komplimente für das verbesserte Hautbild erhalten.
- Komplimente für das Aussehen erhalten.
- Gleichbleibende Wirksamkeit eines Produkts.
- Sorgenfreie Anwendung ohne Bedenken bezüglich Toxizität der Inhaltsstoffe.
- Weiches, glattes Hautgefühl.
- Verbessertes Hautbild und Textur.
- Wissen über natürliche Lösungen für spezifische Hautprobleme.
- Einfache und schnelle Anwendung von Hautpflegeprodukten.
- Möglichkeit, Hautpflegeprodukte auf individuelle Bedürfnisse anzupassen.
- Langfristige Verbesserung und Erhaltung der Hautgesundheit.
- Reduzierte Sichtbarkeit von (Akne-)Narben.
- Besserer Schlaf durch die Beruhigung von Hautirritationen.
- Fähigkeit, Make-up leichter und gleichmäßiger aufzutragen.
- Erhöhte Zufriedenheit und Lebensqualität durch die Verbesserung der Hautprobleme.
- Verringerung der Abhängigkeit von medizinischen Hautbehandlungen.
- Wissen über vertrauens-/glaubwürdige Quellen für Hautpflegeprodukte.

Sind die Pains und Gains definiert, widmest du dich der Definition der jeweiligen Pain Relievers und Gain Creators, die anschließend mit den Pains und Gains gematcht werden. Doch bevor du damit startest, ist es elementar, dir dein konkretes Angebot vor Augen zu führen.

Products/Services

Im Kontext des Value Proposition Canvas sind Products/Services ein fundamentaler Baustein, der sich darauf konzentriert, was dein Unternehmen tatsächlich anbietet. In dieser Sektion geht es darum, die spezifischen Produkte oder Dienstleistungen zu definieren, die du bereitstellst, um die Customer Jobs zu erfüllen, ihre Pains zu lindern und/oder ihre Gains zu maximieren.

Was sind Products/Services?

- **Konkrete Angebote**: Hier listest du die realen Produkte und/oder Dienstleistungen auf. Dies können physische Güter, digitale Produkte, Beratungsleistungen, technische Unterstützung oder jegliche Form von Dienstleistung sein.
- **Lösungsorientiert**: Deine Produkte und/oder Dienstleistungen sollten als Lösungen für die spezifischen Probleme, Bedürfnisse oder Wünsche deiner Kunden konzipiert sein. Sie sind die Antwort auf die Frage: »Wie kann mein Unternehmen die Bedürfnisse der Kunden am besten erfüllen?«

Warum sind Products/Services wichtig?

- **Kundenzufriedenheit**: Durch das Angebot von Produkten und Dienstleistungen, die genau auf die Bedürfnisse und Wünsche der Kundinnen zugeschnitten sind, erhöhst du ihre Zufriedenheit und Bindung.
- **Wettbewerbsvorteil**: Einzigartige oder hochqualitative Produkte und Dienstleistungen können dir einen klaren Vorteil gegenüber deinen Wettbewerbenden verschaffen.
- **Geschäftswachstum**: Starke Produkte und Dienstleistungen sind häufig der Schlüssel zum Wachstum eines Unternehmens. Sie helfen, neue Kunden zu gewinnen und bestehende Beziehungen zu stärken.

Wording

Deine Kundschaft nimmt dich beziehungsweise dein Angebot auch stark über das Wording wahr. Also geht es darum, Synonyme und weitere Begrifflichkeiten für dein Produkt, deinen Service zu identifizieren, die deine Adressatinnen nutzen oder die dich – andersherum – mit von anderen nicht genutzten Begriffen beschreiben. Durch eine Google-Recherche (gib mal dein Produkt/deinen Service ein und schaue, was bei den verwandten Suchanfragen erscheint), eine Keyword-Analyse (mit dem Google Keyword Planner, über den du kostenlos verwandte Begriffe entdecken und deren Suchvolumen, Wettbewerbsintensität des Keywords und weitere spannende Informationen du einsehen kannst) oder deine Brand-Engagement-Analyse bist du im Idealfall schon auf Insights bezüglich des Wordings deines Produkts/Services gestoßen – falls nicht, dann starte mit den Begrifflichkeiten, die du bereits auf deiner Website&Co. kommunizierst oder formuliere neue Angebote aus, die du für den jeweiligen Avatar gerne testen möchtest.

Wenn du die ersten Erkenntnisse zum Wording hast, schreibst du die Begriffe untereinander auf. Die Reihenfolge ist dabei egal – es sei denn, du möchtest eine Priorisierung von Begriffen in der späteren Kommunikation umsetzen. Dabei kann es strategisch sinnvoll sein, auch Begriffe zu verwenden, die im ersten Moment nicht sehr naheliegend scheinen, über die du dich aber noch besser zu Wettbewerbenden abgrenzen oder Aufmerksamkeit generieren kannst. Wenn du mehrere Produkte oder ein sehr breites Produktportfolio hast, definiere zunächst Oberkategorien und dann gegebenenfalls Unterkategorien, denen du entsprechende Wordings zuordnest.

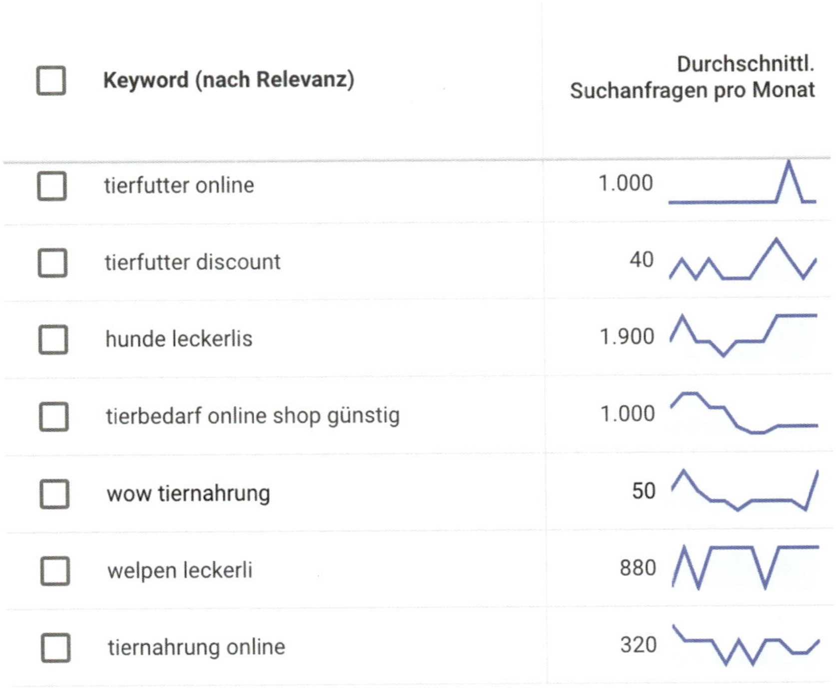

☐	**Keyword (nach Relevanz)**	**Durchschnittl. Suchanfragen pro Monat**
☐	tierfutter online	1.000
☐	tierfutter discount	40
☐	hunde leckerlis	1.900
☐	tierbedarf online shop günstig	1.000
☐	wow tiernahrung	50
☐	welpen leckerli	880
☐	tiernahrung online	320

Abb. 29: Übertragung von Keywords in Produkt/Service-Kategorien

An dieser Stelle kannst du auch No-Go-Wordings definieren, die für die Positionierung deiner Marke nicht sinnvoll sind oder mit Blick auf das Marktumfeld vermieden werden sollten – zum Beispiel weil du dich in der Kommunikation ganz klar von einem Wettbewerber abgrenzen oder unterscheiden möchtest.

In der Praxis wird von allen Avatar Elements die Kategorie Products/Services die wenigsten Probleme darstellen, da dir klar ist, was du anbietest. Allerdings ist es wichtig, dass du trotzdem sorgfältig und genau bist. Würdest du beispielsweise eine Dienstleistung sowie ein Produkt anbieten, kann es sein, dass jeweils vollkommen unterschiedliche Zielgruppen angesprochen werden müssen und du gänzlich andere Kaufargumente aus deinen Avatar Elements bemühen musst. Sind die Elemente unter Products/Services definiert, widmest du dich den Pain Relievers.

Pain Relievers

Den Pains stehen auf deiner Angebotsseite die Pain Relievers gegenüber. Sie sind Lösungen, die den Schmerzpunkten deiner Kundinnen entgegenwirken und ihnen helfen, ihre Herausforderungen zu bewältigen. Um Pain Relievers zu identifizieren, solltest du dich fragen, welche Produkteigenschaften oder Dienstleistungen deine Kunden benötigen, um ihre Pains zu lindern. In vielen Fällen ist dies der einfachste Teil der Avatar Elements, da die meisten Produkte oder Dienstleistungen per se darauf ausgerichtet sind, ein konkretes Problem zu lösen.

Sammle zunächst ganz frei in einem Brainstorming alle Elemente, von denen du sagst, dass dein Produkt/Service hierin einen starken Benefit zur Problemlösung bietet. Du kannst dich von den Pains des jeweiligen Zielgruppensegments inspirieren lassen und diesen mit einem konkreten Lösungsaspekt deines Angebots matchen.

Liste diese Punkte untereinander auf und ergänze die Liste um jene, die sich aus der Datenanalyse ergeben haben (oder verfahre in umgekehrter Reihenfolge – die ist irrelevant, aber wichtig bleibt, dass du auch hier in der Exceltabelle die entsprechende Quelle für das jeweilige Element auswählst). Hier können nun Elemente ersichtlich werden, die der Zielgruppe der Analyse nach wichtig sind, dein Produkt oder Service diesen aber noch nicht gerecht wird oder nicht als Feature mitbringt. Diese Punkte kannst du sammeln und mit einem visuellen Marker (z. B. rot markiert) versehen, um sie aus der aktuellen Kommunikation auszuschließen – denn nichts ist schlimmer, als eine unrealistische Erwartung bei deinen Avataren zu schüren und sie nicht erfüllen zu können. Diese Punkte sind aber sehr wichtig und relevant für Besprechungen mit der Produktentwicklung und für die Weiterentwicklung deines Produkts/Services. Am besten verbindest du in deinem Tool die Pärchen über Pfeile miteinander. Wie sieht das Ganze in Aktion aus? Hier kommen ein paar fiktive Pain Relievers zu den zuvor aufgeführten Pains:

Hautreizungen, Rötungen oder Entzündungen	• beruhigende Inhaltsstoffe • antientzündliche Inhaltsstoffe • Wirkstoffe, die natürliche Hautbarriere stärken
Stigma und soziale Isolation aufgrund von Hautproblemen	• Aufklärungsarbeit durch Kampagnen • Umfrageergebnis: 80 % der Anwendenden fühlten sich nach 90 Tagen selbstsicherer

extrem überteuerte Produkte	• transparente Kostengestaltung • faires Preisleistungsverhältnis
Mangel an klaren, verständlichen Informationen über Hautpflege	• QR-Code, der zu Erklärvideos zu Wirkstoffen führt • ausgebildete Experten auf eigenem YouTube Channel • regelmäßige Vorträge in Zusammenarbeit mit unabhängigen Dermatologinnen

Beispielhafte Lösungsansätze/Maßnahmen:

- Wenn ein Pain die hohe Komplexität deiner Produkte oder Dienstleistungen ist, kannst du einen Pain Reliever in Form von Schulungen oder Tutorials anbieten, um deinen Kunden zu helfen, dein Angebot besser zu verstehen.
- Wenn ein Gain die Möglichkeit ist, Hautpflegeprodukte auf individuelle Bedürfnisse anzupassen, kannst du einen Gain Creator in Form von personalisierten, individuell angemischten Hautpflegeprodukten anbieten, die auf die spezifischen Bedürfnisse deiner Kundinnen zugeschnitten sind.
- Wenn ein Pain die lange Reaktionszeit auf eine Kundenanfrage ist, kannst du einen Pain Reliever in Form eines schnellen Kundensupports anbieten, der deinen Kunden innerhalb von 24 Stunden und effektiv bei seinem Anliegen unterstützt.
- Wenn ein Gain die Möglichkeit ist, Make-up leichter und gleichmäßiger aufzutragen, kannst du einen Gain Creator in Form von speziellen Make-up-Produkten anbieten, die deinen Kundinnen helfen, ihr Make-up perfekt aufzutragen. Häufig lässt sich ein Pain mit verschiedenen Pain Relievers verbinden und vice versa. So identifizierst du leicht Benefits, mit denen du bei deiner Zielgruppe besonders punkten kannst, da diese gleich mehrere Pains lindern beziehungsweise lösen. Gleichzeitig hilft dir dieses Matchmaking zu entdecken, wo ein Pain noch kein Äquivalent auf Pain-Reliever-Seite hat.

Gain Creators

Drehen wir den Spieß erneut um. Jetzt definierst du für die Gains die zugehörigen Gain-Creator-Elemente, auf die du in der Datenanalyse gestoßen bist oder die dein Produkt/deinen Service und die damit zusammenhängende User Experience bereits beinhaltet.

Gleichbleibende Wirksamkeit eines Produkts	• Wirkstoffe aus der Natur, bei denen keine Wirkstofftoleranz eintritt • hochdosierte Wirkstoffkonzentration

Sorgenfreie Anwendung ohne Bedenken bzgl. Toxizität der Inhaltsstoffe	• klinische Studien zu allen verwendeten Wirkstoffen • unabhängige Untersuchung durch dermatologisches Institut • Jede Charge wird stichprobenartig auf Reinheitsgrad untersucht.
Weiches, glattes Hautgefühl	• In die unteren Hautschichten eindringende, nährende Inhaltsstoffe
Verbessertes Hautbild und Textur	• Beschleunigung des Hauterneuerungsprozesses durch Wirkstoffe, die die Zellerneuerung anregen • Wirkstoffe, die die natürliche Hautbarriere stärken und den PH-Wert ausbalancieren

Ein weiterer wichtiger Aspekt bei der Identifikation von Gain Creators ist die vorangegangene Wettbewerbsanalyse (Kapitel 3.1.2). Hierbei solltest du dir die Angebote des Wettbewerbs genau anschauen und herausfinden, welche einzigartigen Vorteile dein Produkt oder deine Dienstleistung im Vergleich zu den Angeboten deiner Konkurrenten bietet, was dein Alleinstellungsmerkmal (USP) ist. Auf diese Weise kannst du einzigartige Gain Creators identifizieren. Es ist wichtig, dass du deine Gain Creators regelmäßig überprüfst und anpasst oder aussortierst beziehungsweise ersetzt, um sicherzustellen, dass sie kontinuierlich relevant und wertvoll für Interessentinnen und deine Kundschaft sind.

Gain Creators sind genau wie Pain Relievers ein wichtiger Bestandteil deiner Value Proposition und tragen dazu bei, den wahrgenommenen Wert deines Angebots zu erhöhen. Indem du die Bedürfnisse und Wünsche deiner Kundinnen genau verstehst und einzigartige Gain Creators identifizierst, die auf diese Bedürfnisse und Wünsche zugeschnitten sind, kannst du die Kundenbindung stärken und aus den Elementen immer wieder neue Kernbotschaften für deine Ad Copys, Videoskripte, Landingpages etc. ableiten.

Falls du über keine gute Datenlage bezüglich deiner bestehenden und zukünftigen Kunden verfügst, solltest du überlegen, wie du anderweitig in Erfahrung bringen kannst, welche Pains, Gains, Pain Relievers und Gain Creators relevant sind. Hierfür solltest du dich vor allem an den in Kapitel 3.1.2 beschriebenen, öffentlich zugänglichen Datenquellen (Third Party Data) orientieren.

Der nächste Schritt ist nun getan. Du hast deine Avatare mit Blick auf die Value Proposition, das Nutzenversprechen, dokumentiert. Du hast priorisiert, geordnet, markiert, definiert und Verbindungen hergestellt. Jetzt fragst du dich sicherlich, wie du aus diesen Fragmenten an Wörtern und Sätzen deine Kernbotschaften für wirksame Marketingmaßnahmen ableitest oder kreative Werbeanzeigen gestaltest. Dieser Transferleistung widmen wir uns im nächsten Kapitel. Du hast aber bereits jetzt vieles richtig gemacht auf deinem Weg zu einem modernen, agilen Marketing. Du hast der klassischen Persona den Rücken gekehrt und starke Argumente erarbeitet, die nun in alle möglichen kreativen und kommunikativen Prozesse einfließen können.

Wie versprochen wartet am Ende dieses Kapitels die Vorlage auf dich, über die du deine Avatar-Elements-Tabelle ausfüllen kannst. Dort findest du auch eine Spalte, in der du die Quelle deines Avatar Elements angeben kannst sowie eine Spalte für Notizen und Analyse-Insights.

ccc

4 Creation

Nachdem du in der Concept-Phase alle nötigen Informationen gesammelt und sortiert hast, werden diese jetzt im zweiten C, der Creation, zu Kommunikationsmitteln verwertet und so die datenbasierten Erkenntnisse metaphorisch zum Leben erweckt. Diese Transferleistung ist der neuralgische Punkt des gesamten Prozesses, da hier Datenlogik in Form der Avatar Elements auf eine ungreifbare Größe, die Kreativität, trifft. Genau an dieser Schnittstelle, der Vermittlung von Erkenntnissen hin zu einem verwertbaren Ergebnis, treten auch unabhängig vom Prozess des Avatar Hacking® die größten Schwierigkeiten auf. In den meisten Fällen kollidieren hier zwei Welten miteinander: zum einen das Marketing Department, das die Concept-Phase maßgeblich geleitet hat, zum anderen das Designteam, das nun auf Arbeitsinstruktionen in Form von klaren Briefings wartet.

Aus der Praxis wissen wir, dass es hierbei oft zu Informationsasymmetrien und einem Unverständnis für die Arbeitsweise des Gegenparts kommt. Selbst wenn es dieselbe Person ist, die auf der einen Seite Daten auswertet und auf der anderen Seite die Inhalte erstellt, gelangt sie schnell an ihre Grenzen und wird ohne eine Systematisierung den Überblick verlieren. Genau deshalb setzt das zweite C, die Creation, genau da an, wo die Concept-Phase aufhört.

Die Vorarbeit in der Concept-Phase schafft durch die Sortierung der Daten in Form der Avatar Elements nicht nur Ordnung, sondern vor allem eine Kommunikationsgrundlage und ein beidseitiges Verständnis zwischen Marketing und Design (mehr dazu in Kapitel 6.3, Avatar Hacking® als Kommunikationsschnittstelle für Media Buying und Design).

»Content is king«[47] – dieser Satz ist nicht nur das Vaterunser des Marketings, sondern gleichzeitig auch der Titel eines von Bill Gates verfassten Essays aus dem Jahre 1996. Was bereits in den Kindertagen des Internets galt, ist heute längst den Alltag bestimmende Realität. Nicht nur hatte der Microsoft-Gründer recht, er hätte mit seiner Aussage die Zukunft nicht treffender beschreiben können. Nicht ohne Grund ist der Berufswunsch vieler junger Menschen heute nicht mehr Popstar oder Film Celebrity, sondern Content Creator. Ob Gates tatsächlich Streamerinnen mit Katzenohr-Headsets vor seinem inneren Auge hatte, ist fraglich. Fakt jedoch ist, dass sich die Algorithmen der Social-Media-Plattformen den Content zum alles entscheidenden Hauptaugenmerk gemacht haben. Der Content entscheidet darüber, wie User auf ein Angebot reagieren und damit interagieren – und all diese Daten geben den Algorithmen Hinweis darauf, ob dein Content relevant ist oder unmittelbar geskippt wird

47 Gates, B. (1996): Content Is King. ©2001 Microsoft Corporation.

(denn anders als in dem obligatorischen Werbeblock im TV können Nutzende immer autarker darüber entscheiden, was sie sich wie lange anschauen). Entsprechend viel Wichtigkeit ist ihm beizumessen – ganz egal, ob es sich bei den Inhalten um Werbemittel oder organisch publizierte Content Pieces handelt. Dreh- und Angelpunkt ist hierbei die Visualisierung deines Inhalts: **das Creative**. Für die Anwendung des Avatar Hacking® ist es dabei unerheblich, ob es sich bei deinen Creatives um Videoinhalte oder Stills, beispielsweise Fotos, Bilder oder Grafiken, handelt. Das Creative ist die Kommunikationsschnittstelle mit dem Algorithmus. Du lieferst an, der Algorithmus spielt aus und gibt Kennzahlen als Bewertungsgrundlage zurück und informiert dich darüber, wie die jeweiligen Inhalte in deiner Zielgruppe ankommen. Wie du diese Daten analysierst, hast du bereits in der Concept-Phase gelernt.

Die Creation-Phase ermöglicht es dir, aus der ersten Analyse nun auch erste Creatives zu erstellen, die dir wiederum neue Daten und Erkenntnisse zurückspielen, auf die du mit angepassten Creatives reagierst, um wieder neue Informationen für die nächste Iteration deiner Kommunikation verwenden zu können und immer so weiter. Genau wie die Concept-Phase ist die Creation ein sich immer wiederholender Prozess, eine wahre Evolution. Denn auf sich verändernde Gegebenheiten muss eine entsprechende Anpassung folgen. Ganz egal, ob es sich dabei um die Klimaerwärmung durch einen Meteoriten oder einen inakzeptablen ROAS handelt. Die DNA deiner Werbeanzeigen muss sich verändern und den neuen Anfordernissen anpassen.

Wie in der Evolution geht es nicht (nur) darum, wer das schönste Gefieder hat, sondern nach Charles Darwin darum, dass nur das überlebt, was sich stetig anpasst.[48] »Survival of the Fittest« gilt also auch für dein Marketing. Wichtig ist, dass du dir verdeutlichst, dass es in der Creation-Phase nicht darum geht, Kunstwerke zu erschaffen, sondern du auf den Erkenntnissen deiner Datenanalyse in der Concept-Phase Kommunikationsmittel designst, die so aufgebaut sind, dass du sie immer wieder anpassen, weiterentwickeln und optimieren kannst. Maßgeblich hierfür sind weder Vulkanausbrüche oder erodierende Landmassen, sondern die Grundlagen aus der Concept-Phase. Du hältst dich also auch weiterhin bei der Visualisierung deiner Ergebnisse strikt an die sechs Kategorien des Value Proposition Canvas (Kapitel 3.4.2) als Sortiermechanismus. Nur so kannst du später in der Analyse Rückschlüsse ziehen, welche einzelnen Avatar Elements funktionieren und wie du in welchem Avatar kommunizieren musst, um deine Werbebotschaft erfolgreich – weil gezielt – zu platzieren. Denn zumindest im Marketing muss Evolution geordnet ablaufen, damit du sie kontrollieren kannst.

Das bedeutet aber nicht, dass Kreativität in dieser Phase nicht »outside the box« stattfinden darf oder unerwünscht ist. Ganz im Gegenteil. Bunte Paradiesvögel oder auffälliger Ausreißer aus dem schnöden Marketingalltag sind mehr als erwünscht. Allerdings

48 Darwin, C. (1859): On the Origin of Species.

ist es für die Zirkularität der 3Cs erforderlich, dass du dich strikt an das Framework der Avatar Elements hältst, um diese im nächsten Schritt – also nach der Commerce-Phase (Kapitel 5) – wieder aus- und bewerten zu können. Nur so kannst du im Kontext der Schnelllebigkeit agilen Marketings verstehen, welche Creatives und damit welche Argumente in welcher Kombination funktioniert haben. Du solltest also vor lauter Design nicht die einzelnen Bausteine aus den Augen verlieren. Sie sind so etwas wie die Chromosomen deiner Kommunikationsmittel. Wichtig ist, dass die einzelnen Elemente deiner Creatives für dich im Prozess stets erkennbar bleiben.
Creatives beinhalten neben ihren Inhalten eine weitere Dimension: ihre Vermittlung. Wenn die Inhalte die Gene deiner Creatives sind, dann ist die Vermittlung oder das Format so etwas wie ihr Gefieder. Jedes Creative wird gedanklich immer in den intellektuellen Inhalt (also die Avatar Elements) und die Art und Weise der Kommunikation aufgeteilt. Diese bezeichnen wir als **Angle**. Ein Angle gliedert sich in zwei weitere Ebenen auf.

Angle

Ein Angle bezeichnet die Art und Weise der Vermittlung von Inhalten. Es ist die Verpackung der Avatar Elements – angefangen beim Format des Contents bis hin zur Präsentationsmethode.

Ebene 1: Contentformat

Auf der ersten Ebene bestimmst du das Contentformat. Dies ist das Kommunikationsmittel, mit dem du deine Avatar Elements in der jeweiligen Zielgruppen platzierst. Diese Formate definieren, wie Informationen und Inhalte präsentiert und vermittelt werden.

- **Blogbeiträge**: Geschriebene Artikel, die auf einer Website oder einem Blog veröffentlicht werden. Sie können informativ, lehrreich oder unterhaltend sein.
- **Videos**: Audiovisuelle Inhalte, die auf Plattformen wie YouTube, Vimeo oder in sozialen Medien geteilt werden. Sie reichen von aufwendig produzierten Inhalten über UGC und kurze Clips bis hin zu längeren Dokumentationen.
- **Infografiken**: Visuelle Darstellungen von Informationen, Daten oder Wissen, die komplexe Informationen auf leicht verständliche Weise zusammenfassen.
- **Podcasts**: Audiodateien, die online zur Verfügung gestellt werden und abonniert werden können. Sie behandeln eine Vielzahl von Themen in einem oft gesprächsbasierten Format.
- **Social Media Posts**: Inhalte, die speziell für soziale Netzwerke wie Facebook, Instagram, Twitter oder LinkedIn erstellt werden. Sie können Text, Bilder, Videos oder eine Kombination davon umfassen.
- **E-Books und Whitepaper**: Umfangreiche schriftliche Dokumente, die oft als PDF verfügbar sind. Sie bieten detaillierte Informationen oder Analysen zu einem bestimmten Thema.

- **Webinare und Onlinekurse**: Digitale Lerninhalte, die live oder aufgezeichnet präsentiert werden. Sie sind oft interaktiv und bildungsorientiert.
- **Case Studies und Erfolgsgeschichten**: Detaillierte Analysen realer Beispiele oder Projekte, die die Wirksamkeit eines Produkts oder einer Dienstleistung demonstrieren.
- **E-Mail-Newsletter**: Regelmäßig versendete E-Mails, die Informationen, Updates und andere Inhalte an eine Abonnentenliste liefern.
- **Interaktive Inhalte**: Beinhalten Quizze, Umfragen, interaktive Infografiken und andere Formate, die Nutzerinteraktion erfordern.

Jedes dieser Formate hat seine eigenen Stärken und eignet sich für verschiedene Arten von Botschaften und Zielgruppen. Die Auswahl des richtigen Formats hängt von den Zielen des Contents, der Zielgruppe und der beabsichtigten Wirkung ab. Die einzelnen Formate können ebenfalls miteinander kombiniert werden, sodass es schier unendlich viele und sich immer wieder neu erfindende Formate gibt. Zum Beispiel kann eine Infografik zum Thema Hundegesundheit, die als einzelnes Bild funktioniert, ebenfalls auf mehrere Slides in Form eines Carousel Posts auf Instagram aufgeteilt werden. Die gleichen Inhalte können wiederum für ein animiertes Video genutzt werden oder in Form eines Experteninterviews sowohl als Video oder Audio-Podcast für Aufsehen sorgen. Die gleichen Inhalte können auch als Newsletter in Textform plus Video übersetzt werden. Hier tun sich so viele Kombinationsmöglichkeiten auf, dass du allein mit nur einem Gain deiner Avatar Elements eine ganze Woche verbringen kannst.

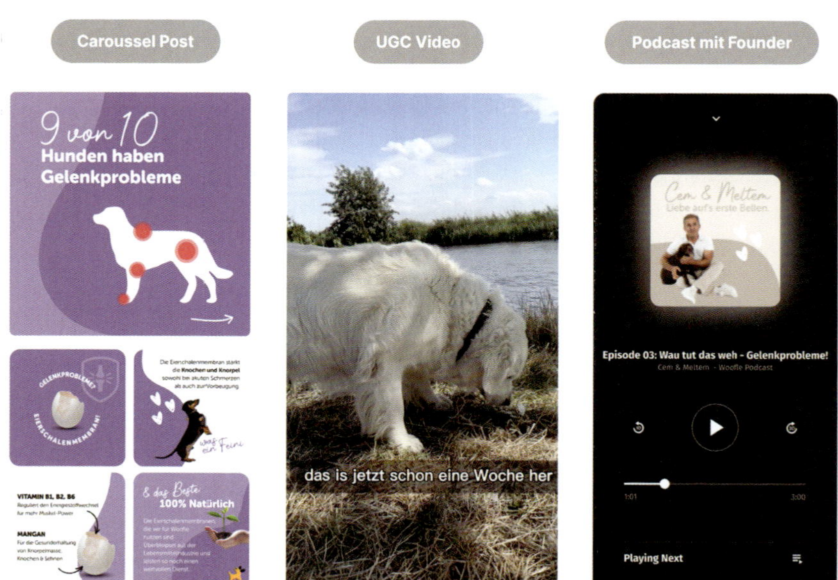

Abb. 30: Verschiedene Contentformate am Beispiel Hundegesundheit

Ebene 2: Informationsübermittlung

Hier hört das Wie allerdings nicht auf. Denn eine Ebene tiefer geht es um die Art und Weise der Informationsübermittlung innerhalb deines gewählten Formats. Die verschiedenen Arten, die gleiche Story innerhalb eines Contentformats auf unterschiedliche Weisen wiederzugeben, beziehen sich auf die Darstellungsstile oder Präsentationsmethoden. Diese Begriffe beschreiben, wie eine Geschichte oder Information innerhalb eines bestimmten Formats (wie Video, Blogpost, Podcast etc.) variiert werden kann, um unterschiedliche Wirkungen zu erzielen oder verschiedene Zielgruppen anzusprechen.

- **Erzählstil**: Dies kann von einer formalen, sachlichen Berichterstattung bis hin zu einer informellen, persönlichen Erzählweise reichen. Die gleiche Geschichte kann als formeller Bericht, als lebendige Erzählung oder als persönliche Anekdote präsentiert werden.
- **Visueller Stil**: In visuellen Medien wie Videos oder Infografiken kann der Stil von realistisch bis abstrakt, von minimalistisch bis detailliert variieren. Die Art der verwendeten Grafiken, Farben und Animationen kann die Wahrnehmung der Information stark beeinflussen.
- **Ton und Stimme**: Die Wahl des Tons – ernst, humorvoll, inspirierend oder kritisch – kann die gleiche Geschichte auf unterschiedliche Weise vermitteln. Dies gilt für geschriebene Inhalte ebenso wie für gesprochene in Podcasts oder Videos.
- **Struktur und Aufbau**: Die Art und Weise, wie eine Geschichte strukturiert ist – chronologisch, thematisch, problem- oder lösungsorientiert –, beeinflusst, wie die Inhalte aufgenommen werden.
- **Interaktivität**: Besonders im digitalen Raum kann die gleiche Geschichte interaktiv oder statisch präsentiert werden. Interaktive Elemente können die Nutzenden stärker einbinden.
- **Multimediale Elemente**: Die Integration von Multimediaelementen wie Audio, Video oder interaktive Grafiken in einen textbasierten Content kann die Darstellung und Wahrnehmung der Story verändern.
- **Perspektive**: Die Wahl der Perspektive, sei es aus der Sicht der ersten Person (Ich-Erzähler), der dritten Person (allwissender Erzähler) oder durch direkte Zitate von Beteiligten verändert die Art der Storypräsentation.
- **Sprachstil und Wortwahl**: Die Verwendung von Fachjargon, Umgangssprache oder poetischer Sprache kann die gleiche Geschichte unterschiedlich wirken lassen.
- **Formatierung und Layout**: In schriftlichen Medien kann das Layout – Absatzlänge, Einsatz von Zwischenüberschriften, Aufzählungszeichen usw. – die Lesbarkeit und Betonung bestimmter Aspekte der Geschichte beeinflussen.
- **Kulturelle Anpassung**: Die Anpassung der Geschichte an verschiedene kulturelle Kontexte kann bedeuten, bestimmte Aspekte hervorzuheben, Beispiele zu ändern oder kulturell relevante Analogien zu verwenden.

Diese Darstellungsstile ermöglichen es dir, die gleiche Grundgeschichte auf vielfältige Weise zu erzählen, um unterschiedliche Zielgruppen anzusprechen oder verschiedene Reaktionen hervorzurufen.
Spätestens jetzt sollte klar sein, warum wir so viel Wert auf Ordnung legen, nämlich durch die Systematisierung des Avatar Hacking®. Denn anstatt einer unsortierten Legokiste aus Daten siehst du dich einer erschlagend großen Datenmenge ausgesetzt. Anstatt vor einer kleinen unordentlichen Klemmbausteinekiste findest du dich mittlerweile im dänischen Lego-Hauptlager nach einem Wirbelsturm wieder. Was in der Praxis nur mit Planierraupe und Schaufelbagger oder über die Versicherung zu retten ist, sortierst du dir in der Marketingpraxis fein säuberlich mit dem Avatar Hacking® zurecht. Wenn du dich an Martin Luthers Worte »Ordnung muss sein« hältst, dann wanderst du wohlbehütet auch durch das finsterste Marketingtal.
In der Marketingpraxis bezeichnen wir die Kombination aus Inhalt (Avatar Elements) und Angle (Contentformat und -präsentation) als **Container**.

CONTAINER

Abb. 31: Visualisierung der Containerinhalte

Container

Ein Container ist ein Kommunikationsmittel, dass eine *Was*-Ebene, die Kernbotschaft in Form der Avatar Elements, und eine *Wie*-Ebene, den Angle, auszeichnet.

Soweit zum theoretischen Grundkonstrukt der Creation-Phase. In den nachfolgenden Kapiteln zeigen wir dir, wie du dein gelerntes Wissen in die Praxis umsetzt, in welche Formate du die Avatar Elements umwandeln kannst, wie du sie für Copy und Design mit der richtigen Portion Kreativität zu wirkungsvollen Containern umsetzt, sie für dein Storytelling nutzt und stets den Überblick und die Ordnung behältst.

4.1 Transfer der Avatar Elements

Für jeden deiner Avatare wirst du eine Vielzahl von Containern erstellen. Diese wiederum werden verschiedenste Varianten von Avatar Elements in unterschiedlichen Kombinationen untereinander und verschiedene Angles beinhalten. Wenn du hier nicht sauber arbeitest, wirst du innerhalb kürzester Zeit den Überblick verlieren. Und diese Unordnung bedeutet, dass du die Learnings aus der Datenanalyse nicht mehr effizient in deine Creatives übersetzen kannst. Das alles mag wie eine nervige Fleißaufgabe klingen. Es ist allerdings genau das Gegenteil, denn so hältst du dir Zeit beim Design für Creatives frei, anstatt sie durch unnötiges Herumsuchen oder Missverständnisse in der Absprache zwischen Media Buying und Design zu verschwenden. Je gründlicher du im Design arbeitest und du dich an das System hältst, umso besser werden deine Ergebnisse mit dem Avatar Hacking® sein.

Die richtige Vorbereitung ist der Schlüssel zum Erfolg. Direkt im Anschluss an die Concept-Phase setzt sich das Designteam an die Erstellung der ersten Assets. In agiler Manier geht es dabei nicht darum, im ersten Schritt fertige Werbeanzeigen zu bauen, sondern die jeweiligen Avatar Elements zu visualisieren. Das kann im ersten Schritt zum Beispiel das Durchforsten von Bilddatenbanken sein. Du stellst dir also eine Art Stickeralbum zusammen. Das Album hat jeweils eine Seite je Avatar Element reserviert. Du suchst jetzt nach allen Stickern, die du finden kannst und die beispielsweise den Gain »Freiheit« verbildlichen. Für jede Kategorie suchst du nach möglichst vielen Assets und sortierst sie entsprechend ein, um diese im Nachgang durchtesten zu können. Im Idealfall bereitest du diese Sticker so auf, dass du sie direkt in Designs umsetzen kannst, zum Beispiel indem du sie freistellst oder den Brand Guidelines entsprechend anpasst. Wenn es im Anschluss an die Erstellung der ersten nutzbaren Creatives geht, ist es von Vorteil, diese direkt modular anzulegen, sodass du sehr schnell viele Container erstellen kannst. In agiler MVP-Logik gilt: immer so simpel wie möglich starten, um so viele Avatar Elements wie möglich zu testen. Hier bietet es sich an, erst einmal mit Stills oder einfachen Animationen zu beginnen. Du tauschst die Avatar Elements im Container so lange aus, bis sie in der Commerce-Analyse gute Zahlen aufweisen. In einem nächsten Schritt nutzt du die gleichen Winner Avatar Elements in neuen Containern, indem du sie in anderen Formaten testest.

Die Avatar Elements können für eine Vielzahl von Kommunikationsmitteln eingesetzt werden. Denke auch hier erneut an die Customer Journey und die verschiedenen Berührungspunkte, die deine Zielgruppe typischerweise durchläuft, bis sie schließlich in deinem Webshop landet und bei dir kauft oder mit dir in Kontakt treten möchte. So kann jemand zum ersten Mal über eine Werbeanzeige auf Instagram von dir erfahren, über einen organischen Beitrag, den du auf deinem LinkedIn-Profil veröffentlicht hast, oder über ein YouTube-Video auf dich aufmerksam werden. Umso wichtiger ist es bei der Vielfalt an möglichen Plattformen, Platzierungsmöglichkeiten und Inhaltsarten zu verstehen, wie sich die Avatar Elements konkret nutzbar machen lassen.

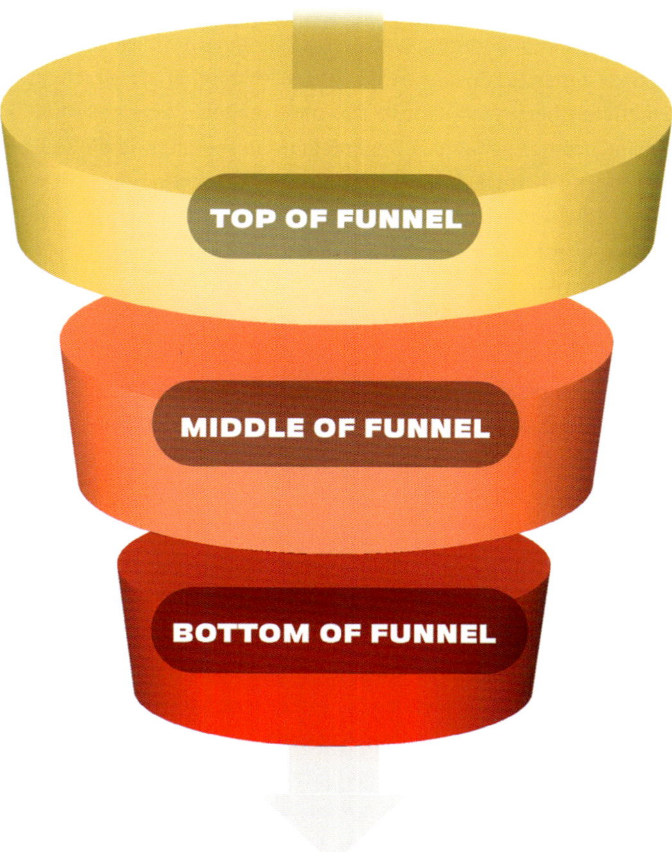

Abb. 32: Die verschiedenen Funnelstufen: ToFu, MoFu und BoFu

Wir zeigen dir, wie wir für Werbeanzeigen unsere Avatar Elements in einem Funnel für verschiedene Angebote genutzt haben. In diesem Beispiel arbeiten wir mit den drei Funnelstufen Top of Funnel (ToFu), Middle of Funnel (MoFu) und Bottom of Funnel (BoFu), die von Awareness über Interest, Consideration, Decision und Action alle Stationen der Entscheidungsfindung abdecken.

ToFu – Top of Funnel

Der ToFu ist der erste Touchpoint deiner Zielgruppe mit deinem Marketing. Entsprechend schnell möchtest du kommunizieren, dass sie die richtige Adressatin für dein Angebot ist. Im ersten Schritt nutzt du die drei Avatar Elements Customer Jobs sowie Pains und Gains. An dieser Stelle willst du eine Vertrauensbasis zwischen deinem Angebot und deiner Zielgruppe schaffen. Und das funktioniert vor allem dann, wenn die Personen sich verstanden fühlen. Anstatt ihnen direkt dein Angebot zu erklären, geht es darum zu zeigen, dass du ihre Schmerzen, Wünsche und Aufgaben kennst. Diese bereitest du in unterschiedlichen Kombinationen, Formaten und Angles auf und testest die Container. Hier wird sich relativ schnell ein Hauptproblem oder Ziel herauskristallisieren, dass du für die weiteren Funnelstufen berücksichtigen solltest.

TOP OF FUNNEL

AVATAR ELEMENTS

WICHTIGSTE METRIKEN

- Unique Visitors
- Click Through Rate
- Social Media Engagement
- Erwähnungen und PR

Abb. 33: Top of Funnel (ToFu)

Middle of Funnel – MoFu

Im MoFu gehts es darum, deine Zielgruppe über dein Angebot zu informieren. Das funktioniert am besten, wenn du die Customer Jobs mit Pains und Gains verknüpfst und dein Produkt kurz zeigst. Ebenfalls kannst du ihre Pains und Gains mit den entsprechenden Gain Creators und Pain Relievers matchen.

MIDDLE OF FUNNEL

AVATAR ELEMENTS

CUSTOMER JOBS

PAINS — PAIN RELIEVERS

GAINS — GAIN CREATORS

WICHTIGSTE METRIKEN

- Landing Page Engagement
- Click Through Rate
- Conversions für MoFu Offers (Lead Magnet, kostenlose Sign Ups)
- E-Mail Kampagnen Engagement

Abb. 34: Middle of Funnel (MoFu)

Bottom of Funnel – BoFu
Auf der finalen Funnelstufe geht es konkret um dein Produkt und welche Pains du für die Zielgruppe lösen beziehungsweise welche Gains du für sie erreichen kannst.

BOTTOM OF FUNNEL

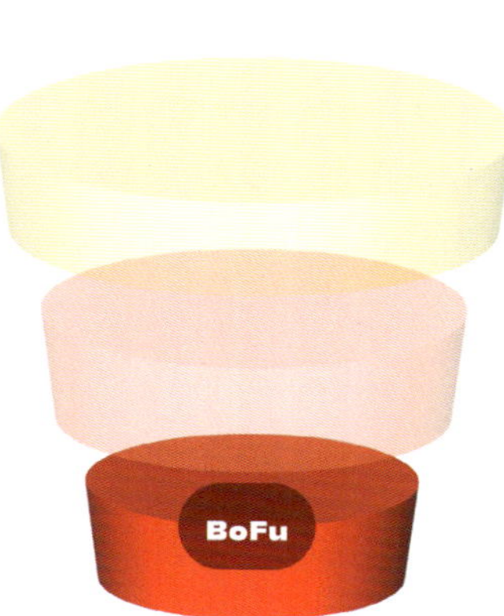

AVATAR ELEMENTS

PAINS — PAIN RELIEVERS

GAINS — GAIN CREATORS

PRODUCT & SERVICE

WICHTIGSTE METRIKEN

- Verkäufe
- Customer Acquisition Cost
- Lead / Conversion Ratio
- Return on Adspend (ROAS)

Abb. 35: Bottom of Funnel (BoFu)

4.2 Design & Copy

Die Anforderungen der unterschiedlichen Plattformen an die Creatives unterliegen einem ständigen Wandel. Sie unterscheiden sich teilweise nur marginal. Allerdings ist es für den Erfolg deiner Creatives erforderlich, dass du dich stringent an sie hältst. Beispielsweise gibt es sogenannte Safe Zones für den Content, der bei TikTok hochgeladen wird. Hier überlagert das User Interface der Plattform bestimmte Teile deines Uploads. Es empfiehlt sich deshalb immer darauf zu achten, dass wichtige Elemente deines Creatives innerhalb der Safe Zone liegen und gut erkennbar sind. Die jeweiligen Voraussetzungen der einzelnen Plattformen findest du mit einer Google-Suche. Ein Beispiel für Safe Zones auf TikTok zeigt die folgende Abbildung.

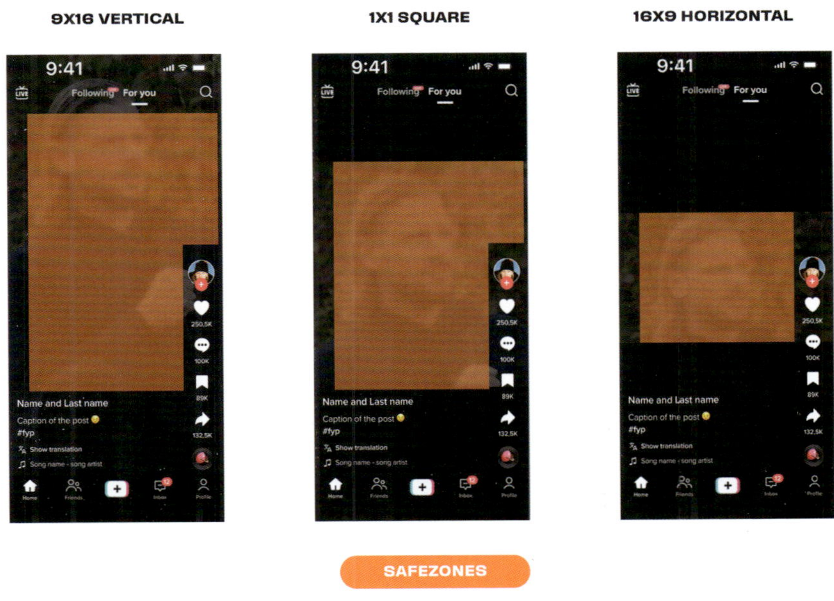

Abb. 36: Safe Zone auf TikTok

Dadurch, dass sich die Anforderungen an die Creatives stetig ändern, macht es an dieser Stelle keinen Sinn, genauer auf die einzelnen Plattformspezifitäten einzugehen. Bitte achte allerdings stets auf Änderungen und Gegebenheiten, damit ein potenziell guter Container auch den aktuellen Plattformanforderungen genügt. Gerade für die Safe Zones empfehlen wir dir, Designtemplates zu nutzen, die diese als Guide beinhalten.

Neben der Kreativität ist auch im Designprozess das Wichtigste die Ordnung. Mit den Kategorien der Avatar Elements hast du das perfekte Tool an der Hand, um dich effizient zu organisieren. Für deine Designprozesse bedeutet das, dass du idealerweise für die einzelnen Avatar Elements eigene Bildwelten und Assets anlegst. Beispielsweise kann ein Pain deiner Zielgruppe für dein Naturkosmetikprodukt der ständige Juck-

reiz der Akne sein. Egal ob du den Content selber in Form von Fotoshootings, Videoaufnahmen mit Content Creator, 3-D-Animation erstellst oder auf Stockfootage aus Bilddatenbanken zurückgreifst: Sortiere deine Assets, sodass du sie blitzschnell für die Verwendung in deinen Grafiken einsatzbereit hast. Auch hierbei kannst du wieder unendliche viele Variationen ausprobieren. Dasselbe Asset mit identischer Copy und gleichem Aufbau kann allein durch ein geändertes Key Visual anders performen. Hier wird sich in der Commerce-Phase schnell zeigen, welches Bildmaterial den entsprechenden Juckreiz-Pain am besten in der jeweiligen Zielgruppe vermittelt. Je besser du hier sortierst und je modularer deine Designs aufgebaut sind, umso schneller wirst du das neue Winner Key Visual auch in anderen Containern unterbringen und testen können. Nur weil das Bild vom feuerroten Pickel auf der Nase in einem Carousel Post gut ankommt, heißt das noch lange nicht, dass es als Einblendung im UGC-Video Best Performer ebenfalls funktioniert. Auch hier gilt: ausprobieren und testen.
In unserem Arbeitsalltag nutzen wir eine auf das Avatar Hacking® abgestimmte Ordnerstruktur, in der wir unsere Assets entsprechend der Avatar Elements einsortieren:

- Projekt / Artwork / Assets / Pains
- Projekt / Artwork / Assets / Gains
- Projekt / Artwork / Assets / Pain Relievers
- ....

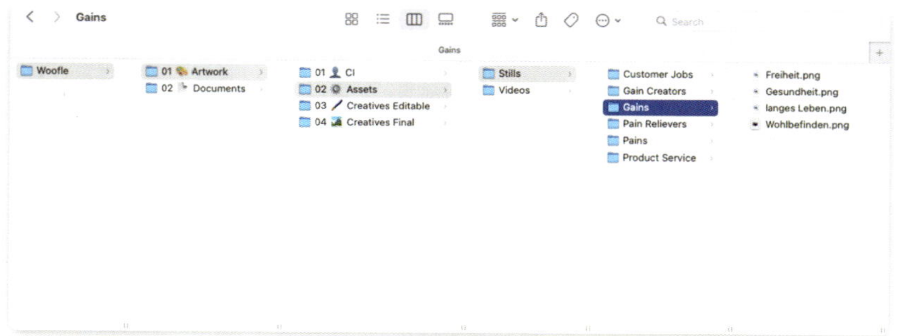

Abb. 37: Ordner-Set-up

Das gibt auch dir die Möglichkeit, stets Ordnung zu halten und gerade bei aufwendigen Designarbeiten wie Videos schnell einzelne Assets austauschen zu können. Entsprechend solltest du modular arbeiten, damit du in Windeseile neue Container mit abgewandelten Avatar-Elements-Paarungen erstellen kannst.

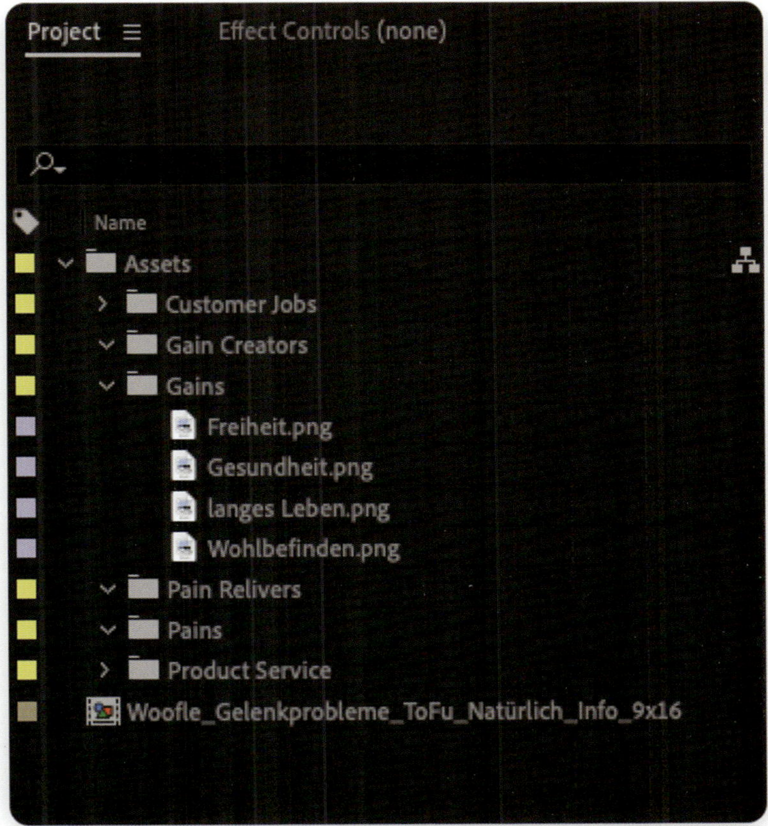

Abb. 38: Video-Editing Set-up

Das Gleiche gilt auch für die Erstellung von Stills. Gerade die Adobe Softwarepalette bietet sich an, diese Ordnerstruktur zu nutzen und immer wieder auf dieselben Assets zurückgreifen zu können. Noch besser funktioniert das Ganze, wenn du mit einem Tool wie Figma arbeitest, das dir eine große Arbeitsfläche anbietet, auf der du wie auf einem Whiteboard einzelne Elemente frei platzieren kannst. So erhältst du einen noch besseren Überblick über die einzelnen Assets, die du dann wie kleine Sticker jeweils gehäuft unter der Überschrift der jeweiligen Avatar Elements sortierst und direkt zu Werbeanzeigen zusammenstellen kannst. Darüber hinaus bietet die Lösung mit einem Tool wie Figma den Vorteil, dass du die Copy auch direkt den einzelnen Grafikassets zuordnen kannst. Das entlahmt den Designprozess und die Kommunikation zwischen Media Buying und Design zusehends.

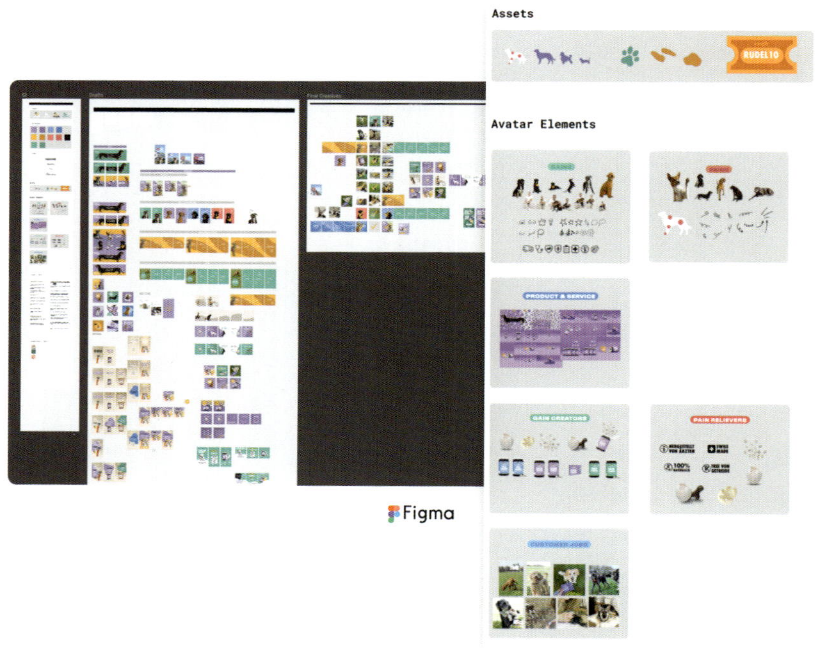

Abb. 39: Figma Set-up

Auch für die zu nutzenden Dateien haben wir eine Avatar-Hacking®-spezifische Nomenklatur. Hier kommt es vor allem auf die Funnelstufe und den Container an. Die Funnelstufe wird mit ToFu, MoFu oder BoFu angegeben. Den Container beschreibst du mit den Avatar Elements und dem Contentformat sowie der Präsentation.

Benennung der Dateien: Jahreszahl_Monat_Projektname_Kampagnenname_Funnelstufe_Container.xy

In der Praxis heißt das dann zum Beispiel: 2402_Naturkosmetik_Weihnachtsdeals_ToFu_Pain-Pickel_Gain-Natur_UGC-Nina_Lustig_9x16.mp4 oder 2401_Laufschuhbrand_New-Year-New-Me_MoFu_Pain-Blasen_Pain-Reliever-weiche-Sohle_InfografikCarousel_Technisch_1x1.jpg

Auch wenn das auf den ersten Blick ein wenig overengineert erscheint, wird es dir langfristig helfen. So hast du nämlich stets über alle relevanten Inhalte und die Architektur deines Contents Überblick. Zudem kannst du spezifisch nach bestimmten Elementen suchen. Wenn du beispielsweise siehst, dass ein bestimmter Pain gerade gut konvertiert, bemühst du einfach die Suchfunktion und alle deine Dateien, die diesen Pain beinhalten, stehen dir mit einem Tastenschlag zur Verfügung, ohne dass du dich durch hunderte Videos und JPEGs klicken musst.

Jahreszahl_Monat_Projektname_Kampagnenname_Funnelstufe_Container.jpg

2402_Woofle_Spring Sale_MoFu_Pain Relievers_Ärzte_Schweiz_Natürlich_1x1.jpg

Abb. 40: Beispiele und Erklärung für Dateinamen (Creation-Phase)

Du kannst das Avatar Hacking® auch für den Aufbau von Websites nutzen. Um das am unkompliziertesten illustrieren zu können, machen wir das am Beispiel einer Landingpage. Denn auch wenn sich Homepages im Regelfall viele Elemente mit Landingpages teilen, haben letztere einen viel eindeutigeren, weil fokussierten Bezug zu dem, was du anbietest und vertreibst. Auf einer Landingpage fasst du alle relevanten Informationen, von denen du ausgehst, dass die Kaufinteressenten sie benötigen, um schließlich zu Kaufenden zu werden, limitiert auf einer Seite zusammen. Nicht mehr und nicht weniger. Grundsätzlich gilt hier, weniger ist mehr, denn zu viel Information kann bereits an diesem Punkt zu Kaufabbrüchen führen. Landingpages haben in der Regel immer einen ähnlichen Aufbau. Sie sind eine Art erlebbares Storytelling, durch das sich deine Kundschaft durchscrollen und -klicken kann.

Above the fold

Der Bereich der Landingpage, den du ohne Scrollen siehst, nennt sich »above the fold«. Dort siehts du in den meisten Fällen vier Elemente:

1. Den **Hero Shot** deiner Dienstleistung. Das ist je nach Angebot entweder dein Produkt oder etwas, das deine Dienstleistung symbolisiert oder einen klaren Gain kommuniziert. Telekommunikationsanbieter oder Versicherungen setzen beispielsweise oft nett lächelnde Menschen als Hero Shot ein. Beide bieten Services an, die im Normalfall eher mit Verdruss assoziiert werden, wenn man sich mit ihnen beschäftigen muss, weil entweder das Netz nicht gut funktioniert oder der Wellensittich die Nachbarin gebissen hat. Da beide Themen im Gegensatz zu einem physischen Produkt nicht klar visualisiert werden können, wird hier eben oft zu Emotionen in Form des Gains »ultimative Freude« gegriffen.
2. Neben dem Hero Shot befinden sich der **CTA-Button**, zum Beispiel »Jetzt kaufen« oder »Abonnieren« sowie
3. **Trustelemente** in Form des eigenen Firmenlogos sowie eventuell Gütesiegel, Kundinnen- oder Partnerlogos.
4. Für das letzte Element, die **Headline**, haben wir eine Formel entwickelt, die dich sehr schnell anhand deiner Avatar Elements verschiedene Überschriftenkombinationen erstellen lässt. Im Idealfall baust du direkt verschiedene Landingpages, deren Inhalte du auf die jeweiligen Zielgruppen abstimmst und die Containerinhalte für ihren Aufbau nutzt, die mit den respektiven Avataren resonieren. Die von uns erstellte Headline-Formel: »Powerwort+Product/Service bei Customer Job für Gain ohne Pain«. Neben den dir bekannten Avatar Elements in der Formel dürfte dir direkt das »Powerwort« ins Auge gesprungen sein. Das kann jeglicher Begriff sein, der deinem Produkt oder Service zusätzlichen Wumms gibt und im besten Licht dastehen lässt. Gebräuchliche Beispiele: »der ausgezeichnete …«, »TikToks Lieblings…«, »Qualitätssieger: …« oder »die krasseste …«.

HEADLINE FORMEL

Fokus auf Customer

Abb. 41: Headline-Formel

Um das etwas greifbarer zu machen, nehmen wir eine Sportmarke, die auf einer Landingpage stylische neue Laufschuhe anpreisen will.

»Die Weltneuheit: All Terrain Jogging Sneaker für deinen nächsten Waldlauf für maximale Stabilität ohne nasse Füße.«

Das Ganze funktioniert natürlich auch mit anderen Avatar Elements der gleichen Brand:

»Die rekordverdächtigen All Terrain Jogging Sneaker für deinen nächsten Halbmarathon für mehr Grip ohne Komforteinbußen.«

Du pickst dir also die Avatar-Elements-Paarungen beziehungsweise die Container heraus, die in den Werbeanzeigen funktionieren. Die Formel soll dir dabei als Orientierung dienen. Selbstverständlich sind sprachliche Abweichungen oder das Umstellen der einzelnen Elemente erlaubt. Wichtig ist bloß, dass du auch hier den Überblick bewahrst, was warum funktioniert.

Du kannst eine Headline, auch wenn sie bereits »steht«, jederzeit in verschiedenen Angles aufbereiten. Entweder nutzt du dafür Synonyme für die einzelnen Worte oder formulierst den ganzen Satz um. Hier bietet künstliche Intelligenz unglaubliche Vorteile, da du dir in Windeseile mehrere Versionen der gleichen Headline erstellen lassen kannst. Mit einem Klick zaubert dir ChatGPT beispielsweise folgendes Ergebnis:

»Revolution im Schuhdesign: Entdecke die ultimativen All-Terrain Jogging Sneaker – Dein perfekter Partner für Waldläufe mit unübertroffener Stabilität und trockenen Füßen.«

Da sollte doch selbst der größte Sportmuffel Lust auf einen Lauf bei Nieselregen im Wald bekommen. Warum aber überhaupt mehrere verschiedene Versionen? Weil du verschiedene Kanäle und Zielgruppen bedienen willst. So kannst du die Headline-Formel auch für Anzeigentexte oder Untertitel auf Werbeanzeigenebene verwenden. Und du weißt ja: Je mehr du testest, desto besser. Du musst dich natürlich nicht akribisch an die Formel halten. Teilweise kann sie vielleicht sogar etwas sperrig sein. Sie soll dir als Anhaltspunkt dafür dienen, wie du deine Avatar Elements einfach, wie in einem Baukastenprinzip, in Copy verwandelst.

LANDING PAGE FORMEL
Fokus auf Value Proposition

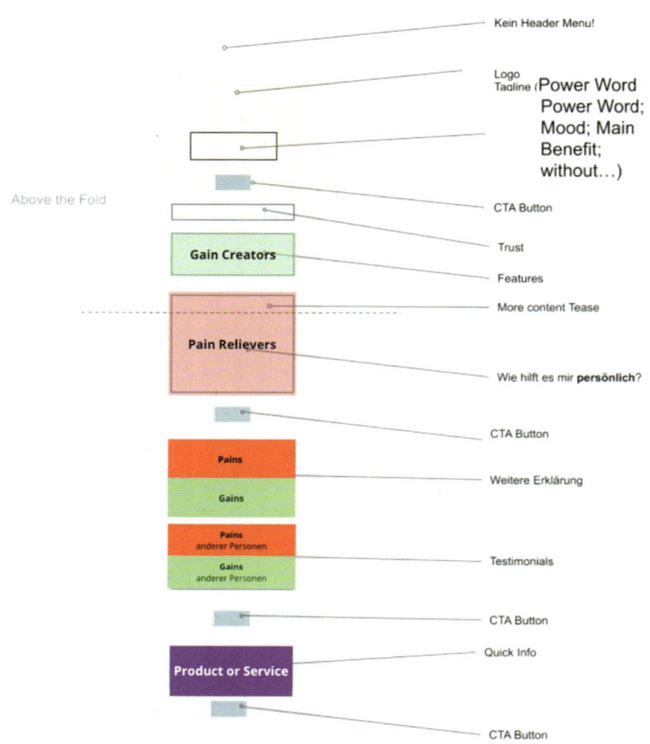

Abb. 42: Aufbau einer Landingpage durch Avatar Elements

Die Erzählstruktur deiner Landingpage geht nach dem ersten Scrollen zu Gain Creators und Pain Relievers über. Das mag ein wenig kontraintuitiv wirken, da im Normalfall in Pitches zumeist mit dem Problem oder dem Ziel, also Pains und Gains, gestartet wird. Allerdings musst du dir immer wieder verinnerlichen, dass deine Zielgruppe gerade über deine Werbeanzeigen auf die Landingpage geleitet wurde und die Problem- oder Zielansprache bereits zum Beispiel auf Instagram durch die Ads erlebt hat. Deine Adressatinnen sind also bereits problembewusst, fühlen sich angesprochen und sind jetzt auf deiner Landingpage, um mehr zu erfahren und sich zu informieren. Deine Gain Creators kannst du an dieser Stelle am besten wie Features oder Product-USPs formulieren.

»Extra belastbare Sohle und wasserabweisende Gore-Tex-Außenhaut.«

Im Idealfall verbindest du an diesem Punkt auch immer Copy mit Design, sodass du zu jedem ausgeschriebenen Avatar Element zusätzlich eine Visualisierung anbietest. Im weiteren Verlauf der Landingpage gehst du nochmal verstärkt auf die Pains und Gains deiner Zielgruppe ein.

»Schaffe endlich den Voralpenlauf.« – »Knöchelverletzungen ausgeschlossen!«

Bestimmte Angebote funktionieren, zumindest wenn das Leid besonders hoch ist, vornehmlich über Pains und Pain Creator. Deshalb macht es an dieser Stelle auch immer wieder Sinn, mit der Gewichtung herumprobieren und die Learnings aus den Werbeanzeigen entsprechend einzuarbeiten.

Im Anschluss folgt ein weiterer Angle der Pains und Gains in Form von Testimonials oder Kundenrezensionen. Hier hast du die Möglichkeit, deine eigenen Botschaften durch Rezensionen deiner Kundschaft bestätigen oder ergänzen zu lassen. Wichtig ist, dass du dich durch die Systematik nicht eingeschränkt fühlst, sondern sie als Stütze begreifst, um so viel wie möglich mit deinen Avatar Elements zu experimentieren. Die Learnings aus der Nutzung deiner Landingpage – beispielsweiseüber Heatmap-Tools, mit denen du das Nutzendenverhalten auf deiner Seite anonymisiert aufzeichnest – kannst du für deine Werbeanzeigen übernehmen. Ein Container, der auf der Seite gut funktioniert, ist mit hoher Wahrscheinlichkeit auch ein Best Performer als Anzeige und umgekehrt.

4.3 Storytelling Angles

Storytellingist eines der Superkräfte moderner Marken und Führungskräfte. Die größten Kunstschaffenden, bekanntesten Marken und erfolgreichsten Unternehmenden haben eines gemeinsam: die Fähigkeit, Geschichten zu erzählen. Jeder erfolgreiche Investor und jede erfolgreiche Gründerin wird bestätigen, wie wichtig effektives Storytelling bei der Mittelbeschaffung und beim Aufbau von Marken ist, vor allem in der Anfangsphase. Je besser eine Person in der Lage ist, Geschichten zu erzählen, die uns ansprechen, desto mehr vertrauen wir ihr, unterstützen sie und wollen mit ihr ins Geschäft kommen oder, besser noch, eine Verbindung eingehen.

Storytelling

… ist die Kunst des Erzählens – und zwar Geschichten, die begeistern und hängenbleiben.

Viele wissen allerdings nicht, wo sie anfangen sollen, wie sie großartige Geschichten für ihr Unternehmen, für ihr Angebot entwickeln oder was sie tun können, um ihre Teams in diesem Bereich zu unterstützen. Wir haben daher einige der wichtigsten Storytelling-Methoden im Gepäck, die du wunderbar in dein Avatar Hacking® integrieren kannst. Diese Methoden sind keinesfalls vollständig, werden aber von uns bevorzugt im Marketingalltag als Angles benutzt. Du kannst selbstverständlich auch andere Storytelling-Konzepte für dein Avatar Hacking® verwenden.

4.3.1 Hook-Story-Offer – deine Waffe im Kampf um 1,4 Sekunden Aufmerksamkeit

Die Hook-Story-Offer-Methode ist ein wirksames Framework für Markenbotschaften, das in den letzten Jahren an Popularität gewonnen hat. Ursprünglich entwickelt von Russell Brunson, Mitbegründer von ClickFunnels und anerkannter Onlinemarketing-experte, hilft diese Methode, deine Produkte oder Dienstleistungen überzeugend und einprägsam zu »erzählen«.

Die Hook-Story-Offer-Methode teilt jede Kommunikation über ein Werbemittel in drei Schlüsselelemente auf: den Hook (Haken), die Story (Geschichte) und den Offer (Angebot). Russell Brunson entwickelte die Methode aufgrund seiner umfangreichen Erfahrung im Onlinemarketing. Er erkannte, dass erfolgreiche Marketingkampagnen oft einen gemeinsamen Nenner haben: Sie ziehen die Aufmerksamkeit des Publikums auf sich (Hook), bauen eine emotionale Verbindung auf (Story) und präsentieren ein unwiderstehliches Angebot (Offer).

Die Hook-Story-Offer-Methode ist aus mehreren Gründen von zentraler Bedeutung:

- **Blitzschnell Aufmerksamkeit erzeugen**: In der – von Informationen und Werbemessages – überfrachteten Medienlandschaft ist es entscheidend, die Aufmerksamkeit des Publikums in Sekundenschnelle, sprich 1,4 Sekunden, zu erzeugen. Dafür ist der Hook zuständig.
- **Emotionaler Einfluss**: Menschen treffen Entscheidungen häufig auf emotionaler Basis. Die Story bietet die Möglichkeit, eine emotionale Verbindung mit dem Publikum aufzubauen und es auf einer tieferen, gefühlvollen Ebene anzusprechen.
- **Klarheit im Angebot**: Ein eindeutiges, wertvolles Angebot deiner Dienstleistung oder deines Produkts ist entscheidend, um Interessierte zu Kaufenden zu machen. Mit dem Offer wird deiner Zielgruppe gleichzeitig ein klarer Handlungsaufruf präsentiert.

Angesichts einer drastisch sinkenden Aufmerksamkeitsspanne haben Agenturen und Marketer ein außerordentliches Interesse an Möglichkeiten, diese Spanne initial durch einen aufmerksamkeitserregenden Trigger zu durchbrechen, auch als Scrollstopper bekannt, da das native Scrollverhalten auf Social-Media-Plattformen bei einem »catchy« Hook aufmerksamkeitsstark unterbrochen wird.

Schaust du zunächst noch einmal auf die Value Proposition (Abbildung 27 in Kapitel 3.4.2), siehst du nun (Abbildung 43), dass sich über den Kategorien Customer Jobs, Pains, Pain Relievers, Gains und Gain Creators eine zweite Fläche befindet, in der eine Unterteilung in Hook und Story zu sehen ist.

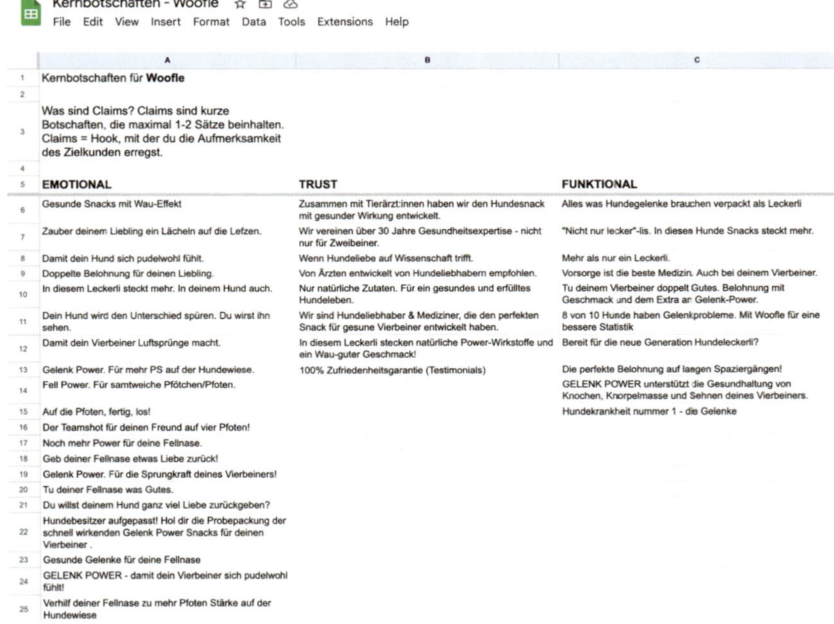

	A	B	C
1	Kernbotschaften für **Woofle**		
2			
3	Was sind Claims? Claims sind kurze Botschaften, die maximal 1-2 Sätze beinhalten. Claims = Hook, mit der du die Aufmerksamkeit des Zielkunden erregst.		
4			
5	**EMOTIONAL**	**TRUST**	**FUNKTIONAL**
6	Gesunde Snacks mit Wau-Effekt	Zusammen mit Tierärzt:innen haben wir den Hundesnack mit gesunder Wirkung entwickelt.	Alles was Hundegelenke brauchen verpackt als Leckerli
7	Zauber deinem Liebling ein Lächeln auf die Lefzen.	Wir vereinen über 30 Jahre Gesundheitsexpertise - nicht nur für Zweibeiner.	"Nicht nur lecker"-lis. In diesen Hunde Snacks steckt mehr.
8	Damit dein Hund sich pudelwohl fühlt.	Wenn Hundeliebe auf Wissenschaft trifft.	Mehr als nur ein Leckerli.
9	Doppelte Belohnung für deinen Liebling.	Von Ärzten entwickelt von Hundeliebhabern empfohlen.	Vorsorge ist die beste Medizin. Auch bei deinem Vierbeiner.
10	In diesem Leckerli steckt mehr. In deinem Hund auch.	Nur natürliche Zutaten. Für ein gesundes und erfülltes Hundeleben.	Tu deinem Vierbeiner doppelt Gutes. Belohnung mit Geschmack und dem Extra an Gelenk-Power.
11	Dein Hund wird den Unterschied spüren. Du wirst ihn sehen.	Wir sind Hundeliebhaber & Mediziner, die den perfekten Snack für gesune Vierbeiner entwickelt haben.	8 von 10 Hunde haben Gelenkprobleme. Mit Woofle für eine bessere Statistik
12	Damit dein Vierbeiner Luftsprünge macht.	In diesem Leckerli stecken natürliche Power-Wirkstoffe und ein Wau-guter Geschmack!	Bereit für die neue Generation Hundeleckerli?
13	Gelenk Power. Für mehr PS auf der Hundewiese.	100% Zufriedenheitsgarantie (Testimonials)	Die perfekte Belohnung auf langen Spaziergängen!
14	Fell Power. Für samtweiche Pfötchen/Pfoten.		GELENK POWER unterstützt die Gesundhaltung von Knochen, Knorpelmasse und Sehnen deines Vierbeiners.
15	Auf die Pfoten, fertig, los!		Hundekrankheit nummer 1 - die Gelenke
16	Der Teamshot für deinen Freund auf vier Pfoten!		
17	Noch mehr Power für deine Fellnase.		
18	Geb deiner Fellnase etwas Liebe zurück!		
19	Gelenk Power. Für die Sprungkraft deines Vierbeiners!		
20	Tu deiner Fellnase was Gutes.		
21	Du willst deinem Hund ganz viel Liebe zurückgeben?		
22	Hundebesitzer aufgepasst! Hol dir die Probepackung der schnell wirkenden Gelenk Power Snacks für deinen Vierbeiner .		
23	Gesunde Gelenke für deine Fellnase		
24	GELENK POWER - damit dein Vierbeiner sich pudelwohl fühlt!		
25	Verhilf deiner Fellnase zu mehr Pfoten Stärke auf der Hundewiese		

Abb. 43: Storytelling – Übersetzung von Avatar-Hacking®-Elementen in die Hook-Story-Offer-Methode

Jetzt liefern dir die Pains und Gains perfektes Futter für die Formulierung knackiger Hooks, die deine Zielgruppe emotionalisieren und für den gewünschten scrollstoppenden Effekt sorgen. Ist die Aufmerksamkeit gewonnen, wird im Storyteil durch die Platzierung der passenden Pain Relievers oder Gain Creators der Nutzer mit der für ihn passenden Lösung konfrontiert. Anschließend folgt ein überzeugender Call-to-Action, der die gewünschte Aktion hervorrufen soll.

Auch für die Contenterstellung eröffnet dir das einen Platz auf der Überholspur. Anstatt deine Videos als ganzen Film zu denken, kannst du verschieden kombinierbare Hook-, Story- und Offer-Sequenzen erstellen, die jeweils spezifische Avatar Elements beinhalten und frei miteinander kombinierbar sind. Selbst denselben Pain könntest du, auf verschiedene Weisen dargestellt, als unterschiedliche Hook-Variationen präsentieren.

4.3.2 Heldenreise: Empowerment statt pushy Sales

Das Konzept der Heldenreise, auch bekannt als Monomythos, wurde vom amerikanischen Mythologen Joseph Campbell in seinem Buch »Der Heros in tausend Gestalten«[49] eingeführt. Es beschreibt ein universelles Muster, das in vielen Geschichten aus verschiedenen Kulturen und Zeiten zu finden ist. Die Heldenreise besteht aus zwölf Phasen, darunter der Ruf zum Abenteuer, die Konfrontation mit und Überwindung von Herausforderungen und schließlich die Rückkehr in die gewöhnliche Welt, transformiert und bereichert durch die Erfahrungen der Reise.

Im Marketing kann das Konzept der Heldenreise genutzt werden, um den Kunden zum Helden der Geschichte zu machen. Dieser Ansatz kann eine mächtige Methode sein, um eine emotionale Verbindung mit den Kundinnen herzustellen.

Abb. 44: Storytelling – Heldenreise

49 Campbell, J. (24.10.2011): Der Heros in tausend Gestalten, Berlin: Insel Verlag.

Indem du deine Adressaten zu Helden deiner Geschichte machst, kannst du eine emotionale Verbindung herstellen und dazu motivieren, sich auf die Reise zu begeben, die letztendlich zur Nutzung deines Produkts oder deiner Dienstleistung führt. Dieser Storytelling-Ansatz kann besonders effektiv sein, um die Werte und Vorteile deines Unternehmens auf eine Weise zu kommunizieren, die für die Kundinnen bedeutungsvoll und einprägsam ist. Es geht darum, eine Geschichte zu erzählen, die eine Person anspricht und sie dazu bringt, sich mit deinem Produkt oder deiner Marke zu identifizieren.

Die Value Proposition aus dem Avatar Hacking® ist ein zentraler Bestandteil, um die Methode der Heldenreise in deinem Marketing effektiv zu nutzen. Sie definiert, was dein Produkt, deine Dienstleistung einzigartig macht und warum genau sie die richtige Wahl sind. Wenn du diese Elemente in die Heldenreise integrierst, kannst du eine überzeugende, wenn nicht gar mitreißende Geschichte kreieren, die gar keine andere Möglichkeit lässt, als ihr zu folgen.

Verstehe deine Zielgruppe: Bevor du beginnst, deine Geschichte zu erzählen, führst du dir erneut vor Augen, wer deine Zielgruppe ist. Was sind ihre Bedürfnisse, Wünsche und Herausforderungen? Wie kann dein Produkt oder deine Dienstleistung diese adressieren? Diese Informationen helfen dir, den Ruf zum Abenteuer zu definieren, der den Kunden dazu motiviert, eine Lösung zu suchen.

Definiere den Ruf zum Abenteuer: Basierend auf den Bedürfnissen und Herausforderungen deiner Zielgruppe definierst du den Ruf zum Abenteuer. Dies sollte ein Problem oder eine Herausforderung sein, die dein Produkt oder deine Dienstleistung lösen kann. Dies ist der Ausgangspunkt der Heldenreise und der Punkt, an dem die Kundin motiviert wird, eine Lösung zu suchen.

Präsentiere dein Produkt als Mentor: In der Heldenreise ist der Mentor derjenige, der dem Helden die Werkzeuge und das Wissen gibt, um die Herausforderungen zu bewältigen. In deiner Geschichte ist dein Produkt oder deine Dienstleistung der Mentor. Nutze die Elemente deiner Value Proposition, um zu zeigen, wie dein Produkt dem Kunden helfen kann, seine Herausforderungen zu bewältigen.

Zeige die Prüfungen und die Transformation: Zeige, wie die Kundin mit deinem Produkt, deiner Dienstleistung ihre Herausforderungen bewältigt und sich dadurch transformiert. Dies könnte durch Fallstudien, Kundenbewertungen oder andere Beweise dargestellt werden, die zeigen, wie Kunden von deinem Produkt profitiert haben.

Feiere die Rückkehr des Helden: Zeige, wie der Kunde nach der Nutzung deines Produkts oder deiner Dienstleistung in seine »gewöhnliche« Welt zurückkehrt, nun aber transformiert und bereichert durch die Erfahrungen der Reise. Dies ist der Moment, in dem der Kunde die Vorteile deiner Value Proposition vollständig realisiert und seine Transformation abgeschlossen hat.

Indem du die Elemente deiner Value Proposition in die Heldenreise integrierst, kannst du eine überzeugende Geschichte erzählen, die die Vorteile deines Angebots hervorhebt und den Kunden auf eine transformative Reise führt. Dieser Ansatz kann besonders effektiv sein, um die Werte und Vorteile deines Unternehmens auf eine Weise zu kommunizieren, die für den Kunden bedeutungsvoll und einprägsam ist.

4.3.3 Love Letter

Ein Vorgehen, das besonders hervorsticht, ist die Love-Letter-Methode, die von der erfolgreichen Geschäftsfrau und Führungskraft Kat Cole entwickelt wurde, um die Geschichte von Cinnabon – eine amerikanische Handelskette für Gebäck – zu erzählen und die Marke zu stärken. Sie besteht aus drei Liebesbriefen, die an verschiedene Stakeholdergruppen gerichtet sind: Kundinnen & Gemeinschaft, Gründer & Ursprungsgeschichte, Marke, Geschäft & Produkt.

Der erste Brief richtet sich an die Kundinnen und die Gemeinschaft. Er konzentriert sich auf die Bedürfnisse und Werte der Kundinnen und wie sie zum Markenökosystem beitragen. Der zweite Brief ist an den Gründer und die Ursprungsgeschichte gerichtet. Er erzählt die Geschichte der Menschen hinter dem Unternehmen und wie es entstand. Der dritte Brief richtet sich an die Marke, das Geschäft und das Produkt. Er beschreibt, was das Unternehmen herstellt oder verkauft, warum es das tut und was die Marke repräsentiert.

Wenn du bereits die Pains, Gains, Pain Relievers und Gain Creators für deine Zielgruppen identifiziert hast, kannst du diese in die Gestaltung deiner Love-Letter integrieren. Hier ist eine Anleitung, wie du diese Elemente effektiv beim Schreiben der Love-Letter anwendest:

Schritt 1: Strukturierung des Liebesbriefs

- **Einleitung**: Beginne jeden Brief mit einer persönlichen und emotionalen Ansprache, die die Verbundenheit mit der jeweiligen Zielgruppe zum Ausdruck bringt.
- **Hauptteil**: Hier integrierst du die Pains, Gains, Pain Relievers und Gain Creators. Erzähle eine Geschichte, die zeigt, wie deine Marke oder dein Produkt auf die spezifischen Bedürfnisse und Wünsche eingeht.

Schritt 2: Anwendung der Pains und Gains

- **Pains ansprechen**: Zeige in deinem Brief, dass du die Herausforderungen deiner Zielgruppe verstehst.
  - *»Wir wissen, wie herausfordernd es sein kann, [spezifischer Pain].«*
- **Gains hervorheben**: Betone, wie deine Marke oder dein Produkt dazu beiträgt, die Wünsche und Ziele der Zielgruppe zu erreichen.
  - *»Unser Ziel ist es, euch dabei zu unterstützen, [spezifischer Gain] zu erreichen.«*

Schritt 3: Integration von Pain Relievers und Gain Creators

- **Pain Relievers einbinden**: Erkläre, wie dein Produkt oder deine Dienstleistung spezifische Pains lindert.
  - *»Mit [Produkt/Dienstleistung] haben wir eine Lösung geschaffen, die euch hilft, [Pain] zu überwinden…«*
- **Gain Creators betonen**: Zeige auf, wie dein Angebot den Kundinnen hilft, ihre Ziele zu erreichen.
  - *»Durch [Produkt/Dienstleistung] könnt ihr [Gain] einfacher und effektiver erreichen.«*

Schritt 4: Emotionaler Abschluss

- **Persönliche Note**: Beende jeden Brief mit einer persönlichen Botschaft, die die emotionale Verbindung zur Zielgruppe stärkt.
  - *»Wir sind stolz darauf, Teil eurer Reise zu sein und freuen uns darauf, gemeinsam [spezifische Gains] zu erreichen.«*

Schritt 5: Überprüfung und Anpassung

- **Feedback einholen**: Nachdem du die Briefe veröffentlicht hast, sammle Feedback und beobachte, wie deine Zielgruppe darauf reagiert. Nutze diese Erkenntnisse, um deine zukünftige Kommunikation anzupassen.

Scanne den QR-Code und schmökere gern in den Liebesbriefen, die wir an unsere Community, an uns Gründer und an unser MUYDOZO-Team geschrieben haben.

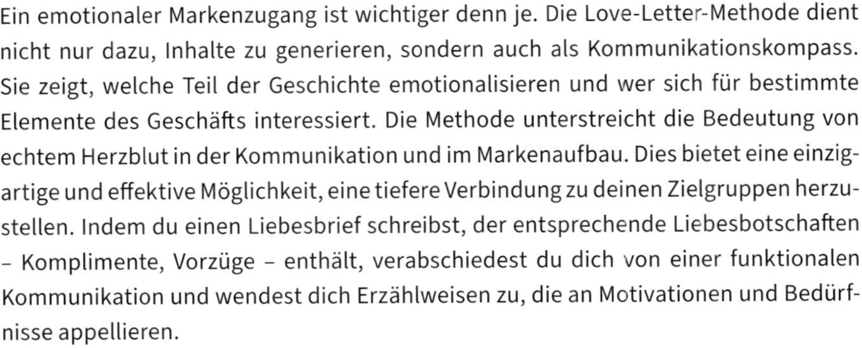

Ein emotionaler Markenzugang ist wichtiger denn je. Die Love-Letter-Methode dient nicht nur dazu, Inhalte zu generieren, sondern auch als Kommunikationskompass. Sie zeigt, welche Teil der Geschichte emotionalisieren und wer sich für bestimmte Elemente des Geschäfts interessiert. Die Methode unterstreicht die Bedeutung von echtem Herzblut in der Kommunikation und im Markenaufbau. Dies bietet eine einzigartige und effektive Möglichkeit, eine tiefere Verbindung zu deinen Zielgruppen herzustellen. Indem du einen Liebesbrief schreibst, der entsprechende Liebesbotschaften – Komplimente, Vorzüge – enthält, verabschiedest du dich von einer funktionalen Kommunikation und wendest dich Erzählweisen zu, die an Motivationen und Bedürfnisse appellieren.

Über diese Methode kannst du wunderbar die substanziellen Elemente deiner Marke herausarbeiten und was für den Wiedererkennungswert wesentlich ist. Für letzteren empfehlen wir stets, früh zu testen, welche Elemente in der Markenkommunikation besonders gut ankommen und auch über einen längeren Zeitraum gute Ergebnisse erzielen.

ONLINE
CCC
CART

5 Commerce

Die Distribution in der Commerce-Phase ist der entscheidende Moment, in dem die sorgfältig entwickelten Kampagnen das Licht der Öffentlichkeit erblicken. Im Laufe unserer Marketingtätigkeit haben wir gelernt, dass Distribution mehr ist als das bloße Aussenden von Marketingmaßnahmen. Es geht um die intelligente Verbreitung von Botschaften in einem Ökosystem, das durch datengetriebene Einsichten und ein tiefes Verständnis der Zielgruppe, welches in der Concept-Phase festgelegt wurde, unterstützt wird. In diesem letzten Sprint geht es darum, neue Erkenntnisse und Daten zu sammeln, die du wiederum nutzen kannst, um die Ergebnisse und Annahmen der Creation- und der Concept-Phase zu challengen und zu iterieren. Die Commerce-Phase ist das Zünglein an der Waage, das wie eine Wettkampfrichterin entscheidet.

5.1 Distribution

In diesem Kapitel lernst du,

- was der Unterschied zwischen Multi- und Omnichannel-Marketing mit Blick auf das Avatar Hacking® bedeutet.

In unserer Agentur haben wir eine Anekdote, die häufig die Runde macht: die Geschichte der alljährlichen Black-Friday- und Weihnachtskampagnen. Monatelang wird in den Marketingabteilungen dieser Welt mit Leidenschaft und Eifer an diesen Kampagnen gearbeitet, um sie groß, bunt und unwiderstehlich zu machen. Doch trotz all dieser Anstrengungen wird häufig ein kritischer Stolperstein übersehen: die mangelnde Berücksichtigung geeigneter Analyseinstrumente sowie die Schaffung von Insights. Diese Kampagnen werden oft als in sich abgeschlossene Projekte betrachtet, die jedes Jahr neu erfunden werden müssen. Dieser Ansatz übergeht jedoch eine wesentliche Komponente: den gewünschten Lernkurveneffekt, der durch kontinuierliche Analyse und Anpassung erreicht werden kann.

Kompakt

Denn eins müssen wir uns hinter die Ohren schreiben: Bei jeder Form der digitalen Kommunikation entstehen wertvolle Daten, die Einblicke in das Verhalten und die Vorlieben unserer Zielgruppe bieten.

Diese Insights sind Gold wert, denn sie ermöglichen es, zukünftige Kampagnen nicht nur intuitiv, sondern datengestützt zu gestalten und zu verfeinern. In der Distribution geht es nicht nur darum, Botschaften zu senden. Es geht darum, sie auf eine Weise zu verbreiten, die es ermöglicht, kontinuierlich zu lernen und zu wachsen. Es geht darum, einen Rahmen zu schaffen, in dem jede Kampagne nicht als einmaliges Ereignis, sondern als Teil einer fortlaufenden Lern- und Wachstumsgeschichte betrachtet wird.

In diesem Kapitel werden wir daher erkunden, wie eine effektive Distribution gestaltet wird. Wir beschäftigen uns damit, wie du die richtigen Kanäle auswählst, Inhalte optimal anpasst, das Timing planst und die Ergebnisse schließlich misst und analysierst. Ziel ist es, einen Rahmen zu schaffen, der es dir ermöglicht, kontinuierlich aus jeder Kampagne zu lernen und die Strategien entsprechend anzupassen.

Dies erfordert eine sorgfältige Planung verschiedener Parameter:

- die Wahl der richtigen Distributionskanäle,
- die Anpassung der Inhalte an diese Kanäle,
- das Timing der Veröffentlichungen und vor allem
- die Einrichtung robuster Analyseinstrumente.

Im Kontext des Avatar Hacking® stellt die Distributionsphase den entscheidenden Übergang von der kreativen Gestaltung (Creation) zur Ausspielung der Maßnahmen (Commerce) dar. Sie bildet das Bindeglied zwischen der Konzeption und Erstellung von Marketinginhalten (Concept und Creation) und deren effektiver Platzierung auf dem Markt. Diese Phase ist von zentraler Bedeutung, da selbst die innovativsten und ansprechendsten Inhalte ihre Wirkung verfehlen, wenn sie die Zielgruppe nicht erreichen oder nicht zur richtigen Zeit am richtigen Ort präsentiert werden.

Die richtigen Kanäle für deinen Omnichannel

Die Distribution im Rahmen des Avatar Hacking® erfordert eine strategische Herangehensweise, bei der verschiedene Aspekte berücksichtigt werden müssen. Dazu gehört die Auswahl der passenden Distributionskanäle, die bereits in der Concept-Phase aus der vorangegangenen Zielgruppenanalyse und den Charakteristika der erstellten Inhalte abgeleitet wurden. Jeder Kanal hat seine spezifischen Stärken und Limitationen – die Kunst besteht darin, diese Eigenschaften optimal zu nutzen, um eine maximale Wirkung zu erzielen. Die Entscheidung, welche Kanäle zu nutzen sind, sollte immer auf einer gründlichen Analyse basieren und die spezifischen Stärken und Schwächen jedes Kanals berücksichtigen.

Ein weiterer wesentlicher Aspekt der Distributionsstrategie ist das Verständnis und die Nutzung des Marketing-Funnels. Er beschreibt die verschiedenen Phasen, die ein potenzieller Kunde durchläuft: von der ersten Wahrnehmung des Produkts oder der Marke (Awareness) bis hin zur Kaufentscheidung (Conversion). Die Distribution muss so gestaltet sein, dass sie potenzielle Kundinnen in jeder Phase des Funnels anspricht und weiterführt. Wenn du bereits marketingerfahren bist, dann wirst du wissen, dass ein Konsument im Schnitt 5,6 Touchpoints benötigt, um eine Kaufentscheidung zu treffen. Die Group-M-Agentur hat Befragungen von über 75.000 Personen aus

Deutschland zu ihrem Kaufverhalten seit 2013 durchgeführt, um zu diesem Ergebnis zu kommen. Besonders aufschlussreich ist der detaillierte Blick auf die einzelnen Produktkategorien: In Deutschland benötigt eine Käuferin für ein Auto im Durchschnitt 3,9 Kontaktpunkte, während für Elektronikartikel durchschnittlich 9,3 Kontaktpunkte nötig sind. Umso wichtiger also zu überlegen, mit welchen Kanälen du über diese Berührungspunkte hinweg eine Bindung zu deiner Zielgruppe aufbaust. Das Stichwort in dem Zusammenhang ist Omnichannel-Marketing.

Omnichannel-Marketing

Diese Herangehensweise zielt darauf ab, eine nahtlose Kundenerfahrung über verschiedene Kanäle und Plattformen hinweg zu schaffen, indem sie alle Touchpoints integriert und synchronisiert. Omnichannel-Marketing geht über die bloße Präsenz auf mehreren Kanälen hinaus. Es geht darum, eine kohärente, miteinander verbundene und kontextsensitive Erfahrung zu bieten, die den Konsumenten auf seiner gesamten Reise begleitet.

Um das Konzept des Omnichannel-Marketings vollständig zu verstehen, ist es wichtig, es vom Multichannel-Marketing abzugrenzen. Obwohl beide Ansätze die Nutzung mehrerer Kanäle zur Interaktion mit der Zielgruppe beinhalten, unterscheiden sie sich grundlegend in der Art und Weise, wie diese Kanäle integriert und genutzt werden.

Multichannel-Marketing konzentriert sich darauf, Kundinnen über verschiedene Kanäle hinweg zu erreichen, beispielsweise über Social Media, E-Mail, Webseiten und physische Geschäfte. Jeder Kanal funktioniert jedoch unabhängig von den anderen. Das bedeutet, dass die Kundinnenerfahrung auf jedem Kanal isoliert ist und es keine Verbindung oder Konsistenz zwischen den verschiedenen Plattformen gibt. Dies kann zu einer fragmentierten und inkohärenten Markenerfahrung führen, da die Kundinnen auf jedem Kanal unterschiedliche Botschaften und Interaktionen erleben.

Im Gegensatz dazu zielt **Omnichannel-Marketing** darauf ab, eine nahtlose und einheitliche Kundenerfahrung über alle Kanäle hinweg zu schaffen. Hierbei sind alle Kanäle miteinander verbunden und teilen Informationen, sodass die Kundenerfahrung auf einem Kanal die Interaktionen auf einem anderen beeinflussen kann. Dieser Ansatz bietet auf der gesamten Kundenreise eine konsistente Markenbotschaft und -erfahrung – unabhängig davon, über welchen Kanal der Kunde interagiert.

Die Implementierung einer Omnichannel-Strategie wirft allerdings eine zentrale Frage auf: Solltest du dich auf wenige, sorgfältig ausgewählte Plattformen konzentrieren oder eine breite Palette an Kanälen bespielen? Hierbei befindest du dich in einem Spannungsfeld. Wichtig für die Distribution ist daher auch die Frage nach einer geeigneten Budgetallokation: Wie viel Budget setzt du auf welcher Plattform ein? Als kleines Unternehmen empfiehlt es sich beispielsweise bei einem überschaubaren Budget von wenigen tausend Euro Marketingspend im Monat, den Fokus auf maximal ein bis zwei Plattformen zu legen. Sonst verwässert und verteilt sich das Budget zu sehr auf die Plattformen auf und du läufst Gefahr, dass deine Marketingbemühungen nicht aussagekräftig sind, da die einzelnen Werbeanzeigen aufgrund des geringen Budgets nicht genügend Ausspielung erhalten.

Allerdings ist es auf der anderen Seite nicht ratsam, gerade bei der Schaltung von Werbeanzeigen in Abhängigkeit zu einer Plattform zu geraten, denn du bist einer Vielzahl an externen Faktoren ausgeliefert, auf die du keinen oder nur bedingt Einfluss hast. Stelle dir vor, du öffnest eine den Meta-E-Mails täuschend ähnlich aussehende Phishing-E-Mail, dein kompletter Account wird von Hackern torpediert und du hast keinerlei Zugriff mehr auf deine Kampagnen. Das passiert selbst den besten und umsichtigsten Marketingprofis – auch trotz Zwei-Faktor-Authentifizierung. (Wir sprechen leider aus Erfahrung.) Oder Mark Zuckerberg entscheidet sich spontan dazu, die Richtlinien für die Bewerbung von Schönheitsprodukten strenger zu gestalten. Das Avatar Hacking® kann für alle Social-Media-Plattformen und Kanäle, die darüber hinausgehen, zum Beispiel E-Mail- und SMS-Marketing, genutzt werden. Frage dich daher ganz individuell, welche Plattformen und Kanäle deinen Marketing-Mix ausmachen sollen.

Für junge Unternehmende ohne große Budgets ist organisches Wachstum, sprich das Posten von Inhalten anstelle bezahlter Werbeanzeigen, von elementarer Bedeutung. Und auch hier solltest du dich entsprechend auf Plattformen fokussieren, deren Algorithmen organisches Wachstum erlauben (beispielsweise Pinterest, YouTube, LinkedIn oder TikTok) und genau überlegen, ob Plattformen, auf denen es schwer geworden ist, unbezahlte Reichweite zu generieren, wirklich bespielt werden müssen.

Auch solltest du genau hinterfragen, für welche Zielparamater welche Plattform am besten geeignet ist. Möchtest du beispielsweise günstig viele Menschen erreichen und Reichweite generieren, solltest du eine Plattform wie TikTok oder Pinterest einer Plattform vorziehen, bei der die CPM-Preise (Cost per Mille, der Preis, um 1.000 Menschen zu erreichen) höher sind. Andersherum ist TikTok für dich eher nicht der passende Kanal für deine Creatives, durch die du mehr Verkäufe erzielen möchtest, da TikTok (noch) keine oder nur bedingt (bei Marken mit entsprechendem Product-Audience-Fit) eine Conversion-Plattform ist.

Kompakt

Die Distributionsphase im Avatar Hacking® ist ein komplexer und dynamischer Prozess, der eine strategische Planung, die Integration verschiedener Kommunikationskanäle, die Personalisierung der Inhalte sowie eine kontinuierliche Analyse und Anpassung erfordert. Durch eine effektive Distribution stellst du sicher, dass die sorgfältig erstellten Inhalte ihre maximale Wirkung entfalten und somit zum Geschäftserfolg beitragen.

Neben der Auswahl von Plattformen & Kanälen bedarf es auch der Notwendigkeit, Creatives auf die jeweilige Plattform anzupassen. Jede Plattform besitzt ihre eigenen Anforderungen und du solltest in der Creation-Phase berücksichtigen, dass deine kreative Idee auch zu der jeweiligen Plattform passt. Das Stichwort ist in dem Zusammenhang **native Content**. Je natürlicher und einfacher ein Content Piece zu konsumieren ist, desto weniger werden Userinnen dieses als störend und zu werblich wahrnehmen. Es gibt Dutzende Social-Media-Plattformen und es kommen ständig neue hinzu. Auch die jeweiligen Platzierungsmöglichkeiten verändern sich fortlaufend. Daher solltest du dich kontinuierlich zu den aktuellen Anforderungen für die Plattformen aus deinem Marketing-Mix informieren. Im Folgenden geben wir dir ein Beispiel und vergleichen drei Plattformen, um zu verdeutlichen, warum eine plattformspezifische Anpassung von Content und/oder Werbeanzeigen notwendig ist.

- Beginnen wir mit **Instagram**. Diese Plattform ist stark visuell orientiert und bringt fortlaufend neue Features und Platzierungsmöglichkeiten für Content heraus, so wie jüngst zum Beispiel Threads, das Instagram-Pendant zur Plattform X oder die Möglichkeit gemeinsamer Accounts, ähnlich dem Prinzip von Facebook-Gruppen. Instagram ist ideal für kurzlebigen, interaktiven Content, wie man auch am Erfolg des Platzierungsformats »Reels« sieht. Hier hat sich Instagram stark an TikTok orientiert und kann die Reels mittlerweile sogar in Instagram selber bearbeiten, mit einem Musiktrack, Untertitel & Co. versehen.
- Im Gegensatz dazu steht **Pinterest**, das durch sein Multifeed-Kachelsystem auffällt. Hier muss die Schrift in den Pins besonders groß und gut lesbar sein, um in einem schnell scrollenden Feed hervorzustechen. Pinterest-Nutzende suchen nach Inspiration und Ideen, daher sollte der Content ästhetisch und informativ sein. Hochformat-Pins dominieren diese Plattform, da sie mehr Platz auf dem Bildschirm einnehmen und so die Aufmerksamkeit besser auf sich ziehen.
- **YouTube** unterscheidet sich deutlich von Instagram und Pinterest, da es sich um eine Plattform für längere Videoinhalte, sprich Longform Content, handelt. Nutzende kommen zu YouTube, um sich ausführliche Videos anzusehen, die oft länger als ein paar Minuten sind. Storytelling ist hier von großer Bedeutung. Auch die Optimierung für die YouTube-Suche durch angepasste Thumbnails, Videotitel, Beschreibungen und Tags ist wichtig, um ein größeres Publikum zu erreichen.

Zusammenfassend lässt sich sagen, dass die spezifischen Eigenschaften und Anforderungen jeder Plattform berücksichtigt werden müssen, um den Content effektiv anzupassen. Dies führt dazu, dass der Content als nativ empfunden wird und die Werbebotschaft weniger aufdringlich wirkt.

5.2 Auswertung & Dokumentation

In diesem Kapitel lernst du,

- warum du ab Sekunde Null die Resultate deiner Kommunikation erfassen und dokumentieren solltest.
- welche Parameter für dich relevant sein können und
- wie du diese auswertest.

Kontinuierliche Analyse und Anpassung
Abschließend ist die kontinuierliche Analyse und Anpassung deiner Maßnahmen von großer Bedeutung. Durch die ständige Überwachung der Leistungsindikatoren (Key Performance Indicators, KPIs) und das Sammeln von Feedback kann die Effektivität der Distribution kontinuierlich verbessert werden. So sammelst du mehr und mehr Daten, durch die du noch wissender wirst. Diese Dokumentation gilt für alle digitalen Kontaktpunkte, die du mit deinem Avatar, ergo Zielgruppe, hast.

Ein Beispiel: Du möchtest deine Sichtbarkeit als Personal Brand erhöhen und fokussierst dich auf YouTube als Plattform. Mit dem Avatar Hacking® hast du herausgefunden, wen du mit deinen Inhalten ansprechen möchtest und mit welchen Pain-Reliever- und Gain-Creator-Themen du einen Mehrwert liefern kannst. Als Ziel priorisiert du ein Abonnentenwachstum und eine lange Watchtime deiner Videos, da diese beiden Zielgrößen für organisches Wachstum auf YouTube am wichtigsten sind. Stelle dir vor, du produzierst in der Woche drei Videos und pro Video thematisiert du einen spezifischen Schmerzpunkt aus deiner Avatar-Elements-Tabelle. Du gestaltest zu deinen Videos drei zugehörige Thumbnails – kleine Vorschaubilder, die als eine Art Miniaturansicht für Medieninhalte dienen –, die sich hinsichtlich deines Versprechens, was man durch das Video lernt (respektive Pain Reliever oder Gain Creator), unterscheiden. Du veröffentlichst die Videos zur gleichen Zeit und erfasst in deiner Deepdive-Tabelle in einer eigenen Spalte die Watchtime und den Zuwachs an Abonnierenden hinter dem kommunizierten Pain Reliever oder Gain Creator. Diesen Prozess wiederholst du und dokumentierst fleißig die Entwicklung deines YouTube-Accounts. Mit der Zeit wirst du Muster erkennen und lernen, welche Inhalte mit deinem Avatar besonders resonieren.

Das Dokumentieren von Resultaten ist elementar – ob für den Aufbau einer organischen Präsenz oder bezahlte Werbeanzeigen. Kampagnen mit entsprechendem Budget bringen natürlich viel mehr und viel schneller Daten hervor, aus denen du schlauer wirst. Möchtest du organisch wachsen, ist es aber nicht minder wichtig, in deiner Tabelle festzuhalten, was funktioniert und was nicht.

Die Frage, die du dir stellen musst: Erfordern die Ergebnisse eine Iteration eines Content Pieces – weil zum Beispiel der Aufhänger zu Beginn nicht aufmerksamkeitserregend ist oder im mittleren Teil plötzlich viele Userinnen abspringen – oder ist das Thema entgegen deiner Annahme nicht relevant für deinen Avatar? In dem Fall kann dies eine strategische Neuausrichtung oder Entscheidung mit sich tragen, die beispielsweise auch deine Positionierung im Markt betreffen kann.

Im Folgenden geben wir dir Hilfestellungen zur Analyse deiner digitalen Maßnahmen zur Zielgruppenkommunikation. Dabei unterscheiden wir zwischen Organic Media und Paid Media. Nicht möglich und auch nicht Ziel des Buches ist es, hier alle Parameter und Plattformen zu berücksichtigen. Daher brechen wir sie auf die wichtigsten und gängigsten herunter.

5.2.1 Paid Media – Auswertung, Dokumentation & Iteration

In der dynamischen Welt des Onlinemarketings ist es entscheidend, dass du die Leistung deiner Werbeanzeigen nicht nur verstehst, sondern auch effektiv analysierst und optimierst. Dieses Kapitel ist für dich relevant, egal ob du neu im Bereich des Media Buying bist oder bereits Erfahrung hast. Unser Schwerpunkt liegt auf der Analyse von Werbeanzeigen, einem Schlüsselelement, um die Effektivität deiner Marketingstrategien zu bewerten und zu verbessern.

Stelle dir vor, du hast eine Werbekampagne gestartet. Kreative Inhalte sind entwickelt und auf verschiedenen Plattformen geschaltet. Aber wie kannst du sicher sein, dass deine Anzeigen wirklich wirken? Hier spielt die Analyse eine entscheidende Rolle. Durch das Sammeln und Auswerten von Daten kannst du nicht nur den Erfolg deiner aktuellen Kampagne messen, sondern auch wertvolle Erkenntnisse für zukünftige Projekte gewinnen. Ein wesentlicher Bestandteil dieser Analyse ist das **Benchmarking**. Dabei vergleichst du die Leistung deiner Anzeigen mit einem vorher festgelegten Standard – dem Benchmark. Dieser kann auf deinen eigenen historischen Daten oder auf Branchendurchschnitten basieren, falls du noch keine eigenen Daten hast.

Benchmark

Ein Benchmark dient als Vergleichsmaßstab (= Bezugswert oder Bezugsprozess), um zu beurteilen, ob deine Anzeigen über- oder unterdurchschnittlich abschneiden.

In diesem Kapitel werden wir uns verschiedene Parameter ansehen, die für die Analyse von Paid Media wichtig sind. Dazu gehören beispielsweise die Thumb-Stop Ratio, die Click-Through Rate oder der Return on Ad Spend.

Wir haben uns für Werbeanzeigen als Beispiel entschieden, weil sie die Resultate deines Avatar Hacking® und deiner Avatar Elements in unmittelbarer Form zeigen und in kreative Anzeigen übersetzen. Deine Werbeanzeigen sind das direkte Produkt deiner strategischen Planung und kreativen Umsetzung. Sie reflektieren, wie gut du deine Zielgruppe verstanden und angesprochen hast. Die Analyse dieser Anzeigen gibt dir somit direktes Feedback darüber, wie effektiv deine Botschaften und kreativen Ansätze sind. Wir werden auch verschiedene Szenarien durchspielen, um zu zeigen, wie du auf Basis deiner Analyseergebnisse handeln kannst. Ob deine Kampagne nun Conversions generiert oder nicht: Die Daten geben dir wertvolle Einblicke, wie du deine Strategie anpassen und optimieren kannst.

Ziel dieses Kapitels ist es, dir ein tiefes Verständnis dafür zu vermitteln, wie wichtig die Analyse und das Benchmarking von Werbeanzeigen sind. Du wirst lernen, wie du deine Daten interpretieren und nutzen kannst, um deine Marketingstrategien kontinuierlich zu verbessern. So wird die Analyse deiner Kampagnen zu einem routinemäßigen und unverzichtbaren Teil deines Marketingprozesses.

Um deine Daten richtig zu verstehen und eine valide Entscheidungsgrundlage zu schaffen, ist es notwendig, von Anfang an dein Angle Testing zu dokumentieren.

Angle Testing

Angle Testing ist ein Prozess im digitalen Marketing, bei dem verschiedene Ansätze oder »Winkel« (Angles) in deinen Werbekampagnen getestet werden. Diese Winkel können unterschiedliche kreative Elemente, Botschaften oder Zielgruppenansprachen sein. Ziel ist es herauszufinden, welche dieser Ansätze am effektivsten sind, um deine Zielgruppe zu erreichen und die gewünschten Reaktionen wie Klicks oder Käufe zu erzielen.

Die Dokumentation dieses Prozesses ist entscheidend, um deine Daten richtig zu verstehen und eine fundierte Entscheidungsgrundlage zu schaffen. Stelle dir vor, du führst ein wissenschaftliches Experiment durch. Ohne genaue Aufzeichnungen über deine Vorgehensweise, die verwendeten Materialien und die beobachteten Ergebnisse wäre es fast unmöglich, zuverlässige Schlussfolgerungen zu ziehen oder das Experiment zu einem späteren Zeitpunkt zu wiederholen. Genauso ist es beim Angle Testing. Indem du von Anfang an festhältst, welche Ansätze du verwendest, wie du sie umsetzt und welche Ergebnisse sie erzielen, schaffst du eine wertvolle Datenbasis. Diese Daten ermöglichen es dir nicht nur, den Erfolg deiner aktuellen Kampagnen zu bewerten, sondern auch zukünftige Kampagnen auf Basis bewährter Strategien zu planen. Du kannst erkennen, welche Elemente deiner Werbeanzeigen besonders gut funktionieren und welche weniger erfolgreich sind. Diese Erkenntnisse sind entscheidend, um deine Werbestrategien kontinuierlich zu verbessern und anzupassen.

Kompakt

Die Dokumentation deines Angle Testing ist quasi wie das Führen eines detaillierten Tagebuchs deiner Werbekampagnen. Es ermöglicht dir, aus deinen Erfahrungen zu lernen, deine Strategien zu verfeinern und letztendlich effektivere und zielgerichtetere Werbung zu schalten.

Um im Werbeanzeigenmanager stets den Überblick zu behalten, bieten wir auch hier eine Avatar-Hacking®-spezifische Nomenklatur an. Dadurch, dass wir diese Struktur einheitlich gestalten, hilft sie auch, wenn im Media Buying beispielsweise krankheitsbedingt ein Account übernommen werden muss. So kann sich auch eine Person, die mit dem Inhalt nicht vertraut ist, im Anzeigenmanager leicht zurechtfinden. Im Folgenden erklären wir dir unsere Naming-Struktur am Beispiel von Meta. Die einzelnen Plattformen haben unterschiedliche Bedürfnisse und auch du kannst natürlich von unserer Struktur abweichen, solange du dich stets stringent an deine hältst. Egal wie du dich entscheidest, solltest du auch hier wieder sehr akribisch bei der Benamung vorgehen.

Im ersten Schritt benennen wir die Kampagne. Hier sind bereits viele wichtige Informationen wie die Funnelstufe, das Kampagnenziel sowie der zu testende Angle enthalten:

JahrMonat_Funnelstufe_Kampagnenziel_Angle_XX_Testing (oder Angle_XX_Winner).

Für deine Top-of-Funnel-Kampagne im Februar 2024, die auf Website Conversions abzielt und deren Angle »Fakten« sind, würde das ganze beispielsweise so aussehen: 2402_ToFu_WC_CBO_Facts.

Auf Adset-Ebene geht es dann vor allem darum, welcher Zielgruppe die Anzeige ausgespielt werden soll: Angle_Zielgruppe_Ort_Gender_Alter_Placement_Attribution.

Für ein Adset, das einen faktenbasierten Inhalt an eine an ethischer Mode interessierte, 18 bis 65 Jahre alte, weibliche Zielgruppe in Deutschland und Österreich mittels Feed und Story Platzierungen ausspielt und ein siebentägiges Trackingfenster für die Attribution der Klicks nutzt, würde es dann so aussehen: »Interests Ethical Fashion_DE/AT_w_18-65+_Feed+Story_Valentinstag_7/0«.

Die Anzeige benennst du entsprechend des Creative Namings aus Kapitel 4.2.

So viel zur Struktur für die Übersicht deines Angle Testing. Die inhaltlichen Ideen und Ansätze hierfür hast du mit deiner Avatar-Elements-Tabelle erarbeitet und in der Creation-Phase mithilfe der Storytelling Angles ausformuliert. Eine beispielhafte Struktur für ein Angle Testing zeigt dir folgende Abbildung.

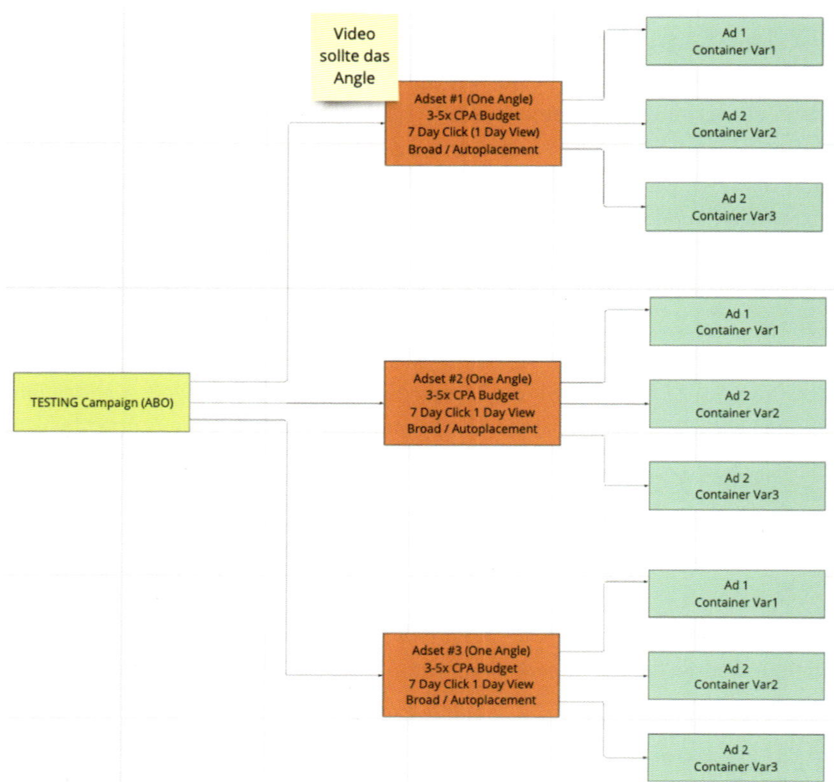

Abb. 45: Systematischer Aufbau eines Angle Testing (Beispiel)

Die Kampagnen haben die Lernphase verlassen und pro Creative sind mindestens 1.000 Impressionen zu verzeichnen. Wie gehst du nun bei der Analyse vor?

Du brauchst einen Maßstab zum Vergleichen und zum Bewerten. Das ist dein Benchmark. Für die Analyse empfehlen wir, pro bespielter Plattform einen Benchmark, sprich einen Durchschnittswert aus deinen Metriken, aus dem letzten halben Jahr deiner Werbemaßnahmen zu schaffen. Falls du noch keine Datenhistorie besitzt, ist das kein Problem und du kannst recherchieren, wo in deiner Branche der (durchschnittliche) Benchmark liegt. Allerdings solltest du beachten, dass weitere externe Faktoren wie Saisonalitäten und Kampagnenzielart enormen Einfluss auf die Performance, respektive die Benchmark-Zahlen haben können. Deswegen ist es ratsam, bereits nach zwei Wochen Kampagnenschaltung deinen ersten eigenen Benchmark zu bilden und nach Möglichkeit direkt zu Beginn mit Tagesbudgets zu arbeiten, über die schnell Insights generiert werden können. Bedenke: Ab 1.000 Impressions kannst du von validen Ergebnissen mit Blick auf deine Werbeanzeige sprechen. Beachte auch, dass je nach Ziel, Plattform und Produkt andere Parameter für dich wichtig sein können.

Einige wichtige Parameter, die wir uns im Bereich Paid Media häufig ansehen, haben wir in folgender Tabelle aufgelistet.

Parameter	Berechnung
Thumb-Stop Ratio (TSR)	Prozentsatz der Nutzenden, die für die Anzeige stoppen oder verweilen (Stopps oder Verweilungen/Impressions * 100).
Impressions	Anzahl, wie häufig eine Anzeige angezeigt wurde
Reach	Anzahl der eindeutigen Personen, die die Anzeige gesehen haben
Frequency	Durchschnittliche Anzahl, wie oft die Anzeige pro Person gesehen wurde (Impressions/Reach)
Engagement Rate	Verhältnis der Interaktionen zur Gesamtzahl der Impressionen (Likes, Kommentare, Shares/Impressions)
Click-Through Rate (CTR)	Prozentsatz der Nutzenden, die auf eine Anzeige klicken (Klicks/Impressions * 100)
Cost Per Click (CPC)	Durchschnittliche Kosten pro Klick (Gesamtausgaben/Klicks)
Conversion Rate	Prozentsatz der Nutzenden, die eine gewünschte Aktion nach dem Klicken durchführen (Conversions/Klicks * 100)
Cost Per Conversion	Durchschnittliche Kosten für jede Umwandlung (Gesamtausgaben/Conversions)
Return on Ad Spend (ROAS)	Verhältnis des generierten Umsatzes zu den Werbeausgaben (Umsatz aus Werbung/Werbeausgaben)

Das Benchmarking sollte auf zwei Pfeilern aufgebaut sein:

- ein Benchmark aus den Datensätzen des gesamten Accounts aus den letzten sechs Monaten,
- eine Unterscheidung innerhalb des Benchmarking zwischen den Ergebnissen aus den unterschiedlichen Kampagnenzielen (Benchmark auf Kampagnenebene).

Für eine Conversion-Kampagne, die die Generierung von Verkäufen zum Ziel hat, könntest du aus den folgenden Parametern einen Benchmark bilden:

- CPM (Cost Per Mille) steht für die Kosten pro Tausend Impressionen.
- CPC (Cost Per Click) bezeichnet die Kosten, die entstehen, wenn jemand auf eine Werbeanzeige klickt.
- CTR Link Click (Click-Through Rate for Link Clicks) ist der Prozentsatz von Klicks auf einen spezifischen Link in einer Werbeanzeige oder einen Inhalt im Verhältnis zur Gesamtzahl der Impressionen. Er misst, wie effektiv eine Anzeige darin ist, Nutzende dazu zu bringen, auf den bereitgestellten Link zu klicken.
- CTR All (Click-Through Rate All) ist die allgemeine Klickrate, die den Prozentsatz aller Klicks auf eine Anzeige im Verhältnis zur Gesamtzahl der Impressionen misst. Dies schließt alle Arten von Interaktionen ein: Klicks auf einen Link sowie weitere Aktionen wie das Klicken auf ein Profilbild oder einen Namen.

- CPA (Cost Per Acquisition) bezieht sich auf die Kosten, die entstehen, um eine bestimmte Aktion oder Konversion zu erreichen, zum Beispiel einen Verkauf, eine Anmeldung oder einen Download. CPA ist ein wichtiger Indikator dafür, wie effektiv eine Werbekampagne in Bezug auf die Erzielung konkreter Geschäftsergebnisse ist.

In der Conversion-Analyse gehst du stets Bottom-up vor, das heißt, du schaust dir zuerst die Hard Conversions (letzter Schritt im Funnel/am schwierigsten zu erreichende Conversion) an. Im E-Commerce wäre die Bottom-up-Vorgehensweise: Conversion (Kauf), Initiate Check-out, AddToCart, View Content. Im Lead-Gen-Bereich wäre es Lead, View Content.

Szenario 1: Hard Conversion liegt vor

In diesem Beispiel generiert deine Kampagne Hard Conversions, ergo Verkäufe oder Abschlüsse (oder Leads). Um den Erfolg deiner Werbeanzeigen aus der Creation-Phase richtig evaluieren zu können, muss das Benchmarking aus der gesamten Laufzeit und aus den letzten sechs Monaten in Betracht gezogen werden.

- Liegt der Conversion-Wert unter dem Benchmark, handelt es sich bei dem Creative um ein Winner Creative.
- Liegt der Conversion-Wert über dem Benchmark, kann optimiert werden. Im nächsten Schritt sind die Soft Conversions in Betracht zu ziehen, also CPM, CPC, CTR Link Click, CTR All.
- Liegen die Werte über dem Benchmarking aus der gesamten Laufzeit und aus den letzten sechs Monaten, dann solltest du das Creative ausschalten.
- Liegen die Werte unter dem Benchmarking aus der gesamten Laufzeit und aus den letzten sechs Monaten, dann solltest du das Creative optimieren.

Dabei sind die CTR-Werte, TSR und View Rates extrem wichtig. Sie zeigen dir, wie stark das Creative die Aufmerksamkeit der eingestellten Zielgruppe erlangt (TSR), wie viele Menschen zu welcher Sekunde des Videos gelangen (VR 25 %–95 %) und ob die eingestellte Zielgruppe (CTR) die richtige ist. Wenn die CTR-Werte schlecht sind, könnte dies ein Anzeichen dafür sein, dass Kernbotschaften der Creatives und der eingestellten Zielgruppe nicht miteinander konform gehen.

Szenario 2: Hard Conversion liegt nicht vor

Dieses Szenario trifft auf dich zu, wenn die Kampagne keinen Sale oder Lead generiert hat. Um das Creative zu analysieren, musst du in der Bottom-up-Logik einen Schritt weiter in der Analyse gehen. Im E-Commerce würdest du dir somit den Schritt »Initiate Check-out« anschauen. Zudem sind die Soft Conversions in Betracht zu ziehen, die wir zu Beginn des Kapitels unter den Parametern einer Conversion-Kampagne aufgeführt haben, also CPM, CPC, CTR Link Click, CTR All, TSR.

Sind die Informationen aus Initiate Check-out nicht ausreichend, muss noch ein Schritt vorher im Funnel analysiert werden. Du schaust dir in dem Fall »AddToCart« und/oder »ViewContent« an – also vorgelagerte Parameter, die der auf deinem Webshop installierte Pixel erfasst und an den Werbeanzeigenmanager zurückspiegelt. So siehst du, wie viele Personen ihrem Warenkorb Produkte hinzugefügt haben und kannst in der Bottom-up-Logik für jeden weiteren vorgelagerten Schritt im Funnel nachvollziehen, wie hoch die Absprungrate zwischen den Schritten ist. In unserem Beispiel: Wie viele Personen haben sich mit deinem Produkt in dem Webshop auseinandergesetzt (ViewContent) und wie viele davon haben ein Produkt dem Warenkorb hinzugefügt (AddToCart)? Alle Parameter, die nicht mehr auf der Social-Media-Plattform, sondern im Webshop stattfinden, geben dir vor allem Aufschluss darüber, wie gut das Erwartungsmanagement deines Werbecreatives ist: Erfüllst du die Erwartung der Userin, die durch die Werbeanzeige geschürt wurde und knüpfst du an diese mit deinem Storytelling und Angebot im Webshop an?

Szenario 3: Es liegt keine Hard oder Soft Conversion vor
In diesem Szenario hast du keinerlei Resultate in deinem Webshop erzielt. Daher müssen die Parameter genauer unter die Lupe genommen werden, die auf der jeweiligen Social-Media-Plattform getrackt werden, in unserem Beispiel CPM, CPC, CTR Link Click, CTR All und TSR.

Was bedeutet das Ganze für deine Creatives?

- Bei statischem Inhalt musst du dich auf die KPIs CTR All und CTR Link konzentrieren. Sie geben dir wesentlich vor, ob deine Werbebotschaften funktionieren.
- Bei Bewegtbild sind es die Werte TSR, VR 25 % (wie viele Leute schauen sich 25 % des Videos an?), VR 50 %, VR 75 % und VR 95 %. Hier erfährst du deutlich mehr. Auch ein Grund, warum sich Bewegtbild-Inhalte immer größerer Beliebtheit freuen: Sie geben mehr Aufschluss über die Wirksamkeit deiner Kommunikation mit deiner Zielgruppe. Die TSR gibt dir Aufschluss darüber, ob die Werbebotschaften in den ersten drei Sekunden die Aufmerksamkeit des Avatars weckt, eine VR 25 % bis VR 50 % lässt darauf schließen, ob deine Story gut und verständlich ist und die VR 75 % bis VR 95 %, ob dein Angebot richtig verpackt und konsumiert wird.

Abbildung 46 zeigt eine beispielhafte Übersicht zur Einordnung deiner ViewRate, um zu beurteilen, was gute und schlechte Performance ist.

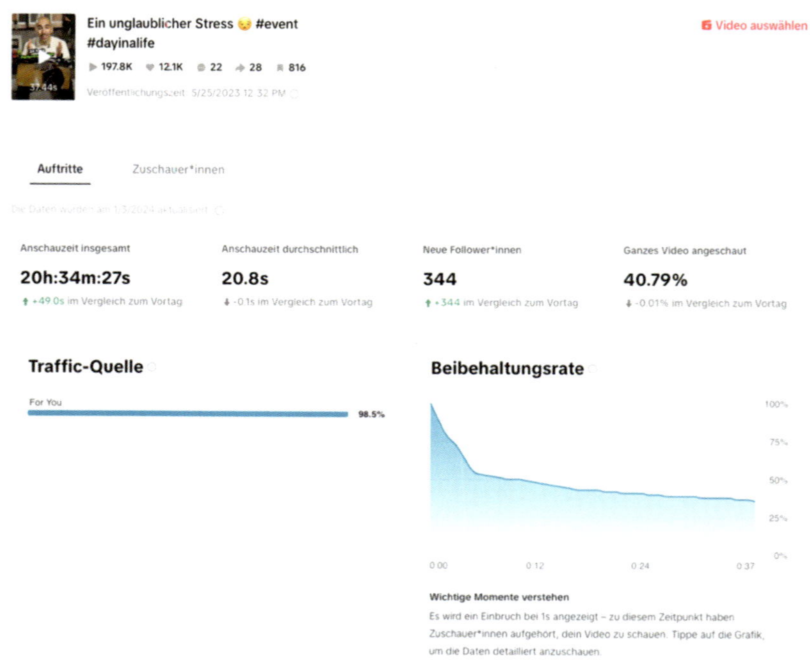

Abb. 46: ViewRate (Beispiel)

Die vorgestellten Parameter befinden sich also alle an einem festen Platz innerhalb der Chronologie der Customer Journey. Es wird sich anfangs wie Sisyphosarbeit anfühlen (und es auch sein), aber das geht schnell immer routinierter vonstatten und die Analyse deiner Kampagnen wird so selbstverständlich wie das tägliche Zähneputzen.

Was bedeutet:

1. Analysiere deine Daten im Anzeigenmanager jeden Tag! Schaue dir täglich deine Werbeanzeigen an – allein schon, um frühzeitig festzustellen, ob ein Bug vorliegt oder Werbeanzeigen nicht ausgestrahlt werden. So kontrollierst du stets, ob alles nach Plan verläuft.
2. Nimm alle drei Tage Änderungen vor und erstelle neue Briefings.
3. Schau dir alle drei Tage an, wie gut deine Werbeanzeigen funktionieren. Gehe dabei wie oben beschrieben vor. Solltest du länger als drei Tage Anzeigen schalten, so schaue dir immer Anzeigen, AdSets oder Kampagnen in diesen Perioden an:
   - alle 14 Tage,
   - alle 7 Tage,
   - alle 3 Tage.

So erkennst du einen Verlauf deiner Werbeanzeigen und bekommst ein Gefühl, ob Creatives »übersättigen«, also keine Relevanz mehr in deiner Zielgruppe finden. Indizien für eine Übersättigung findest du, wenn die Daten schlechter werden. Dann solltest du neue Briefings für die Creation-Phase schreiben. In jedem Fall empfiehlt es sich, dass du immer einen Backlog an gebrieften, finalen Werbeanzeigen hast, welche du an diesem Tag austauschen kannst. Solltest du keine gebrieften Werbeanzeigen in deinem Projektmanagement-Backlog haben, musst du neue Briefings für dein Creative-Team stellen.

Die Analyse von Creatives ist nicht das Ende der Fahnenstange, sondern ein Beispiel dafür, wie du die Annahmen deines Avatar Hacking® – ausgedrückt durch die in der Creation-Phase konzipierten Werbeanzeigen – überprüfen und analysieren kannst. Wie du in Kapitel 4.1 gelernt hast, unterstützt dich das Avatar Hacking® in der Konzeption und Umsetzung unterschiedlichster Kommunikationsmittel, zum Beispiel Texte für Websites und Blogbeiträge oder E-Mail-Newsletter. Wir wollen bei der Analyse somit keinesfalls das Ende der Customer Journey, sprich den Shop oder deine Landingpages, außer Acht lassen. Werbeanzeigen und Landingpages sind miteinander verheiratet. Diese Ehe solltest du dir stets anschauen und analysieren. Wie funktionieren deine Werbeanzeigen? Wie verhält sich der User, nachdem er auf deine Webseite klickt? Wird deine Webseite konsumiert oder bounct er direkt (bounce=Verlassen der Webseite innerhalb von drei Sekunden)? Wie lange verbleibt eine Userin auf deiner Seite (Session Time)? Und ganz wichtig: Wie erfolgen die weiteren Schritte im Funnel?

Den ganzheitlichen Funnel kannst du dir nur anschauen, wenn du dir alle Daten anschaust. Solltest du beispielsweise über Klaviyo, Mailchimp oder ActiveCampaign Leads sammeln, so solltest du dir für die letzten sieben Tage anschauen, wie viele bestätigte DOI-Empfänger (Double Opt-In) du erhalten hast, ob die dahinter liegende Automatisierung funktioniert und wie der Nutzer die E-Mails konsumiert. Wichtig: Die Betreffzeilen sind ähnlich wie Hooks und auch die solltest du variieren und testen.

Relevant ist, dass du dir vor dem Testen von Botschaften, Text-, Video- oder Bildelementen (bspw. above the fold, sprich im oberen, sichtbaren Teil der Seite) den Status quo der Daten in einer Tabelle notierst. Hier könntest du dir beispielsweise Parameter wie die Average Session Time und Bounce Rate vermerken. Der Status quo bezieht sich auf die aktuellen Leistungsdaten deiner Website oder Werbekampagne, bevor du Änderungen vornimmst. Indem du diese Ausgangsdaten festhältst, schaffst du eine Basislinie, gegen die du die Ergebnisse deiner Tests vergleichen kannst.

Ein Beispiel: Wenn du das Design oder den Inhalt deiner Website änderst, möchtest du wissen, ob diese Änderungen zu einer Verbesserung oder Verschlechterung der Nutzerinteraktion führen. Einige wichtige Parameter, die du in deiner Tabelle notieren solltest, sind die durchschnittliche Sitzungsdauer (Average Session Time) und die

Absprungrate (Bounce Rate). Die durchschnittliche Sitzungsdauer gibt an, wie lange Besucher im Durchschnitt auf deiner Website verweilen. Eine längere Sitzungsdauer kann ein Indikator für ein höheres Engagement und Interesse an deinem Inhalt sein. Die Absprungrate hingegen zeigt den Prozentsatz der Besuchenden, die deine Website verlassen, ohne eine Aktion durchzuführen, zum Beispiel eine weitere Seite anzuklicken. Eine hohe Absprungrate kann darauf hinweisen, dass deine Website nicht den Erwartungen oder Bedürfnissen der Besuchenden entspricht.

Durch das Festhalten dieser Daten vor dem Beginn deiner Tests kannst du nach der Implementierung deiner Änderungen genau beurteilen, ob und wie sich diese Kennzahlen verändert haben. Dies ermöglicht dir, fundierte Entscheidungen darüber zu treffen, welche Elemente beibehalten, angepasst oder entfernt werden sollten, um die Leistung deiner Website oder Kampagne zu optimieren.

Zusammengefasst: Das Dokumentieren des Status quo vor dem Testen ist ein kritischer Schritt, um den Erfolg deiner Bemühungen messbar und nachvollziehbar zu machen. Es ermöglicht dir, die Wirksamkeit deiner Änderungen zu bewerten und kontinuierliche Verbesserungen in deinen Marketingstrategien vorzunehmen. Mit diesem proaktiven Ansatz bist du gut aufgestellt, um deine Onlinepräsenz und Werbeeffektivität stetig zu verbessern.

5.2.2 Organic Media – Auswertung, Dokumentation & Iteration

In der Welt der Social Media bietet organisches Wachstum eine einzigartige und kostengünstige Möglichkeit, um mit deinem Avatar in Kontakt zu treten und eine Gemeinschaft um deine Marke zu schaffen. Im Gegensatz zu Paid Media, wo du für Sichtbarkeit bezahlst, basiert organisches Wachstum auf echter Interaktion und Engagement. Die kontinuierliche Analyse und Anpassung deiner organischen Social-Media-Maßnahmen sind entscheidend, um deinen digitalen Fußabdruck auszubauen und zu verstärken. In diesem Kapitel werden wir die wichtigsten Aspekte betrachten, die du bei der Analyse deiner organischen Social-Media-Aktivitäten beachten solltest.

Zu Beginn ist es wichtig, deine Ziele klar zu definieren. Was möchtest du mit deinen organischen Maßnahmen erreichen? Möchtest du die Markenbekanntheit steigern, eine Community aufbauen, das Engagement erhöhen oder Leads generieren? Deine Ziele bestimmen, welche Metriken und KPIs du im Auge behalten solltest. Zum Beispiel können für Markenbekanntheit Impressions und Reichweite relevante KPIs sein, während für das Community-Building die Anzahl der Interaktionen und das Engagement aussagekräftiger sind.

Vanity Metrics vs. Actionable Metrics
Sobald die Ziele festgelegt sind, ist es wichtig, die richtigen Metriken zu betrachten. **Vanity Metrics** (engl. vanity, Eitelkeit) sind Daten, die auf den ersten Blick beeindruckend erscheinen können, aber eigentlich wenig oder keine Aussagekraft über die tatsächliche Leistung oder den Erfolg einer Kampagne, eines Produkts oder eines Unternehmens haben. Diese Metriken können beispielsweise die Anzahl der Follower auf Social Media, Seitenaufrufe, Downloads oder andere oberflächliche Messwerte umfassen. Der Grund, warum sie als Eitelkeitsmetriken bezeichnet werden, liegt darin, dass sie oft mehr über das Aussehen als über die Substanz aussagen. Sie können irreführend sein, weil sie nicht unbedingt mit wichtigeren Geschäftszielen wie Umsatzsteigerung, Kundenbindung oder Rentabilität korrelieren. Zum Beispiel kann ein Unternehmen viele Followerinnen auf Social Media haben – aber diese hohe Zahl bedeutet nicht unbedingt, dass es auch einen hohen Umsatz oder eine starke Kundenbindung hat.

Im Gegensatz dazu stehen die **Actionable Metrics**, also aussagekräftige Metriken, die konkrete Einblicke in die Leistung und das Verhalten der Nutzenden bieten und auf die du mit spezifischen Maßnahmen reagieren kannst. Diese Metriken sind in der Regel enger mit den tatsächlichen Geschäftszielen verknüpft und bieten wertvolle Informationen für strategische Entscheidungen.

Gerade bei organischen Maßnahmen solltest du also nicht nur auf Vanity Metrics wie Likes und Followerzahlen achten, sondern auch auf tiefere Insights wie Engagement-Raten, Kommentare, Shares und die Qualität der Interaktionen. Diese Metriken geben dir Aufschluss darüber, wie gut deine Inhalte bei deiner Zielgruppe ankommen und welche Art von Content die beste Performance hat.

Ein kritischer Aspekt der Analyse ist das Verstehen des Contents selbst. Welche Themen und Formate funktionieren gut? Beginne damit, deine bisherigen Inhalte zu kategorisieren. Welche Themen hast du behandelt? Welche Formate hast du verwendet (z. B. Videos, Blogbeiträge, Infografiken)? Analysiere dann, welche Kategorien die meisten Interaktionen (Likes, Kommentare, Shares) erhalten haben. Gibt es bestimmte Zeiten oder Tage, an denen deine Beiträge besser performen? Durch das Beobachten und Analysieren deiner Content-Performance kannst du Muster erkennen und deinen Contentkalender entsprechend anpassen. Die Community-Interaktion ist ebenso wichtig. Achte darauf, wie deine Community auf verschiedene Arten von Beiträgen reagiert. Welche Fragen stellen sie? Auf welche Beiträge reagieren sie am stärksten? Ein aktives Zuhören und die Interaktion mit deiner Community können dir wertvolle Einblicke in ihre Bedürfnisse und Präferenzen geben, die du nutzen kannst, um deine Contentstrategie weiter zu verfeinern. Plane also neben der Creation des Contents und dem Posten entsprechende Zeit für die Interaktionen und Analyse ebendieser ein. Zudem solltest du den Einfluss deiner organischen Aktivitäten auf die Customer Journey verstehen. Wie trägt dein organischer Content – alle Inhalte, die du auf sozialen Medien oder deiner Website veröffentlichst, ohne dafür zu bezahlen – dazu bei, deine Kundschaft durch den Funnel zu führen? Analysiere den Weg, den sie von der ersten Interaktion mit deinem Content bis zur Conversion nimmt. Dies kann dir helfen, den Content zu identifizieren, der tatsächlich zur Erreichung deiner Geschäftsziele beiträgt.

Schließlich ist die kontinuierliche Optimierung und Anpassung deiner Strategie entscheidend. Die Welt der sozialen Medien ist dynamisch und ständig im Wandel. Was heute funktioniert, könnte morgen schon weniger effektiv sein. Sei also bereit, deine Strategie regelmäßig zu überdenken und anzupassen, basierend auf den neuesten Daten und Trends. Nutze auch im organischen Aufbau deiner Präsenz klar abgrenzbare A/B-Tests, um verschiedene Ansätze auszuprobieren und herauszufinden, was am besten funktioniert. Vergiss auch hier nicht, deine Erkenntnisse im Deepdive-Dokument zu notieren und immer wieder rückschauend zu verstehen, was du bereits alles ausprobiert hast, was davon gefruchtet hat und was weniger.

Durch die Berücksichtigung dieser Aspekte und die stetige Anpassung deiner Strategie kannst du sicherstellen, dass deine organischen Social-Media-Maßnahmen effektiv sind und dazu beitragen, eine starke und engagierte Community um deine Marke herum aufzubauen. Auch für die organische Analyse haben wir ein paar Beispiele mitgebracht, die diesen Teil der Arbeit greifbarer machen.

Schauen wir uns organische TikToks an. Hier ist die Beibehaltungsrate sehr spannend, die die ersten drei Kontaktsekunden betrachtet. Die Beibehaltungsrate (Retention Rate) misst, wie gut ein Video oder ein Inhalt das Publikum über einen bestimmten Zeitraum hinweg halten kann. Sie zeigt dir, wie viele Zuschauer dein Video nicht nur starten, sondern weiter anschauen. Denn wenn eine Userin die ersten drei Sekunden für spannend erachtet, wird der Algorithmus im nächsten Step dein TikTok auch einem größeren Publikum anzeigen. So entsteht die virale Reichweite, die wir uns alle auf einer Plattform wie TikTok wünschen. Bleibt ein Video unter 1.000 Views, ist das ein Zeichen, dass die ersten drei Sekunden nicht relevant (genug) sind. Die Watchtime ist ein wichtiger Faktor für den Algorithmus und Indikator, wie wertvoll der weitere Verlauf deines Videos ist. Je länger die Audience deine Videos anschauen, desto wertvoller ist der Inhalt für sie. Springen sie beispielsweise bereits bei der vierten Sekunde eines 15 Sekunden langen Videos ab, so ist dies ein deutliches dafür Indiz, dass der Inhalt vor Sekunde 4 geändert werden sollte. Andersherum kannst du gut funktioniere Elemente für neue Videos nutzen. Erkennst du beispielsweise ein besonderes Merkmal, das in der Zeit der Aufmerksamkeit gut performt, dann solltest du es auch für weitere Videos verwenden.

Plane stets deine nächsten Themen vor:

- bei gut funktionierenden Videos: Du hast die Möglichkeit, dasselbe Thema nochmals zu bespielen. Dabei kannst du die Geschichte aus einem anderen Blickwinkel erzählen und mit einem ähnlichen Hook starten. Zusätzlich hilft dir diese Information, welche weiteren Themen interessant sein können. Versuche das Thema weiter aufzudröseln.
- bei schlecht funktionierenden Videos: Solltest du erkennen, dass die Hook nicht gut war, teste dasselbe Video mit einer neuen Hook. Du hast dir so viel Arbeit gemacht, das Video zu produzieren. So sparst du Zeit und schickst einen neuen Test ins Rennen. Solltest du erkennen, dass das Video an sich eine gute Hook hat, aber die Beibehaltungsrate schlecht ist, kannst du dasselbe Video neu denken. Verwende dabei dieselbe Hook, aber ändere den Teil mit der schlechten Beibehaltungsrate ab.

Nutze das Avatar Hacking® Framework:

- Hake in deiner Avatar-Elements-Tabelle ab, welche Angles du aus den Customer Jobs, Gains und Pains für Hooks verwendet hast und erfasse deine Ergebnisse in einer separaten Excelliste mit der Erwähnung der genauen Kalenderwoche und was deine jeweilige Erkenntnis war. So läufst du nicht Gefahr, dass deine initiale Tabelle irgendwann zu unübersichtlich wirst und behältst durch die Aufteilung nach Kalenderwochen den Überblick.

PRODUCT & SERVICE

CUSTOMER JOBS

ELTERN

PRODUKT	CUSTOMER JOBS	PRIORITY	TESTING
I:on Pure	Eltern, die sich mit Fahrrädern auskennen	Mittel	Backlog
Icon Light	Hobby Fahrrad Fahrer	Niedrig	Backlog
I-on Urban	Schönwetter Fahrrad Fahrer	Niedrig	Backlog
	Urban City Eltern (In der Stadt lebend)	Hoch	Backlog
	Cycling Mom and Dads (sportlich bewusste Eltern)	Hoch	Backlog

GAINS

GAINS	PRIORITY	TESTING
Schönes cooles Fahrrad	Hoch	Backlog
Gute Qualität.	Dringend	Backlog
Sichtbarkeit für Kind und Strasse	Dringend	Backlog
Ein sicheres Fahrrad für mein Kind kaufen	Dringend	Backlog

GAIN CREATORS

GAIN CREATOR	PRIORITY	TESTING
Licht mit integrierter Batterie und mehr Leuchtstärke statt dickem Nabendynamo;	Dringend	Backlog
Stylisches Fahrrad	Hoch	Backlog
Cooles Fahrrad	Hoch	Backlog
Innovatives Fahrrad	Dringend	Backlog
Selbstwusstes Fahrradfahren	Mittel	Backlog

PAINS

PAINS	PRIORITY	TESTING
Markt wird dominiert von alten bekannten Playern, die nicht innovativ sind	Dringend	Backlog
Kind (Gemeinsam) soll das Fahrrad testen. Zeit Management	Mittel	Backlog
Kinderfahrräder sind teuer	Dringend	Backlog
Angebot ist groß, unübersichtlich was für mein Kind passt	Dringend	Backlog
Ist günstiger gut für mein Kind	Niedrig	Backlog

PAIN RELIEVERS

PAIN RELIEVER	PRIORITY	TESTING
Ich will mal was anderes ausprobieren als woom und andere alte Marken	Hoch	Backlog
Licht Akkus halten 12 Stunden (2 Schulwochen)	Dringend	Backlog
Stylisches Fahrrad	Hoch	Backlog
Cooles Fahrrad	Hoch	Backlog
Innovatives Fahrrad	Dringend	Backlog

Abb. 47: Avatar-Elements-Tabelle

Das Gleiche gilt auch bei organischen YouTube Shorts. Dies sind vertikale Videos mit einer Dauer von bis zu 60 Sekunden und die Antwort von YouTube auf TikToks und Reels. Spannend ist hier auch zu beobachten, inwieweit ein Content Piece zu einem Zuwachs an Abonnierenden geführt hat.

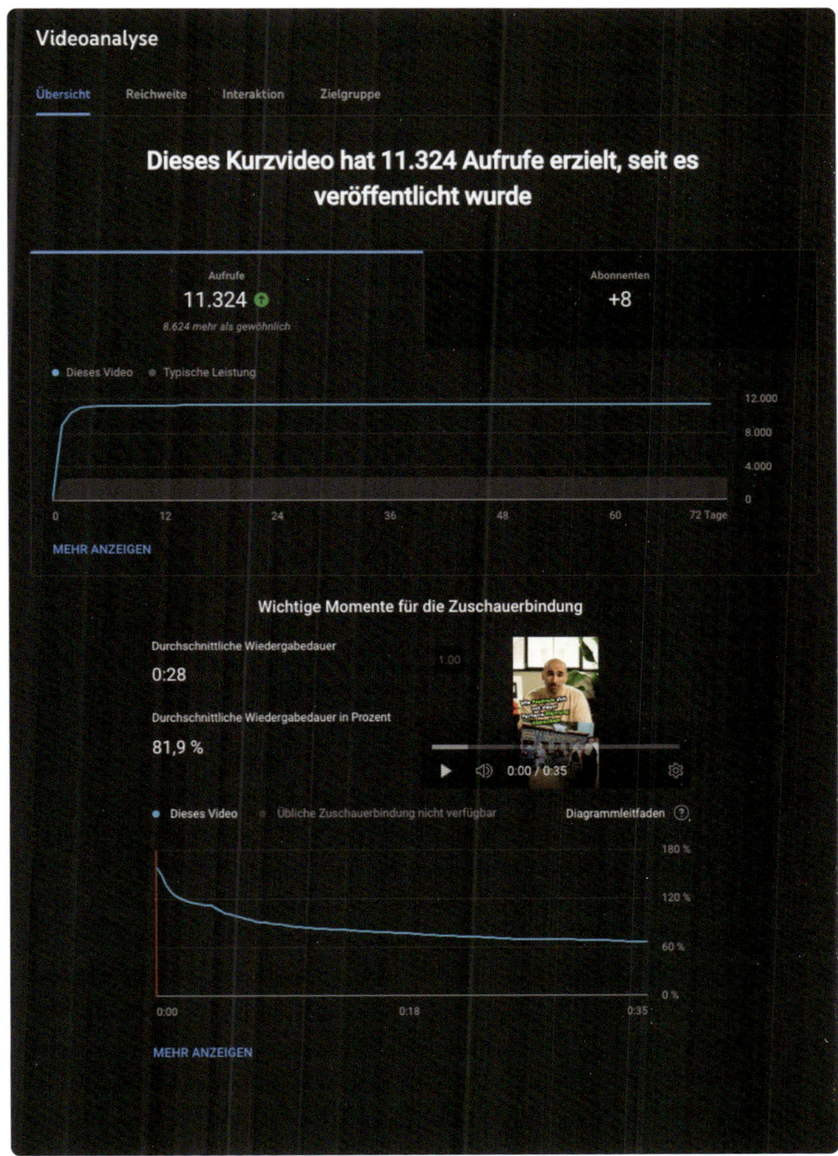

Abb. 48: Conversions Views: zu Abonnierenden

Auch für Instagram Reels kannst du dir in deinem Account Dashboard die Analyse zu deinen Reels ansehen. Solltest du unter 500 Views für dein Reel erhalten, ist es ein Anzeichen dafür, dass die Hook, also die Kernaussage, mit der du dein Video startest, die Zuschauenden nicht ausreichend interessiert. Sollte dein Angle, also dein Thema, in anderen Videos funktioniert haben, so wird es an der Länge, Betonung, dem Einstieg in den Satz oder ähnlichem liegen. Variiere diese kleinen Dinge und teste erneut.

5.3 Iteration – zurück ans Reisbrett: Creation oder Concept

Um es mit den Worten des amerikanischen Dotcom-Unternehmers und Autor des Bestsellers »This is Marketing!« Seth Godin zu sagen: »You win by trying. And failing. Test, try. Fail, measure, evolve, repeat, persist.«

Der Grundgedanke, dass es in der Commerce-Phase ums Geldverdienen geht, ist auf den ersten Blick nicht von der Hand zu weisen. Allerdings geht es neben der Kommerzialisierung vor allem um die Generierung neuer Daten, die die Concept- oder Creation-Phase mit neuen Erkenntnissen speisen. Denn jetzt geht es ans Testen. Stelle dich auf ungeschöntes Feedback ein. Hier wirst du beispielsweise bei einer Videoanzeige feststellen können, dass für das Thema »Hautgesundheit« im Zielgruppensegment »Junge Mütter« das Video mit einer Content-Kreatorin besser performt als eine aufwendige 3-D-Animation. Abzulesen ist dies beispielsweise an der Watchtime oder TSR. Diese Erkenntnis übernimmst du in die Creation und setzt fortan auf UGC statt auf CGI. Gerade Videos geben dir über Paramater wie die Watchtime sehr deutliche Information, bis wann etwas relevant für deine Zielgruppe ist und wann oder sogar wodurch das Interesse schwindet. Du solltest dich schon beim Liveschalten der Anzeige darauf einstellen, dass diese wahrscheinlich noch ein paar Runden in der Creation drehen wird. Hierbei macht es vor allem Sinn, im ersten Schritt Container zu testen, die mit wenig Aufwand erstellt werden können, beispielsweise durch den Austausch einer Avatar-Element-Kombination. Eventuell kann die Abfolge der Avatar Elements im Video auch durch einen Austausch einen Unterschied machen. Gain Creator vor anstatt nach Gain ist inhaltlich zwar ein identischer Container, kann vielleicht aber auch direkt die Variation sein, die deiner Kampagne zum Erfolg verhelfen.

Sollte die gesamte Performance der Kampagne zu wünschen übriglassen heißt es: zurück ans Reißbrett und von null anfangen. Haben sich neue Avatar Elements aus den Daten ergeben? Oder müssen alte einfach nur neu kombiniert werden? Lasse dich auf keinen Fall entmutigen. Marketing ist zu 90 Prozent ausprobieren und auf der Nase landen. Das Erfolgsmantra: Iterieren, iterieren, iterieren. Die Devise: Unbeirrt umsetzen. Wir wünschen dir zwar stets so wenig Iterationen wie möglich. Allerdings hat es erfahrungsgemäß mehr mit Glück zu tun, wenn du schnell auf Gold triffst. Allerdings kannst du natürlich durch einen erhöhten Output an Creatives und schnellere Iteration mehr testen und so deine Chance auf frühzeitigen Erfolg erhöhen.

Avatar Hacking

6 Avatar Hacking® in der Praxis

Nach einer ausgiebigen Portion Theorie, die für die Nutzung des Avatar Hacking® erforderlich ist, geht es nun in die konkrete Anwendung. Im Folgenden bekommst du einen Einblick über die Nutzung des Avatar Hacking® in der Marketingpraxis.

6.1 So bindest du das Avatar Hacking® in deinen Arbeitsalltag ein

Du nimmst an einem umfangreichen Tagesworkshop teil, hörst gebannt zu, schreibst fleißig mit und hast den einen oder anderen Aha-Moment – bis du zurück im (Home-) Office vor deinem Bildschirm sitzt und dich fragst, wie das Gelernte nachhaltig Einzug in deinen Arbeitsalltag halten soll. Diese Momente der Erleuchtung und Motivation sind kostbar, doch ohne eine klare Strategie zur Implementierung verpuffen sie oft in der Hektik des Alltags. Das Avatar Hacking® ist mehr als nur ein Werkzeugkasten voller Techniken. Es ist eine Denkweise, die in jeden Winkel deiner Arbeit Einzug halten muss, um wirklich transformative Ergebnisse zu erzielen.

Das Verständnis der Kernprinzipien des Avatar Hacking® ist der erste Schritt, um es in den Alltag zu integrieren. Es geht darum, Daten nicht nur zu sammeln, sondern sie zu verstehen und mit den Bedürfnissen und Wünschen der Zielgruppe zu verknüpfen.

Kompakt

Wir müssen lernen, in Daten Geschichten und in Geschichten Daten zu sehen – eine Fähigkeit, die Übung und Geduld erfordert.

Räume für Reflexion

Um diese Denkweise fest in der täglichen Routine zu verankern, beginne damit, Räume für regelmäßige Reflexion und Analyse zu schaffen. Starte deinen Tag mit einem kurzen Check-in, um die neuesten Daten deiner Kampagnen zu betrachten und neben deinem Arbeitsplatz ein Blatt Papier mit deinen Quartals- oder Jahreszielen vorliegen zu haben. Es geht nicht darum, dich in Zahlen zu verlieren, sondern darum, eine Geschichte zu erkennen und zu verstehen, was diese über deine Zielgruppe aussagt. Mache diese Praxis zu einem festen Bestandteil deines Tages oder deines Teams, ähnlich einer Morgenmeditation.

Kultur der Offenheit

Erfolgreiches Avatar Hacking® erfordert eine Kultur der Offenheit und des kontinuierlichen Lernens innerhalb des Teams. Fördere eine Umgebung, in der Fehler nicht nur toleriert, sondern als Gelegenheit zur Verbesserung gesehen werden. Teile deine Erkenntnisse mit Kollegen und ermutige sie, das Gleiche zu tun. Durch den Austausch und die Diskussion von Daten können neue Perspektiven und Ideen entstehen.

Reverse Engineering: greifbare Schritte statt abstrakte Ziele
Hier kommt der Ansatz des Reverse Engineerings von Zielen ins Spiel, bekannt gemacht durch Denker wie Tony Robbins. Die Idee ist, dass du, statt dich von der Größe oder Unzugänglichkeit deiner Ziele einschüchtern zu lassen, sie in kleinere, handhabbare Aktionsschritte unterteilst. Du definierst das Ziel und arbeitest dann rückwärts, indem du jede notwendige Aktion oder Fähigkeit identifizierst, die erforderlich ist, um dorthin zu gelangen. Dieser Ansatz wandelt große, abstrakte Ziele in eine Serie von kleinen, konkreten Aufgaben um, die täglich oder wöchentlich angegangen werden können. Es ist wie ein persönlicher Fahrplan zum Erfolg, der es leichter macht, Fortschritte zu sehen und dich motiviert zu halten.

Arbeitsweise flexibel optimieren
Schließlich musst du bereit sein, deine Arbeitsweise kontinuierlich anzupassen und zu verbessern. Avatar Hacking® ist kein statisches Konzept. Es entwickelt sich mit jedem neuen Datensatz, jeder neuen Technologie und jedem gewonnenen Einblick weiter. Bleibe neugierig und offen für Veränderungen, sei es durch die Einführung neuer Tools oder Techniken oder durch die Übernahme von Best Practices aus anderen Branchen und Disziplinen. Indem du dich selbst als lebenslang lernende Person verstehst, kannst du das Avatar Hacking® zu einem natürlichen und effektiven Bestandteil deines Arbeitsalltags machen.

Kompakt

Indem du Avatar Hacking® als Denk- und Arbeitsweise verinnerlichst und Ziele geschickt »reverse engineerst«, entfaltet sich das volle Potenzial dieser Methode. Es ist eine Reise, die Engagement, Neugier und eine offene Haltung erfordert. Die Belohnungen folgen in Form von tieferen Einblicken, stärkeren Kampagnen, deutlich zufriedenerer Kundschaft und eines florierenden Business.

6.2 Tools & Prozesse

In diesem Kapitel lernst du,

- was SOPs sind und warum du sie lieben wirst (und warum wir unsere SOPs mit dir teilen).
- wie weniger Meetings mehr bewirken.
- welche Tools du für deinen Daily Workflow benötigst.
- was wichtig ist, damit auch dein Team das Avatar Hacking® liebt.

Das Avatar Hacking® ist keine Methode, die einmal und dann nie wieder angewendet wird. Zu voller Potenzialentfaltung im Marketing kommt das Avatar Hacking® nur, wenn du es entlang konsequent definierter Prozesse und Workflows kontinuierlich umsetzt und weiterentwickelst. Ob im privaten Alltag oder in der Marketingpraxis: Zu großen Zielen gelangt man in der Regel in kleinen Stepps, die routiniert und fast schon natürlich gegangen werden. Somit erfordert es Übung und Kontinuität, damit das Avatar Hacking® zu einem selbstverständlichen, wiederkehrenden Instrument in einem zielgruppenorientierten Marketing implementiert wird. Die Methode profitiert, wie du im vorherigen Kapitel gelernt hast, vom Iterieren von Annahmen, von Learnings, von der Analyse von Best und Low Performern sowie der Variation kreativer Elemente.

SOP – Standard Operation Procedure

Daher sind wir Befürwortende klarer und eindeutiger Prozesse, den sogenannten Standard Operation Procedures (SOPs), die auch in wachsenden Teams dafür sorgen, dass Abläufe ohne redundante Rückfragen funktionieren und der Qualitätsanspruch an die Leistung eindeutig kommuniziert ist. SOPs sind von Unternehmen zu Unternehmen verschieden, je nach deren Ausgangslage sowie strategischer Ausrichtung. Aber immer müssen sie so geschrieben sein, dass sie verständlich und eindeutig sind. Unsere wichtigsten SOPs werden wir in diesem Kapitel mit dir teilen. Du kannst sie als Templates nutzen und auf die individuellen Vorgaben und Kontexte deiner Unternehmung anpassen und erweitern. Außerdem stellen wir Roadmaps und Timelines zur Vorbereitung, Durchführung und Nachbereitung des Avatar Hacking® für ein realistisches Zeit- und Ressourcenmanagement vor und geben einen Überblick, welche Verantwortungen und Rollen für eine optimale Integration des Avatar Hacking® in dein Team oder entsprechende Departments zugewiesen werden sollten und wie die ideale Kommunikation und Zusammenarbeit im Daily Business aussehen kann.

Auch wir haben unsere Learnings gebraucht, um das Avatar Hacking® nachhaltig und sinnvoll in unserer Agentur zu verankern und sind dabei einigen strukturellen Stolpersteinen begegnet, die wir dir nicht vorenthalten, damit du diese Fehler – oder zumindest einige von ihnen – vermeiden kannst.

Was sind SOPs?

In der heutigen Geschäftswelt sind klare Prozesse und effiziente Arbeitsabläufe entscheidend für den Erfolg eines jeden Unternehmens. Dabei spielen Standard Operating Procedures (SOPs) eine entscheidende Rolle, insbesondere wenn es darum geht, die Abläufe in Marketingteams zu optimieren und eine konsistente, hochwertige und zeitnahe Umsetzung von Kampagnen und Initiativen sicherzustellen. Interessanterweise haben SOPs ihre Wurzeln in einem ganz anderen Bereich: der Luftfahrt. Dort war und ist das Streben nach Sicherheit und Effizienz von entscheidender Bedeutung. SOPs wurden entwickelt, um komplexe und gefährliche Aufgaben, beispielsweise Flugzeugwartung, Start- und Landeverfahren sowie Notfallprotokolle, zu standardisieren. Die Einführung von SOPs in der Luftfahrtbranche hat sich als äußerst erfolgreich erwiesen, da sie das Risiko menschlicher Fehler minimieren und gleichzeitig eine reibungslose Zusammenarbeit zwischen Teammitgliedern fördern. Aber nicht nur dort bilden SOPs den Standard im Prozessmanagement, auch in der Geschäftswelt erfolgreicher Unternehmen gewinnen SOPs an Bedeutung: Eine Studie von BearingPoint aus dem Jahr 2021 zeigt, dass aktives Geschäftsprozessmanagement (GPM), zu dem SOPs gehören, an Bedeutung gewonnen hat, insbesondere während der Coronapandemie. Die Studie hebt hervor, dass für erfolgreiches Prozessmanagement der Aufbau der richtigen Kompetenzen und die regelmäßige Messung von Prozessmanagement und Prozessleistung wichtig sind, um Prozesse langfristig effizient zu steuern und nachhaltig zu verbessern. Zudem wird berichtet, dass 91 % der Befragten im öffentlichen Sektor das Thema Prozessmanagement als sehr wichtig bewerten, was einen Anstieg von 19 % im Vergleich zu 2017 darstellt.[50] Es wird auch erwähnt, dass Organisationen, die den Nutzen von Prozessmanagement messen, bestätigen, dass signifikante Prozesseffizienzsteigerungen erzielt werden können, insbesondere in den Bereichen Kundenzufriedenheit, Automatisierungsgrad und Beschleunigung der Prozessdurchlaufzeit.[51]

Übertragen auf das Marketing bieten SOPs zahlreiche Vorteile, die eine nahtlose Integration in den Arbeitsalltag ermöglichen:

- **Konsistenz und Qualität**: SOPs definieren klare Schritte und Richtlinien, die sicherstellen, dass Marketingmaterialien, Kampagnen und Botschaften stimmig sind. Dies fördert eine konsistente Brand Quality, schärft den Wiedererkennungswert der Marke und schafft Vertrauen bei den Kundinnen. SOPs sorgen dafür, dass alle Marketingaktivitäten wie die Gestaltung von Werbekampagnen oder Social-Media-Beiträgen einheitlichen Richtlinien folgen. Zum Beispiel kann eine SOP für das Branding vorschreiben, dass alle Werbematerialien die gleichen Farbschemata und Logoplatzierungen verwenden, um einen konsistenten Markenauftritt zu gewährleisten.
- **Effizienz und Zeitersparnis**: Mit klaren Prozessen können Marketingteams effizienter arbeiten und Zeit sparen, da sie nicht bei jedem Projekt von Grund auf neu beginnen müssen. Beispielsweise kann eine SOP für E-Mail-Marketingkampagnen einen Standardprozess für das Layout, die Segmentierung der Zielgruppe und die Zeitplanung vorgeben, was Zeit spart und die Effizienz steigert.
- **Einführung neuer Mitarbeitender**: SOPs bieten einen klaren Leitfaden für die Einarbeitung neuer Teammitglieder, wodurch der Onboarding-Prozess beschleunigt und die Lernkurve verkürzt wird. Ein neuer Social-Media-Manager könnte beispielsweise SOPs nutzen, um zu lernen, wie und wann Beiträge veröffentlicht werden sollten.

50 Höhne, M., Schnägelberger, S., Dr. Fahr, P., Federn, U., Schabicki, T. u. v. m. (2021): Prozesse effizient managen und nachhaltig verbessern, Process Management & Analytics Studie, Frankfurt/Main: BPM&O.

51 Ebenda.

- **Risikominimierung**: Durch standardisierte Verfahren werden Fehler reduziert und mögliche Risiken minimiert, was sich positiv auf die Performance und den Erfolg von Marketinginitiativen auswirkt. Eine SOP für die Prüfung von Werbematerialien bei einem Hersteller für Nahrungsergänzungsmittel kann beispielsweise sicherstellen, dass alle Inhalte vor der Veröffentlichung rechtlich überprüft werden, um Compliance-Probleme oder die Ablehnung von Werbeanzeigen zu vermeiden.

Die Entwicklung effektiver SOPs im Marketing erfordert eine sorgfältige Planung und Implementierung. Folgende Schritte solltest du bei der Konzipierung von SOPs beachten:

- **Analyse der bestehenden Prozesse**: Untersuche, falls vorhanden, deine aktuellen Marketingprozesse, um Schwachstellen und Engpässe zu identifizieren. Berücksichtige dabei auch Feedback von Mitarbeitenden und anderen wichtigen Stakeholdern. Meist hilft es, im ersten Schritt eine Art Organigramm über alle aktuellen Prozesse und Abläufe zu erstellen. So machst du sichtbar, wo es Schnittstellen und Interdependenzen zwischen Abteilungen gibt, besonders häufig Missverständnisse entstehen oder aktuell viel Zeit auf die Aufgabenbewältigung geht. Abbildung 49 zeigt exemplarisch das Prozessorganigramm unserer Agentur.

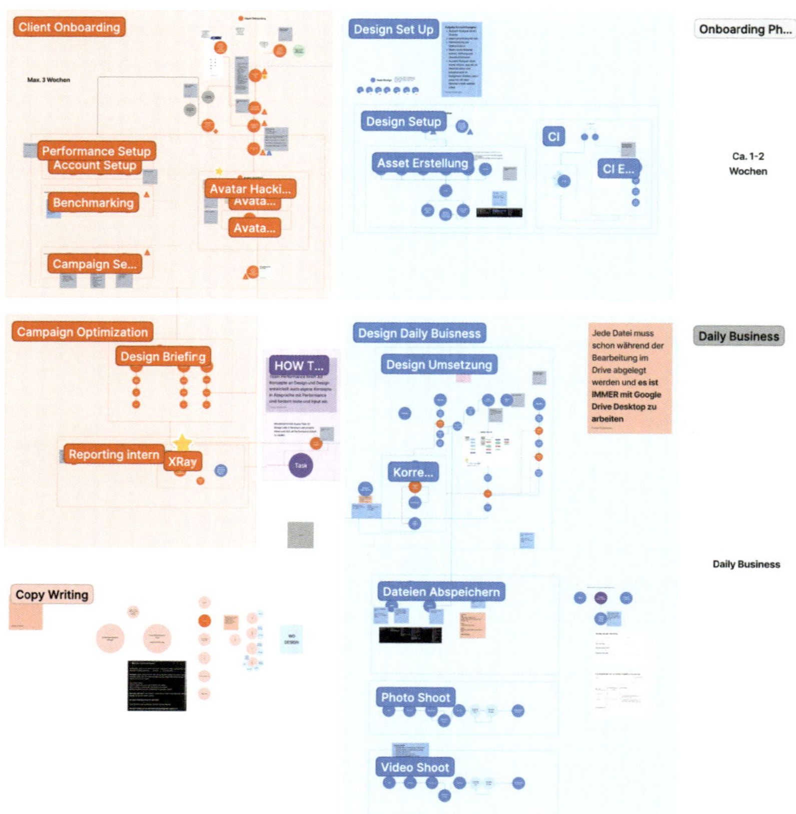

Abb. 49: MUYDOZO Prozessorganigramm

- **Klare Schritt-für-Schritt-Anleitungen**: Eine SOP sollte eine detaillierte Schritt-für-Schritt-Anleitung enthalten, die den Mitarbeitenden genau erklärt, wie bestimmte Aufgaben oder Projekte durchgeführt werden sollen. Verwende eine einfache und klare Sprache, um Missverständnisse zu vermeiden. Nutze außerdem einen Ablageort, in dem du anhängige Vorlagen und Dokumente verlinken kannst. Wir haben beispielsweise unsere internen SOPs in einer Notion-Bibliothek angelegt und Schritt-für-Schritt-Anleitungen mit Checkboxen versehen. So haben alle jederzeit Zugriff.
- **Flexibilität bewahren**: Obwohl SOPs gewisse Prozesse und Abläufe standardisieren, soll ausreichend Raum für Flexibilität und Kreativität bleiben, um den sich ändernden Marktbedingungen und Anforderungen gerecht zu werden. Beispielsweise könnte eine SOP für Contenterstellung Richtlinien für die thematische Ausrichtung vorgeben, aber Freiraum für kreative Gestaltung lassen.

- **Einbindung der Teammitglieder**: Die Entwicklung der SOPs sollte ein gemeinschaftlicher Prozess sein, bei dem die Teammitglieder Feedback geben und ihre Erfahrungen einbringen können. Dies fördert die Akzeptanz und das Engagement bei der Umsetzung der SOPs. Nutze beispielsweise wiederkehrende Meetings, um Feedback zu sammeln und die SOPs gemeinsam zu verbessern.
- **Regelmäßige Überprüfung und Aktualisierung**: Marketingstrategien und -taktiken ändern sich ständig. Daher ist es wichtig, die SOPs regelmäßig zu überprüfen und bei Bedarf zu aktualisieren, um sicherzustellen, dass sie immer noch relevant und wirksam sind. Idealerweise gibt es auch eine SOP dazu, wie die Standardvorgehen generell up to date gehalten und in regelmäßigen Abständen auf ihre Wirksamkeit gechallengt werden.
- **Klare Verantwortlichkeiten**: Jeder Schritt in der SOP sollte eine klare Zuweisung von Verantwortlichkeiten enthalten, sodass jede Person im Team weiß, wer für welche Aufgaben verantwortlich ist. Gibt es zum Beispiel jemanden, der eine Freigabe erteilen muss? Wer ist bei Rückfragen Ansprechpartnerin?
- **Regelmäßige Verständnisquittung der Mitarbeitenden**: Stelle sicher, dass alle Beteiligten die SOPs kennen, verstehen und wissen, wie sie sie in ihrer täglichen Arbeit anwenden können. Dazu gehören regelmäßige interne Workshops und Schulungsmaterialien, zum Beispiel Loom-Videos. Da in der Kommunikation vom Zuhörenden oft nicht das verstanden wird, was du eigentlich intendiert hast, bietet es sich immer an, sich das Gesagte nochmal einmal mit den Worten des Adressaten erklären zu lassen, um Missverständnisse im Keim zu ersticken. Stelle es dir einfach wie einen Beleg für den von dir vermittelten Inhalt vor. Wir sprechen hierbei von Verständnisquittungen.

Die Implementierung von SOPs erfordert ein Umdenken in der Unternehmenskultur und die Schaffung eines Umfelds, in dem standardisierte Verfahren geschätzt und konsequent angewendet werden. Hier sind einige Tipps, wie du SOPs erfolgreich verankern kannst:

- **Top-down-Unterstützung**: Grundvoraussetzung ist, dass die Unternehmensleitung hinter der Einführung von SOPs steht, mit diesen vertraut ist und den Einsatz aktiv unterstützt. Erst so kann die Akzeptanz auf allen Ebenen gefördert werden. Das heißt, es muss genug Zeit und Raum zur Verfügung stehen für Schulungen, Einarbeitung und Rückfragen.
- **Schrittweise Einführung**: Führe die SOPs schrittweise ein, um den Mitarbeitenden Zeit zu geben, sich anzupassen und Vertrauen in das neue System aufzubauen.
- **Anreize schaffen**: Belohne Mitarbeitende aktiv, die die SOPs effektiv anwenden und gute Ergebnisse erzielen, um die Motivation und die Identifikation mit den SOPs zu steigern. Sorge aber auch für angemessene Konsequenzen, wenn SOPs nicht angewandt oder eingehalten werden. Mitarbeitende, die wiederholt SOPs nicht befolgen, könnten zu zusätzlichen Schulungen verpflichtet werden. Eine Nichtbefolgung von SOPs kann sich auch negativ auf die Leistungsbeurteilungen und damit verbundene Boni oder Beförderungen auswirken.

- **Regelmäßige Schulungen und Feedback**: Biete kontinuierlich Schulungen an, um sicherzustellen, dass dein Team die SOPs versteht und sich mit ihnen wohlfühlt. Sammle Feedback von Mitarbeitenden und habe immer ein offenes Ohr, um mögliche Verbesserungen zu identifizieren.

Die Einführung von SOPs in einem Unternehmen und/oder im Marketingteam kann einen erheblichen Mehrwert bringen, da sie Effizienz steigern und beispielsweise den hohen Output an Ad Creatives gewährleisten, der gerade bei budgetintensiven Werbeaccounts notwendig ist oder auch die Umsetzungszeit von Briefings verkürzt. Darüber hinaus wird die Qualität im Marketing Fulfillment gewährleistet, da auch über die Erwartungshaltung und das Qualitätsniveau im Rahmen von SOPs informiert wird. Indem wir die bewährten Konzepte aus der Luftfahrt auf die Marketingwelt übertragen, können wir eine klare, standardisierte und erfolgreiche Arbeitsweise fördern. Die Verankerung von SOPs erfordert Zeit, Engagement und die Bereitschaft, sich in gewisser Weise anzupassen – die langfristigen Vorteile für das Marketingteam und das Unternehmen sind es definitiv wert.

Über den QR-Code gelangst du in unsere SOP-Bibliothek. Dort findest du neben den Avatar-Hacking®-SOPs aus der Concept-Phase weitere nützliche SOPs aus der Creation- und Commerce-Phase – unter anderem: »Wie bereite ich einen Drehtag mit Content Creators vor?« und »Wie benenne ich meine Kampagnen im Werbeanzeigenmanager richtig?«.

SOPs sind hilfreich und erleichtern die Umsetzung des Avatar Hacking® gerade in größeren Teams. Trotzdem gibt es einige Stolpersteine bei der Operationalisierung des Avatar Hacking®, die du kennen solltest.

Stolperstein 1: Falsche Meetingstruktur – keine Agenda, keine Verantwortung, keine Kontrolle

Einer unserer größten Fehler in den Anfangszeiten unser Agentur wurde uns zum Glück rasch bewusst, da wir mit einem wachsenden Team schnell bemerkten, dass wir unsere Euphorie und unser Selbstverständnis des Avatar Hacking® nicht als gegeben voraussetzen und von unseren Mitarbeitenden gleichermaßen erwarten konnten. Dabei ging es meist nicht um die Ablehnung, das Avatar Hacking® konsequent und qualitativ umzusetzen, sondern darum, dass die Erfahrung fehlte sowie der intrinsische Bezug zu der Methode, die wir als Gründende aus eigenem Mangel und Bedarf heraus geschaffen hatten. Wir waren anfangs zu fixiert auf unser »Baby« und haben übersehen, dass andere nicht automatisch dieselbe Liebe und den gleichen Elan mitbrachten, es zu hüten. Auch hatten wir zu dem Zeitpunkt keine festen Meetings, um das Avatar Hacking® zu challengen und regelmäßig zur Ableitung neuer Maßnahmen heranzuziehen.

Daher legen wir seit geraumer Zeit auf zwei Arten von Meetings sehr großen Wert:

1. **Challenge-Avatar-Hacking®-Meetings (CAHMs)**, die monatlich pro Kundenprojekt stattfinden und das Account Management (das in der Regel auch das Media Buying verantwortet), den Design Lead des Projekts beziehungsweise die für Art Direction abgestellte Person sowie an dem Projekt Mitarbeitende mit spezifischer Plattformexpertise, Trainees und/oder Werkstudierende einbeziehen. In diesem Meeting gibt es den so wesentlichen Perspektivenaustausch von Design- und Performance: Das Account Management bringt Insights aus der Analyse abgeschlossener oder laufender Kampagnen und Werbeanzeigen auf den Tisch und wie sich der Kundenaccount derzeit entwickelt. Für das Designteam ist es extrem wichtig zu verstehen, welche visuellen Elemente gut und schlecht funktioniert haben. Daran anschließend bespricht das Team offene Fragen, die allesamt das Ziel verfolgen, Lernkurveneffekte zu realisieren und die nächsten Schritte und Maßnahmen zu operationalisieren:
   - Konnten Annahmen verifiziert/falsifiziert werden?
   - Welche Kernbotschaften haben gut, welche schlecht performt?
   - Brauchen wir Variationen von Creatives? Hat beispielsweise die Hook gut performt, im Storyteil aber springen die Nutzenden ab?
   - Welche Pains, Gains, Pain Relievers und Gain Creators haben wie performt und warum? Welche Elemente der Value Proposition haben wir noch nicht getestet?
   - Haben wir Ideen für neue Creatives, die wir in unser Avatar Hacking® integrieren können?
   - Gibt es seitens der Brand oder saisonal bedingt Entwicklungen und Ereignisse, die wir in unsere Ideation mit berücksichtigen müssen?
2. **Strategiemeetings**: Neben diesen teaminternen Meetings veranstalten wir einmal pro Quartal Strategiemeetings pro Projekt, in denen eine Person aus dem C-Level als Inputgeber anwesend ist. Es ist ganz normal, dass man durch die tägliche Arbeit an einem Projekt irgendwann an Kreativität einbüßt. Um diesem Phänomen Einhalt zu gebieten, sollte Wert darauf gelegt werden, immer mal wieder rauszuzoomen und mit frischem, kreativen Blick auf das Avatar Hacking® zu schauen. Pro Quartal lohnt es sich außerdem, frühzeitig und proaktiv die strategische Stoßrichtung für das Projekt auszuloten und gegebenenfalls den Kurs anzupassen.

Für beide Meetings sind in der Regel etwa 1,5 Stunden anberaumt. Je nachdem, ob das Projekt gut läuft oder viel Gesprächsbedarf mitbringt und je nach Größe des Projekts darf so ein Meeting auch bis zu drei Stunden dauern. Allerdings solltest du generell darauf achten, Meetings so kurz wie möglich und nur so lang wie nötig zu gestalten, um nicht in ausschweifendes Erzählen zu geraten, sondern die Machbarkeit und das Hands-on-Mindset im Fokus zu behalten. Eine Rolle, die hilft, ist eine moderierende Person, die Monologe eingrenzt, das Meetingziel im Auge hat und die Teilnehmenden entsprechend durch den Termin führt.

Wichtig ist auch, Neuankömmlingen im Team das Avatar Hacking® bereits im Onboarding nahezubringen, da es einen wesentlichen Bestandteil der täglichen Arbeit als Marketer ausmachen wird. In unserer Agentur erhalten neue Mitarbeitende als Teil ihres Onboardings einen Lernplan für die ersten 30, 60 und 90 Tage. Ziel ist es, innerhalb der ersten 30 Tage an mindestens zwei Avatar-Hacking®-Workshops zu partizipieren. Darüber hinaus arbeiten wir mit einem Buddysystem. So hat der Neuzugang einen direkten Ansprechpartner, der bereits bestens vertraut mit dem System ist und jederzeit Rückfragen beantworten kann. Wir legen großen Wert darauf, im Team kontinuierlich die Wichtigkeit des Avatar Hacking® für die Qualität unserer Arbeit zu betonen und alle frühzeitig zu sensibilisieren, die Methode proaktiv und vorausschauend für die Ideenfindung und Optimierung von Maßnahmen heranzuziehen.

Stolperstein 2: Ein Dschungel voller Tools

Bei uns und unseren Kunden findet das Avatar Hacking® seit vielen Jahren Anwendung. In dieser Zeit haben sich die Tools und Programme, mit denen wir arbeiten, maßgeblich entwickelt. ChatGPT und andere AI-Tools haben uns veranlasst, unsere gesamte Systematik einer Generalüberholung zu unterziehen, die auf die neuen Möglichkeiten, KI in datenbasierte und kreative Prozesse zu integrieren, in hohem Maße eingeht.

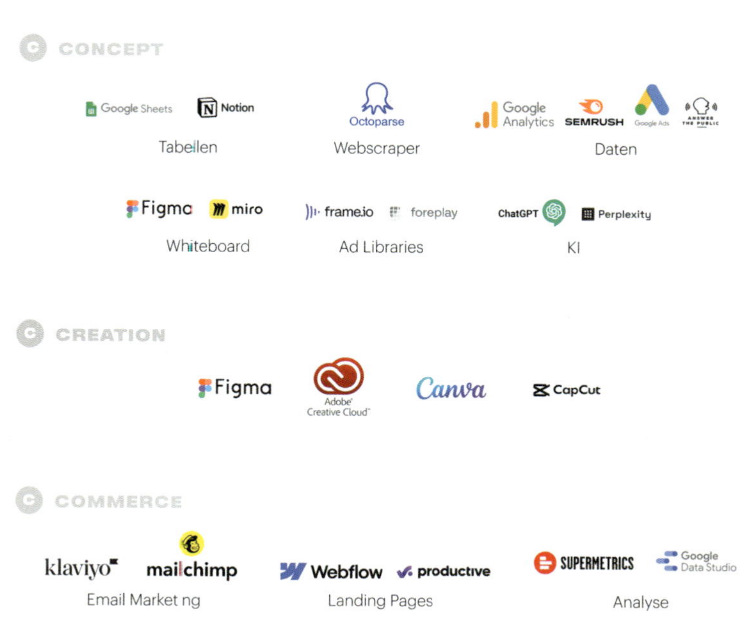

Abb. 50: Übersicht – Tools für das Avatar Hacking®

Zu Beginn unserer Avatar-Hacking®-Reise haben wir mit dem Online-Whiteboard-Tool Miro gearbeitet. Das Problem lag hier vor allem in einer systematischen Erfassung von Learnings sowie im Vermeiden eines chaotischen Boards mit zunehmender Anzahl an Iterationen, Optimierungen und Notizen. Wir haben daher im Laufe der Zeit unsere Avatar Hacking® immer stärker in Datenbanken gedacht, die möglichst anschlussfähig für operationalisierende Maßnahmen sind, beispielweise das Schreiben eines Prompts für ein AI-Tool. Gleichzeitig wollten wir eine Darstellung und Übersicht für unsere Kundenworkshops beibehalten, die möglichst vereinfacht und ohne unnötige Komplexitäten daherkommt. Somit setzen wir inzwischen auf einen zweispurigen Ansatz, der im Sinne einer Frontend- und Backend-Logik funktioniert.

Im Frontend, primär für die Präsentation und Besprechung mit unseren Kundinnen gedacht, sammeln wir die wesentlichen Insights und Annahmen unserer Arbeit, um im Austausch mit dem Kunden Annahmen und Entscheidungen zu treffen, zu priorisieren und gemeinsam zu challengen. Um hier die Brücke zu unserem Creative Department möglichst niedrigschwellig zu halten, setzen wir unsere Avatar Hackings® direkt mit Figma um, einem vektorbasierten Kreativtool, in dem auch alle Kreativelemente unserer Agenturarbeit erstellt werden. Alternativ eignet sich auch ein einfacher zu nutzendes Whiteboardtool wie Miro, wenn die Erstellung von visuellen Assets ohnehin in einem anderen Programm erfolgt.

Denn ganz wesentlich für uns ist, dass wir stets auf Augenhöhe sind mit unseren Kunden und wertvolles Feedback integrieren, da unsere Ansprechpartnerinnen schließlich Expertinnen für das Produkt, den Service sind, während wir unsere Marketingexpertise einbringen und als objektive Advokaten der Zielgruppen agieren.

Im Backend hingegen befinden sich alle Dokumente, die der fortlaufenden Bearbeitung im Daily Business unterliegen und im Zeitverlauf viele Datenmengen und Inhalte hervorbringen. Google Sheets oder Excel stehen bei uns hoch im Kurs, da wir hier auch bei großen Datenmengen strukturiert bleiben und eine einfache Auswertung der Datei mittels der Chat GPT Advanced Data Analysis möglich ist.

Insgesamt ist bei der Toolauswahl extrem wichtig, an die Dateipflege und -hygiene zu denken. Das Tool sollte für AI-Tools anschlussfähig sein, wobei davon auszugehen ist, dass diese Anforderungen im Laufe der Zeit zum Standard werden.

Eine weitere Hürde sahen wir mit Blick auf unsere Prozesse durch die **unterschiedlichen Arten von Assets** gegeben, mit denen wir hantieren. Wir arbeiten tendenziell mit zwei Arten von Assets: Text sowie Bild und Video. Mit Blick auf Bewegtbild sahen wir uns schon immer mit einer besonderen Herausforderung konfrontiert: Wie können wir Werbeanzeigen, Videos und Bilder, die uns und dem Team täglich auf Social Media begegnen und die Elemente beinhalten, die wir für ein Projekt vertesten möchten, bestmöglich ablegen und ordnen? Und wie gehen sie nicht spätestens dann verloren, wenn das verlinkte Video oder Bild nicht mehr existiert? Wer Werbeanzeigen schaltet weiß, dass eine einfache Verlinkung früher oder später auf eine leere Seite führt, da der Link nur so lange funktioniert, wie auch die Anzeige durch den Werbetreibenden geschaltet wird oder eine Landingpage aktiv ist. Lange haben wir uns Werbeanzeigen auch auf beispielsweise Instagram in einem teaminternen gemeinsamen Chat hin-und hergeschickt, was natürlich einfach, aber alles andere als zielführend ist. Mittlerweile existieren zahlreiche Tools, durch die eine eigene Bibliothek für Werbeanzeigen angelegt werden kann. Creatives speichern und strukturieren wir inzwischen in eigens angelegten Bibliotheken auf foreplay.co, aber auch frame.io ist ein passendes Tool, bei dem du neben dem Anlegen von Bibliotheken auch Freigabeprozesse von Design Assets sehr gut steuern kannst. Mit foreplay.co kannst du hingegen Anzeigen deiner Marktbegleitenden automatisiert erfassen und abspeichern. Zudem kannst du jede neue Anzeige verfolgen, die eine Marke veröffentlicht, um einen historischen Zeitstrahl zu erstellen, was die Konkurrenz getestet hat. Und du kannst einsehen, wie viel Werbebudget eine Anzeige erhält und so erfahren, was bei der Konkurrenz gut performt. Also, worauf wartest du noch, Sherlock?

Diese Einführung in Prozesse und Tools gibt dir bereits einen Vorgeschmack darauf, dass die Operationalisierung deines Avatar Hacking® verschiedene Tools benötigt. Für einen besseren Überblick haben wir die Tools & Prozesse in die 3-Cs-Phasen aufgeteilt.

Über den ersten QR-Code gelangst du zu den Tools und Prozessen der **Concept**-Phase.

Der zweite QR-Code führt dich zu den Tools und Prozessen der **Creation**-Phase.

Über den dritten QR-Code gelangst du zu den Tools und Prozessen der **Commerce**-Phase.

6.3 Avatar Hacking® als Kommunikationsschnittstelle für Design und Media Buying

Die Kommunikation zwischen Menschen mit verschiedenen Stärken, Schwächen, Skills und Aufgabenbereichen ist tendenziell sehr anfällig für Informationsasymmetrien. Schnell entstehen Missverständnisse, wenn ein Marketer aus seiner Welt der Metriken und Zahlen mit einem kreativen Kopf zusammenkommt, der sich möglichst frei auf einer weißen Leinwand austoben möchte. Wir haben in der Vergangenheit erfahren müssen, dass die Schnittstelle zwischen Design und Media Buying ein Ort ist, an dem wundervolle Ideen entstehen, aber eben auch sehr oft Missverständnisse. Wie können wir also gezielt Informationsasymmetrien abbauen? Wir haben hierfür neben unseren regelmäßigen Challenge-the-Avatar-Hacking®-Meetings, in denen die Projektbeteiligten zusammenkommen und sich persönlich austauschen, weitere Maßnahmen ergriffen, um auch im Daily Business die Schnittstelle zwischen den Departments optimal auszugestalten. Das Avatar Hacking® bildet im Zusammenspiel mit qualitativ hochwertigen Briefings diese Schnittstelle ab.

Media Buyer können unmittelbar Werbeanzeigen, die gut funktionieren, oder konkrete Pains oder Gains, die aktuell gut bei der Zielgruppe performen, visuell im Board hervorheben und das Designteam hierauf aufmerksam machen. Über die Kommentarfunktion im Figma Board kann der Media Buyer direkt an spezifischen Werbeanzeigen oder visuellen Assets Feedback oder Anweisungen für Iterationen geben.

Wir empfehlen dir, für das Erstellen von Briefings eine entsprechende SOP zu verfassen und eine Aufgabenvorlage in deinem Projektmanagementtool anzulegen. So können wiederkehrende Spezifikationen wie beispielsweise das Format einer Werbeanzeige (1:1, 4:5, 9:16) in Form von Tags einfach ausgewählt werden. Durch eine einheitliche Bezeichnung und ein umfassendes Verständnis – beispielsweise welche Kombination von Zielgruppe und Pain am performantesten ist – wird die Kommunikation zwischen Design und Media Buying um ein Vielfaches erleichtert. Sie können nun eine Sprache sprechen. Das schlägt sich auch im Briefing nieder, sodass auf einzelne gut funktionierende Elemente und Kombinationen wie Aspekte aus dem Value Proposition Canvas und Container verwiesen werden kann.

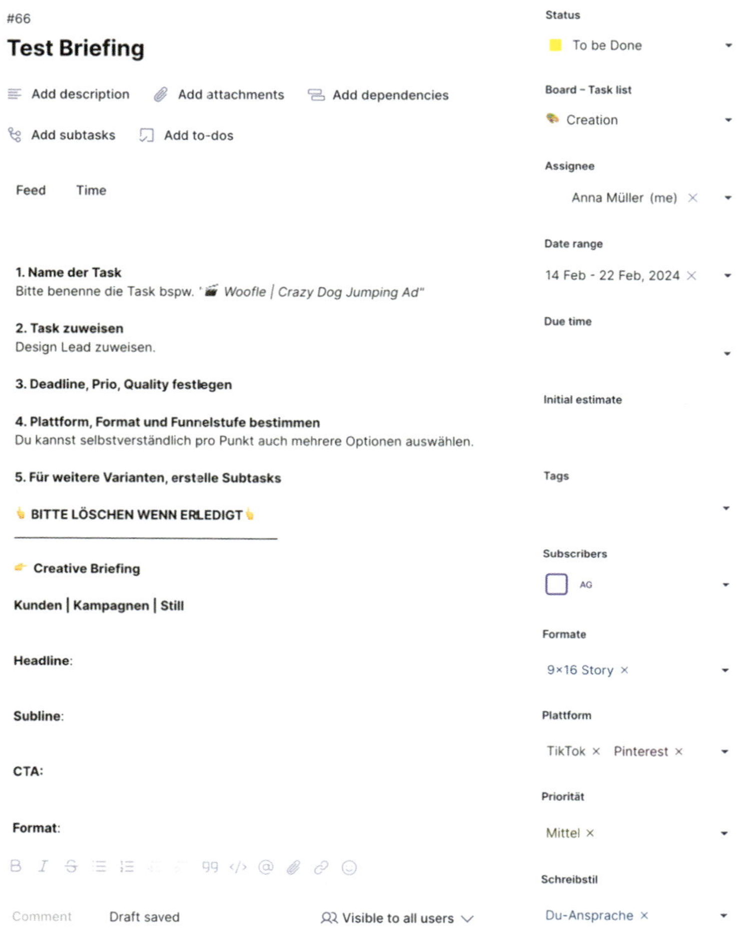

#66

Test Briefing

Add description · Add attachments · Add dependencies

Add subtasks · Add to-dos

Feed · Time

1. Name der Task
Bitte benenne die Task bspw. "🎬 *Woofle | Crazy Dog Jumping Ad*"

2. Task zuweisen
Design Lead zuweisen.

3. Deadline, Prio, Quality festlegen

4. Plattform, Format und Funnelstufe bestimmen
Du kannst selbstverständlich pro Punkt auch mehrere Optionen auswählen.

5. Für weitere Varianten, erstelle Subtasks

👆 **BITTE LÖSCHEN WENN ERLEDIGT** 👆

👉 **Creative Briefing**

Kunden | Kampagnen | Still

Headline:

Subline:

CTA:

Format:

Comment · Draft saved · Visible to all users

Status: To be Done
Board – Task list: Creation
Assignee: Anna Müller (me)
Date range: 14 Feb - 22 Feb, 2024
Due time
Initial estimate
Tags
Subscribers: AG
Formate: 9×16 Story
Plattform: TikTok, Pinterest
Priorität: Mittel
Schreibstil: Du-Ansprache

Abb. 51: Briefingvorlage

6.4 Avatar Hacking® als spielerische Learning Journey

Erfolgreiches Performance Marketing erfordert eine stetige Optimierung von Werbeanzeigen und Marketingstrategien. Basierend auf einer Vielzahl von Daten und Learnings, die im Laufe der Zeit gesammelt werden, sollte das Designteam in der Lage sein, die Werbung zu gestalten, die am besten auf die Zielgruppe zugeschnitten ist. Der Schlüssel zum Erfolg liegt darin, diese Daten effizient und effektiv zu sammeln, zu analysieren und dem Designteam in einer verständlichen und anwendbaren Weise zu präsentieren. Genau dafür eignet sich das Avatar Hacking®. Doch die besten Learnings sind nutzlos, wenn sie nicht verständlich und umsetzbar kommuniziert werden. Hier liegt eine sehr große Challenge für die meisten Marketingteams, denn oft verbleiben die Insights und das Wissen zu dem Nutzerfeedback bei den verantwortlichen Marketers.

Um einen wertvollen Transfer von Wissen zwischen Marketers und Designerinnen herzustellen, können die Prinzipien des Erwachsenenlernens, wie sie von Malcolm Knowles in seiner Andragogik-Theorie beschrieben wurden, sehr hilfreich sein. Knowles betont die Wichtigkeit von Kontext, praktischer Anwendbarkeit und Eigeninitiative im Lernprozess. So wie Kinder im und durch das Spielen lernen, kannst du auch mit dem Avatar Hacking® den Informationsaustausch spielerisch gestalten und Learnings für einen einfachen Zugang zum Wesentlichen visualisieren. Durch die optische Greifbarkeit erhöhst du die intrinsische Motivation aller Beteiligten, das Avatar Hacking® stetig verbessern und weiterentwickeln zu wollen.

Laut Knowles lernen Erwachsene am besten, wenn der Lernprozess die folgenden Prinzipien beinhaltet:

- **Selbstgesteuertes Lernen**: Erwachsene müssen das Gefühl haben, dass sie die Kontrolle über ihren Lernprozess haben. Sie sind eher bereit, Neues aufzunehmen und es sich anzueignen, wenn sie selbst entscheiden können, was, wann und wie sie lernen. Deshalb ist es sinnvoll, durch das Avatar Hacking® eine zentrale Anlaufstelle zu implementieren, auf die alle jederzeit zugreifen und auf der alle simultan arbeiten können. So ist jede projektbeteiligte Person autark und wird im eigenverantwortlichen Arbeiten bestärkt.
- **Praxisbezug**: Erwachsene sind eher dazu bereit, sich zu engagieren und zu lernen, wenn der Inhalt und die Lernerfahrung für sie relevant und anwendbar ist. Sie lernen besser, wenn sie sehen können, wie das Gelernte in Form von konkretem Output Anwendung findet. Daher ist es wichtig zu visualisieren und zu betonen, wie die konkrete Ausgestaltung von kommunikativen Botschaften an der Zielgruppe performt hat. So wird für Designende schnell klar, was genau beispielsweise an einer Werbeanzeige optimiert werden muss. Erhält der Designer die Information, das die Thumb-Stop Ratio gut ist, aber die Klickrate schlecht, könnte der Storyteil der Werbeanzeige iteriert werden. Für Designende ist es so wertvoll wie notwendig zu erfahren, wie Nutzende auf gestalterische Entscheidungen reagieren. Erst dieses Feedback aus der Praxis ermöglicht ein Verstehen der Kundinnen und motiviert Teams, weitere Varianten zu testen und somit die Performance von Kampagnen positiv zu beeinflussen.
- **Erfahrungsbasiertes Lernen**: Die Erfahrungen, die Marketer im Laufe ihrer täglichen Arbeitspraxis sammeln, sind eine reiche Quelle für neue Ideen. Die besten Lernerfahrungen entstehen, wenn Menschen ihre Erfahrungen mit neuen Informationen oder Daten verknüpfen können. Auch hier ist ein Austausch von Erfahrungswerten sinnvoll, um anhand des Avatar Hacking® über konkrete Annahmen und Tests zu sprechen.

- **Problemorientiertes Lernen**: Der Lernerfolg steigt auch, wenn der Lernprozess auf die Lösung spezifischer Probleme ausgerichtet ist anstatt auf die Vermittlung abstrakten Wissens. Die Problemfokussierung hilft, den Wert und die Anwendbarkeit des Gelernten zu erkennen. Daher ist das Avatar Hacking® so aufgebaut, dass es klar visualisiert, was die Annahmen sind (z. B. die Auflistung der Pains und Gains) und welche davon bereits in A/B-Tests und konkrete Maßnahmen im Marketing übersetzt wurden.
- **Innere Motivation**: Erwachsene sind oft eher von innerer als von äußerer Motivation getrieben. Sie sind motivierter zu lernen, wenn sie den persönlichen Nutzen des Lernens erkennen können, wie beispielsweise beruflichen Aufstieg, persönliche Zufriedenheit oder die Verbesserung ihres Lebens.

Diese Prinzipien des Erwachsenenlernens sind besonders relevant, wenn es darum geht, komplexe Daten und Learnings in einem Onlinemarketing-Kontext zu kommunizieren. Indem wir das Lernen selbstgesteuert, relevant, erfahrungsbasiert, problemorientiert und intrinsisch motivierend gestalten, können wir sicherstellen, dass unser Team das meiste aus den bereitgestellten Daten und Informationen herausholt.

Du hast nun viel Rüstzeug an der Hand, wie du dein Avatar-Hacking®-System erfolgreich in deinem Team implementierst. Jetzt steht der erfolgreichen Nutzung nichts mehr im Wege. Und keine Sorge, Rom wurde auch nicht an einem Tag erbaut. Gehe davon aus, dass nicht alles direkt von Anfang an glatt läuft und bei dir wie auch beim Team das eine oder andere Fragezeichen aufkommt. Das ist ganz normal. Wichtig ist, dass du kontinuierlich dranbleibst und allen den Raum und die Zeit gibst, die für eine saubere und konstruktive Umsetzung des Avatar Hacking® notwendig sind.

Wenn du dabei Hilfe benötigst oder Rückfragen hast: Wir sind jederzeit zur Stelle. Über den QR-Code kannst du mit uns in Kontakt treten. Wir freuen uns auf deine Fragen, dein Feedback, Vorschläge und Wünsche.

6.5 Aus der Praxis: E-Commerce

Das Avatar Hacking® ist perfekt geeignet für E-Commerce. Unter dem QR Code haben wir den gesamten Prozess von der ersten Concept-Phase über die Creation bis hin zum Commerce und der ersten Iterationsschleife am Beispiel des Hundesupplement Startups Woofle festgehalten. Das wird dir einen plastischen und umfassenden Einblick in die praktische Anwendung des Avatar Hacking® geben.
Also nehmen wir dich über folgenden QR-Code per Video auf die Reise mit.

Abb. 52: Woofle Brand-Infos

6.6 Aus der Praxis: Branding

Das Ziel, eine starke Brand aufzubauen, eint wahrscheinlich alle Marken. Das, was Lovebrands wie Apple, Porsche und Disney vorgemacht haben, wünschen wir uns alle doch auch zumindest in einer Miniaturversion. Egal ob du nun am nächsten Software Unicorn feilst oder deinen Handwerksbetrieb führst: Aus irgendeinem Grund sehnen wir Menschen uns nach einem Inhalt, der über das bloße Angebot hinausgeht. Marketing und Branding sind als Konzepte eng miteinander verbunden und überlappen sich in vielen Aspekten. Gleichzeitig haben sie jeweils eigene Kernfunktionen und Ziele. Die Werkzeuge und Methodiken des Avatar Hacking® eignen sich für beide.

Definition

- Branding bezieht sich auf den Prozess, eine eindeutige Marke für ein Produkt, eine Dienstleistung oder ein Unternehmen zu schaffen und aufzubauen. Es geht darum, wer du als Unternehmen bist, wofür du stehst und welchen Eindruck du bei deinen Kunden hinterlassen möchtest.
- Marketing umfasst die Prozesse, durch die Produkte oder Dienstleistungen gefördert und verkauft werden. Es umfasst Taktiken und Strategien, um die Zielgruppe/n zu erreichen und zum Kauf zu bewegen.

Beziehung und Überlappung

- Das Branding legt das Fundament, Marketing baut darauf auf. Dein Branding definiert, wer ihr seid, das Marketing verbreitet diese Botschaft.
- Bei vielen Marketingaktivitäten wird die Markenidentität aktiv genutzt, gibt den Ton an und Grenzen vor, zum Beispiel in Werbekampagnen, Social-Media-Posts oder Kundendienstinteraktionen.

Zeitliche Ausrichtung

- Branding ist in der Regel langfristig ausgerichtet. Es geht darum, eine nachhaltige Markenidentität und einen Markenwert aufzubauen, der über Jahre oder sogar Jahrzehnte hinweg bestehen bleibt.
- Marketing kann kurz-, mittel- und langfristige Ziele verfolgen. Eine Werbekampagne kann darauf abzielen, ein neues Produkt schnell bekannt zu machen, während Content-Marketing-Strategien oft einen langfristigeren Ansatz verfolgen.

Ziel

- Hauptziel des Branding ist es, eine eindeutige Identität und Positionierung auf dem Markt zu schaffen und das Vertrauen und die Loyalität der Kundinnen zu gewinnen.
- Marketing zielt darauf ab, die Sichtbarkeit zu erhöhen, Interesse zu wecken, Kunden zu gewinnen und den Verkauf zu steigern.

Kompakt

Das Branding definiert die Identität und die Werte eines Unternehmens oder Produkts, während das Marketing die Taktiken und Strategien umfasst, um diese Identität und Werte der Zielgruppe zu kommunizieren und Kunden zu gewinnen.

Das Marketing ist quasi das Sprachrohr des Branding. Obwohl sie unterschiedliche Funktionen haben, arbeiten sie Hand in Hand und sind am effektivsten, wenn sie kohärent und aufeinander abgestimmt sind. Damit das gewährleistet ist, sollten sie auf dieselben Daten zugreifen. Insofern kann gerade beim Markenaufbau, aber auch für das Rebranding dieselbe Logik des Avatar Hacking® beziehungsweise der 3Cs genutzt werden.

Genauso wie für das Marketing ist für das Branding eine Anamnese in Form von Datengenerierung und -auswertung erforderlich. Anders als bei einem konkreten Angebot solltest du dich allerdings nun auf die Vision deiner Brand fokussieren. Stelle dir vor, dein Unternehmen stellt nachhaltige Dübel her. Anstatt dich jetzt entsprechend des Avatar Hacking® direkt mit Gain Creators wie der einfachen Handhabung oder besonders hohen Belastbarkeit zu beschäftigen, geht es im Kern deiner Unternehmung um den Schutz der Umwelt. Dass deine Dübel tatsächlich auch die besten am Markt sind, ist nur dem Umstand geschuldet, dass du, um dein Ziel – die Umwelt retten – zu erreichen, Marktführer für Dübel werden musst, um eine kritische Masse an Kundschaft zu erreichen, um so einen echten Impact zu haben. Das Produkt ist im Grunde egal. Dieser wird zum Hebel, den du zur Erreichung deiner Vision nutzt. Für das Value Proposition Canvas ersetzt du also Product/Services in diesem Falle durch Nachhaltigkeit und Umweltschutz.

Als Datenquelle solltest du auch das eigene Team einbeziehen. Welche Pains und Gains sind bezüglich der Unternehmensvision relevant? Welche privaten Motivationen gibt es? Vielleicht ist es der Wunsch nach einem guten Gewissen beim Hausbau oder der Verdruss, dass Nachhaltigkeit oft mit einem erhobenen Zeigefinger einhergeht.

Vermeintlich besteht eine große Schwierigkeit beim Branding im Vergleich zum Marketing darin, dass es auf den ersten Blick kein wirkliches Richtig oder Falsch gibt. Und es mag auch zunächst weniger eindeutig als Marketing wirken. Da Branding langfristig ausgelegt ist, werden auch die Iterations- und Feedbackschleifen entsprechend länger ausfallen. Auch hier hilft eine solide Datenbasis, die Positionierung viel fundierter und stabiler herausarbeiten zu können. Durch die Struktur des Avatar Hacking® bist du in der Lage, deine Markenwert geordnet herauszuarbeiten.

Die Ergebnisse des Avatar Hacking®, das du für deine Brand in regelmäßigen Abständen (beispielsweise halbjährlich) basierend auf den Erkenntnissen deines Marketings updaten solltest, kann dir auch als agiler Brand Guide dienen, mit dem du immer wieder überprüfen kannst, ob deine Marke noch auf Kurs ist.

Wie jede Art von Kommunikation kannst du auch dein Branding in Form von sogenannten Smoke Tests in der jeweiligen Zielgruppe ausprobieren und hierdurch wertvolle Daten in Form von Reaktionen generieren.

Smoke Test

Als Smoke Test werden Marketingaktionen verstanden, die ein Produkt oder eine Dienstleistung bewerben, die noch gar nicht verkaufsfähig ist. Smoke Tests werden vor allem dazu genutzt die Nachfrage in einer Zielgruppe zu testen für einen bestimmten Need zu testen, bevor die Lösung dafür entwickelt wird.

Das beste Beispiel ist eine Werbeanzeige für ein Produkt, dass es noch gar nicht gibt. Anhand der Klicks auf die Anzeige kannst du entscheiden, ob es Sinn macht, dieses Produkt tatsächlich zu entwickeln.

Corporate Identity (CI)

Ein weiteres Beispiel: Du denkst über eine neue Corporate Identity (CI) nach. Da du beschlossen hast, dich intensiver auf deine Unternehmensvision »Nachhaltigkeit« zu fokussieren, möchtest du deine CI künftig mit viel Weißraum und grünen Elementen farblich anpassen. Um diesen Ansatz zu verifizieren (oder zu falsifizieren) und tatsächlich ein komplexes Rebranding anzustoßen, schaltest du Werbeanzeigen innerhalb deiner Zielgruppe mit der neuen Ästhetik. Alternativ hast du vielleicht auch nur dein Logo von Rot auf Grün eingefärbt. Anhand verschiedener Indikatoren wie Klickrate oder Kommentare wertest du dieses neue Design aus. Idealerweise testest du mehrere Ansätze, die auf die Unternehmensvision einzahlen sollen und orientierst dich im weiteren Prozess an den Ergebnissen deines Smoke Tests.

Storytelling

Auch die Storytelling-Methoden sind relevant für dein Branding. Dazu solltest du deine Idee, deine Markenwerte und die Markenidentität in Form einer Heldengeschichte für deine Brand aufschreiben. Das wird dich »zwingen«, dich fokussiert mit deiner Story auseinanderzusetzen. Und es wird deinem Unternehmen ein ganz neues Verständnis davon geben, was ihr fernab von eurem Angebot der Welt erzählen und/oder in ihr bewirken wollt. Das Warum ist die stärkste Triebkraft jeder Person und jeder Organisation. Je mehr es sich in allen Prozessen und der Kommunikation widerspiegelt – nach innen wie außen –, desto authentischer und glaubwürdiger wirst du wahrgenommen

Weitere Brandingelemente

Darüber hinaus lassen sich folgende Elemente, die dein Branding einzigartig machen, direkt aus dem Avatar Hacking® ableiten:

- **Markenversprechen**: Basierend auf dem definierten Wertangebot kannst du ein klares und prägnantes Markenversprechen formulieren, das den Hauptnutzen und die Differenzierung deiner Marke hervorhebt.

- **Emotionale Verbindung**: Nutze die im Avatar Hacking® identifizierten Kundenerfolge, Pains und Gains, um emotionale Botschaften zu erstellen, die mit den Gefühlen und Bedürfnissen deiner Zielgruppe resonieren.
- **Visuelle Identität**: Dein Branding sollte visuell dein Wertangebot widerspiegeln. Wenn das beispielsweise Einfachheit ist, sollte dein Design schnörkellos und clean sein.
- **Tonalität**: Die im Value Proposition Canvas (Kapitel 3.4.2) identifizierten Zielgruppen und Segmente sind deine Basis, um Tonalität und Wording für deine Marke festzulegen. Wenn deine Kundinnen junge, technikaffine Menschen sind, ist wahrscheinlich ein moderner, lockerer Stil mit einem gewissen Maß an Fachjargon passend.
- **Konsistenz**: Stelle sicher, dass die gesamte Markenkommunikation – von der Werbung über die Website bis zu den sozialen Medien – das im VPC definierte Wertangebot widerspiegelt.
- **Storytelling**: Nutze Geschichten, um zu zeigen, wie dein Produkt oder deine Dienstleistung die Schmerzpunkte der Kunden löst oder ihnen hilft, die gewünschten Erfolge zu erzielen.
- **Markenpositionierung**: Durch das Verständnis der Jobs, die deine Kunden erledigen wollen, sowie ihrer Schmerzpunkte und Gewinne kannst du deine Marke in einem Marktsegment positionieren, in dem du eindeutigen (Mehr-)Wert bietest.
- **Kundenfeedback**: Dein Avatar Hacking® ist ein dynamisches Framework. Hole regelmäßig Feedback von deinen Kundinnen ein und passe sowohl dein Wertangebot als auch dein Branding an, wenn sich Bedürfnisse und Erwartungen ändern.
- **Markenbotschafter**: Wenn dein Wertangebot die Bedürfnisse und Wünsche deiner Kunden effektiv anspricht, kannst du aus zufriedenen oder begeisterten Kunden Markenbotschafter machen, die dein Produkt oder deine Dienstleistung weiterempfehlen.

Durch die Anwendung der Erkenntnisse aus dem Avatar Hacking® für dein Branding kannst du sicherstellen, dass deine Marke in Resonanz mit den tatsächlichen Bedürfnissen und Wünschen deiner Zielgruppe steht, was zu stärkerer Markenloyalität und langfristig zu besseren Geschäftsergebnissen führen wird.

6.6.1 Branding – Gastbeitrag von Teresa Müller, Type Type Hype

In diesem Gastbeitrag von Teresa Müller, Senior Art Director bei Type Type Hype, erfährst du,

- warum eine Strategie mit Hand und Fuß für jedes (Re-)Branding unerlässlich ist.
- wie das Avatar Hacking® geholfen hat, dem traditionsreichen Möbelhaus pesch zu einer zeitgemäßen und zielgruppengerechten Erscheinung zu gelangen.

Wenn es um ein Branding oder Rebranding geht, ist das Verständnis und die Einbindung der Zielgruppe nicht nur wünschenswert, sondern unerlässlich. Jede Marke erzählt eine Geschichte und wie jede gute Geschichte muss sie ihr Publikum kennen und ansprechen. Ohne ein tiefes Verständnis für die Zielgruppe riskiert man, an den Bedürfnissen, Werten und Erwartungen der Kunden vorbeizureden – ein Fehltritt, der die Marke teuer zu stehen kommen kann.

Branding und Rebranding

Branding ist der Prozess der Entwicklung einer einzigartigen Identität für eine Marke. Es geht darum, einen Namen, ein Logo, eine Farbpalette, eine Stimme und ein Storytelling zu kreieren, die konsistent über alle Marketingkanäle und Kundenkontaktpunkte hinweg verwendet wird. Ziel des Branding ist es, sich von der Konkurrenz abzuheben, eine emotionale Verbindung mit dem Publikum aufzubauen, Identifikation zu schaffen und eine Loyalität zu fördern, die über den Kauf hinausgeht. Es ist der erste Schritt, um aus einem Unternehmen, Produkt oder Dienstleistung eine Marke zu machen, die im Gedächtnis der Menschen bleibt.

Rebranding hingegen ist der Prozess der Veränderung der bestehenden Markenidentität. Dies kann notwendig werden, wenn sich das Unternehmen weiterentwickelt, die Zielgruppe sich ändert oder um sich von negativen Assoziationen oder veralteten Bildern zu lösen. Rebranding kann von subtilen Änderungen in der Farbgebung oder im Design bis hin zu einer kompletten Überholung des Markennamens, Logos und der Marketingstrategie reichen. Das Ziel ist es, die Marke relevanter, frischer und ansprechender für das aktuelle Publikum zu machen und gleichzeitig neue Zielgruppen anzusprechen.

Die Zielgruppe in den Mittelpunkt eines Branding-Prozesses zu stellen, bedeutet, ein Echo ihrer Identität in der Markenidentität widerzuspiegeln. Es geht darum, eine Resonanz zu schaffen, eine Verbindung, die über das Produkt oder die Dienstleistung hinausgeht.

Ein Branding oder Rebranding, das an der Zielgruppe vorbeigeht, kann zu einer Reihe von Problemen führen. Die Marke kann als unauthentisch, irrelevant oder überholt wahrgenommen werden. Im schlimmsten Fall kann es zu einer Entfremdung der bestehenden Kundenbasis führen, während es gleichzeitig versäumt wird, neue Kundinnen anzuziehen. Das Risiko ist nicht nur ein Verlust an Umsatz, sondern auch an Markenwert und Reputation.

In der Geschichte von pesch haben wir genau diese Herausforderungen angenommen. Als Kölns ältestes Möbelhaus stand pesch vor der Herausforderung, ein Rebranding zu durchlaufen, das die treue Kundschaft ehrt und gleichzeitig neue Zielgruppensegmente anspricht. Hierbei war es entscheidend, nicht nur die physischen Produkte, sondern die ganze Markenerfahrung zu betrachten. Wie fühlt sich der Besuch im Showroom an? Wie werden Kunden nach dem Kauf betreut? All diese Aspekte müssen die Werte und Erwartungen der Zielgruppe widerspiegeln. Was sich anfangs anfühlte wie ein kaum leistbarer Spagat, konnte dank des Avatar Hacking® zu einer konsistenten, widerspruchsfreien und überzeugenden Marke avancieren.

Die Marke pesch befand sich an einem neuralgischen Punkt und Spannungsverhältnis zwischen Beständigkeit, einem über Jahrzehnte gewachsenen Ruf und gleichzeitig in die Jahre gekommenen Markenauftritt sowie neuen und frischen Initiativen, zum Beispiel einer Italienreise zum Hersteller Rimadesio, Martini Tastings im Showroom, private Dinner Experiences und die Förderung jungen&lokaler Künstler und Modeschöpferinnen, um hochwertiges Interieur neu zu kontextualisieren. Es war klar: pesch ist die Anlaufstelle für hochwertiges Wohnen und bietet eine einzigartige Kunden-Experience, die andere Einrichtungshäuser nicht bieten. Das Problem: All dies wurde nicht kommuniziert. Außerdem befand sich pesch in einem Marktumfeld, in dem neben ein paar lokalen Einzelhändlern vor allem viele E-Commerce-Anbieter präsent sind und zu einer Preiskampfkommunikation beigetragen haben.

Was vermieden werden sollte: Menschen schauen sich im pesch Showroom das Objekt der Begierde an und kaufen es dann im Onlineshop beim Wettbewerb. Doch wer sind diese Menschen, die hochklassiges Interieur schätzen und eine persönliche Beratung durch Expertinnen dem schnellen Onlinekauf vorziehen?

Für zwei aufeinanderfolgende Tage fanden wir uns mit dem Team von pesch in ihren wunderschönen Räumlichkeiten zum gemeinsamen Avatar Hacking® Workshop zusammen. Zunächst wurden die Ziele des Workshops vorgestellt:

- Eine genaue Bestandsaufnahme des Status quo, um die Customer Journey zu evaluieren und daraus Optimierungspotenzial abzuleiten.
- Entwicklung eines datenbasierten Zielgruppenverständnisses, Definition der Makro-Zielgruppen und Vorstellung der Avatar Deepdive Tabelle.
- Verschiedene Szenarien für das Rebranding, um strategische Stoßrichtungen zu bestimmen, die pesch in die Zukunft tragen sollten.
- Vorstellung einer Roadmap, die die nächsten Schritte, die Timeline und die zu erledigenden Aufgaben umfasste, um eine klare und zielgerichtete Umsetzung zu gewährleisten.

Dabei ging es vor allem darum, ein gemeinsames Verständnis und eine Priorisierung dieser Ziele zu schaffen, um sicherzustellen, dass alle Beteiligten auf denselben Erfolg hinarbeiteten. Es wurde auf beiden Seiten über die Erwartungen an den Workshop gesprochen und anschließend legten wir los.

Durch die Menge an Marktbegleitenden fanden wir in der Vorbereitung dieses Workshops ein wahres Eldorado an Daten vor. Besonders aufschlussreich war für pesch aber vor allem die Keyword-Analyse. Hier zeigte sich, dass viele Marktbegleitende eine sehr funktionale, auf das Produkt bezogene Kommunikation wählten und kaum über Experience, Service und Qualität sprachen – alles Punkte, die in der Analyse von Bewertungen und Kommentaren von Menschen aus der Zielgruppe häufig in Erscheinung traten. Im Avatar Deepdive diskutierten wir zusammen über die Pains und Gains sowie gegenüberliegende Pain Reliever und Gain Creator und konnten im Gespräch herausfiltern, welche Aspekte für das Rebranding und alle aufbauenden kommunikativen Berührungspunkte priorisiert werden. Ein großartiges Gefühl, wenn schwarz auf weiß genau diese kommunikativen Pfeiler gesetzt sind.

Die Analyse verdeutlichte, dass eine kommunikative Differenzierung vor allem über die Qualitätsmerkmale der Beratung von pesch und den einzigartigen Showroom samt Events&Experiences erfolgen kann. Für die gestalterische Evolution der Marke ergab sich folgende strategische Stoßrichtung und der Leitsatz:

> *»Erst durch Kontext wird aus einem Produkt eine Inspiration und aus der Marke pesch eine Experience.«*

Jeder Visual-Branding- oder Rebranding-Auftrag stellt einen Balanceakt dar und ist immer wieder von Neuem eine spannende Challenge für mich als Designerin. Das Gespür für Ästhetik und Trends ist zwar eine wichtige Grundvoraussetzung für meinen Beruf als Designerin, aber gibt es so viele weitere Parameter, die für meinen Arbeitsprozess extrem wichtig sind und meiner Kreativität Grenzen setzen – was in diesem Kontext absolut wünschenswert ist! Ohne diese Eingrenzung (in diesem Fall eine detaillierte Übersicht der Präferenzen der Kernzielgruppe) würde die Gestaltung schnell verwässern. Ich sehe es tagtäglich an der Umsetzung von Webseiten, die extrem standardisiert und austauschbar wirken. Hier merke ich, es wurde sich nicht mit der Brand im Kern, ihrer Historie und ihrer Zielgruppe auseinandergesetzt. Denn es geht schon lange nicht nur um eine rein ästhetische Brand Experience, sondern um feine Nuancen im visuellen Storytelling, der Wechselwirkung von Text, Bild, Layout, die letztendlich im Gedächtnis der Zielgruppe bleiben und die Brand von den Wettbewerbern unterscheidet. Das Avatar Hacking® hilft Designern, diese Nuancen zu erspüren und gibt unseren Kundinnen zusätzliche Sicherheit in der Entscheidungsfindung.

Ich schaue mir die Erkenntnisse des Avatar Hacking® über die Zielgruppe ganz genau an. Welche anderen Brands konsumieren diese Menschen am liebsten? Auf welche Botschaften reagieren sie? Was kann ich innerhalb meines Auftrags anders gestalten? Wo kann ich die Zielgruppe gestalterisch abholen? Wo eventuell gestalterisch provozieren und etwas Neues wagen, um die Brand zu differenzieren? Die Erkenntnisse des Avatar Hacking® in Kombination mit dem Knowledge des Kunden und meiner Expertise für Ästhetik und Designtrends schaffen ein Ergebnis, mit dem meine Agentur Type Type Hype bisher viele Kunden überzeugt hat.

Mir als Designerin gibt es Orientierung, beschleunigt meine Prozesse, gibt eine zusätzliche Argumentationsgrundlage und schafft eine Brand Experience, die einzigartiger und beständiger ist.

6.6.2 Employer Branding – Gastbeitrag von Nina Handrup, Capgemini

Schaffe eine echte Verbindung zu deinen Mitarbeitenden und ziehe die besten Talente an!
Nina Handrup

In diesem Gastbeitrag von Nina Handrup, Employer-Branding-Expertin bei Capgemini, erfährst du,

- was hinter dem Buzzword »Employer Branding« an Chancen steckt.
- mit welchen Herausforderungen Arbeitgebermarken zu kämpfen haben und warum sich diese Situation zunehmend verschärft.
- mit welchen Strategien und Maßnahmen Arbeitgebende sich aus der Vergleichbarkeit zu ihren Marktbegleitenden befreien können.
- wie das Avatar Hacking® dabei angewendet werden kann, um eine Stärkung der Arbeitgebermarke und wirksamere Maßnahmen im Recruiting und Talent Retention, der Mitarbeitendenbindung, hervorzubringen.

Employer Branding als gern genutztes Buzzword – doch was steckt wirklich dahinter?

Unsere heutige schnelllebige Welt ist von Innovation und Wettbewerb geprägt. Dies zeigt deutlicher denn je, dass der erfolgreiche Fortbestand eines jeden Unternehmens von dessen Mitarbeitenden abhängt. Sie sind der strategische Erfolgsfaktor schlechthin. In Zeiten von Fachkräftemangel, New-Work-Gedanken und Wandel der Generationen stellt sich die Frage, wie ein Unternehmen diese essenziellen Stakeholder auf sich als Arbeitgeber aufmerksam machen, sie zu einer Bewerbung bewegen und sie schlussendlich langfristig binden und motivieren kann.

Stelle dir einmal vor, dass ein Unternehmen sowohl von den Mitarbeitenden, ihren Familien als auch vollkommen unternehmensfremden Personen nicht nur als Arbeitsstätte wahrgenommen wird, die dazu dient, das nötige Geld für das tägliche Leben zu beschaffen – sondern als eine lebendige Gemeinschaft, die an einem Strang zieht, ihre Mitarbeitenden inspiriert, individuell unterstützt, fördert und im passenden Maß fordert. Ähnlich wie bei einem Fußballverein, wo alle Mitarbeitenden sich als Teil des großen Ganzen begreifen und jeder von der Marketingchefin bis hin zum Zeugwart mit Herzblut bei der Sache ist und jeden Sieg auf dem Spielfeld auch als den eigenen Erfolg begreift. Ein Arbeitsumfeld, bei dem jeder individuelle Erfolg zu einer gemeinsamen Errungenschaft wird und auch in harten Zeiten alle erst recht zusammenrücken und über sich hinauswachsen. Exakt das ist das übergeordnete Ziel des Employer Branding.

Employer Branding ist somit weit mehr als nur ein Marketing- oder Personalbegriff, der aus einigen bunten Bildchen besteht. Vielmehr ist es der Schlüssel zur Schaffung einer einzigartigen Arbeitgebermarke, die das Herz eines Unternehmens widerspiegelt und hinter der eine kraftvolle und ganzheitliche Strategie steckt. Es ist die Kunst, die authentische DNA beziehungsweise Unternehmenskultur durch verschiedene Personalmarketingmaßnahmen von innen nach außen zu tragen und dadurch bestehende Mitarbeitende sowie potenzielle Bewerbende emotional zu berühren. Eine starke Arbeitgebermarke zeigt, wer das Unternehmen ist, woran es glaubt, wofür es steht und wo es hin möchte. Es geht darum, eine echte Verbindung herzustellen und die Menschen für die Vision, Mission und Werte zu begeistern, um so gemeinsam den langfristigen unternehmerischen Fortbestand zu sichern.

In konkreten Zielen ausgedrückt bedeutet das:

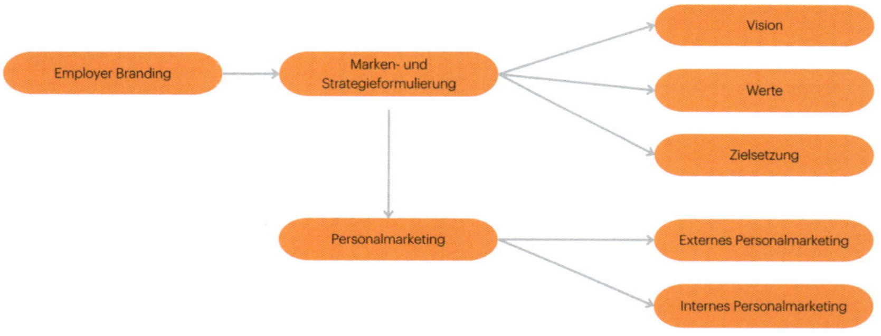

Abb. 53: Ziele des Employer Branding

Braucht denn wirklich jedes Unternehmen Employer Branding?
Ja, ja und noch mal ja! Employer Branding ist heutzutage für jedes Unternehmen jeden Alters und jeder Größe relevant und unerlässlich. Doch warum? Wir haben bereits grob den Status quo der aktuellen (Arbeits-)Marktsituation sowie die Herausforderungen der Arbeitgebenden angeschnitten. Schauen wir uns diese Punkte genauer an, wird klar, dass jedes Unternehmen aktiv werden muss, sofern es weiterhin bestehen möchte.

Die Never-ending-Story: Fachkräftemangel und demografischer Wandel
Die wohl bekanntesten Gründe, weshalb sich ein Unternehmen aktiv und attraktiv als Arbeitgeber positionieren muss, sind der Fachkräftemangel sowie der demografische Wandel. Mehr und mehr fordert die Wirtschaft hoch qualifizierte Jobs, für die es zum Beispiel aufgrund sinkender Geburtenraten oder auch Abwanderungen ins Ausland

nicht genügend qualifizierte Arbeitskräfte gibt. Der Arbeitsmarkt hat sich dadurch zu einem Arbeitnehmermarkt entwickelt, auf dem Fachkräfte aus unterschiedlichsten Angeboten den Job und Arbeitgeber wählen können, der am attraktivsten für sie ist. Für Unternehmen bedeutet dies den »War for Talents« und damit verbunden den Need, positiv aus der Masse hervorzustechen und ihre Versprechungen auch intern zu halten.

New Work, New Normal – in Dauerschleife

Bereits seit Jahren gibt es Bestrebungen, die Arbeitswelt zu optimieren. Wenn du auf die Entwicklung im Berufsalltag der vergangenen Jahrzehnte oder gar Jahrhunderte zurückblickst, wirst du einen völligen Wandel beobachten können. Noch die Eltern unserer Großeltern mussten oftmals jeden Tag in der Woche arbeiten, um ihre Familie ernähren zu können. Ein Wochenende oder geregelte Arbeitszeiten waren unvorstellbar. Vergleichst du das mit der Arbeitswelt vor der COVID-Pandemie, ist eine massive Veränderung offensichtlich. Es wird von Überstunden gesprochen, Urlaub kann genommen werden, Ruhetage sind am Wochenende möglich und trotzdem kann alles finanziert werden. Zu diesem Zeitpunkt waren Themen rund um Homeoffice und weitere Flexibilisierungen in der Arbeitswelt schon im Gespräch, allerdings mit wenig Nachdruck. Die Pandemie hat Arbeitgebende auf der ganzen Welt förmlich gezwungen, sich nicht nur mit diesen Inhalten zu befassen, sondern sie mussten sie kurzfristig, ohne viele Abwägungs- und Freigabeschleifen umsetzen. Zweieinhalb Jahre später sind Remote- und hybrides Arbeiten oder auch die Ermöglichung von Workation nicht mehr aus der Arbeitswelt wegzudenken und stellen den neuen Standard dar. Der Wunsch nach einer individuellen und selbstbestimmten Gestaltung des Arbeitstages, Selbstverwirklichung im (Neben-)Job oder auch dem entsprechenden Ausgleich in Form von Freizeit ist stark angestiegen. Dies belegen aktuelle Diskussionen in Richtung einer Vier-Tage-Woche oder Co-Leadership. Die verkürzte Arbeitswoche wird in unterschiedlichen Ländern, zum Beispiel Belgien, bereits aktiv unterstützt.

Somit ist eine individuell gestaltbare Work-Life-Balance kein Kunstwort oder Benefit mehr, sondern ein fester Bestandteil von New Work beziehungsweise dem »New Normal« und ein Must-have für die Arbeitnehmenden. Geht ein Arbeitgeber diesen Wandel nicht mit, ermöglicht also keine Flexibilität und schenkt neuen Wegen kein Vertrauen, wird dies unausweichlich Auswirkungen auf die Fluktuation sowie die Anzahl qualifizierter Bewerbungseingänge haben. Begegnet ein Unternehmen diesem Change gegenüber jedoch offenherzig, verankert die entsprechenden Inhalte auch fest in seiner Unternehmenskultur und kommuniziert sie, wird es wettbewerbsfähig bleiben.

Arbeit mit Purpose

Ein weiterer Grund, der eine klare und transparente Arbeitgebermarke unabdingbar macht, ist das wachsende Bedürfnis nach sinnstiftender Arbeit. Vor allem der Eintritt der Generation Z in die Arbeitswelt hat den Wunsch, mit einem Purpose zu arbeiten, noch mal verstärkt. Das gesellschaftliche Bewusstsein ist so sensibel wie noch nie und wird täglich durch Medien und Social Media weiter vorangetrieben. Die heutigen Arbeitnehmenden legen Wert darauf, dass ihr Arbeitgeber soziale Verantwortung übernimmt und sich nachhaltig für die Gesellschaft – wirtschaftlich und sozial – engagiert. Wenn sie zum Beispiel ihren Freunden von ihrem Beruf erzählen, möchten sie stolz auf den Impact sein, den ihr Arbeitgeber täglich leistet.

Wird dieses Engagement fest in der Arbeitgebermarke verankert, tatsächlich gelebt und nach außen getragen, stärkt dies die Bindung der aktuellen Belegschaft sowie das Image gegenüber sämtlichen Stakeholdern.

Die Stepps hin zur unverwechselbaren Arbeitgebermarke

Wenn du dich also der Entwicklung einer starken Employer Brand widmen willst, sollten drei verschiedene Analysen durchgeführt werden:

1. **Die Unternehmensanalyse.** Hier wird ein Stärken- und Schwächenprofil des Unternehmens als Arbeitgeber erstellt. Was macht das Unternehmen in der Ist-Situation bereits gut und wo gibt es Bedarf zur Optimierung? Zur Ermittlung der Daten können unter anderem Umfragen, Mitarbeitendengespräche sowie Zusammenfassungen durch Führungskräfte genutzt werden.
2. **Die Konkurrenzanalyse.** Auch der Auftritt der regionalen sowie branchennahen Marktbegleitenden sollte betrachtet werden. Es gilt zu erfahren, wie diese gegenüber ihren Zielgruppen in Wort- und Bildwelt sowie konkreten Recruiting-Maßnahmen und Aktivitäten auftreten. Zusätzlich kann betrachtet werden, wo ihre Stärken und Schwächen als Arbeitgeber liegen. Dies ermöglicht auf der einen Seite eine Ableitung, was die eigene Employer Brand und die entsprechenden Maßnahmen mindestens enthalten beziehungsweise erfüllen müssen. Auf der anderen Seite wird so auch klar, wie eine Abhebung zur Konkurrenz in positiver Art und Weise aussehen könnte. Betrachtet werden können hierbei unter anderem die Karriereseiten und Social-Media-Kanäle.
3. **Die Zielgruppenanalyse.** Jede mitarbeitende Person in einem Unternehmen ist individuell – in ihren Wünschen, Needs, Interessen, Motivationen, Wertevorstellungen und so weiter. Bei der Formulierung der Arbeitgebermarke sollte darauf geachtet werden, sämtliche Zielgruppen innerhalb der aktuellen sowie zukünftigen Belegschaft inhaltlich zu berücksichtigen. Die Marke sollte idealerweise jede Zielperson positiv ansprechen, um Identifikation und Aufmerksamkeit sicherzustellen. Um valide Profile zu erhalten, gilt es im ersten Schritt die Zielgruppen zu definieren, die künftig im Unternehmen sein werden beziehungsweise sollen. Hier bietet es sich an, nach dem jeweiligen Fach- oder Berufsbereich zu unterteilen. Im nächsten Schritt werden diese Gruppen dann genauer betrachtet, um fiktive, aufschlussreiche Makrozielgruppen zu erstellen. Hierzu gehören unter anderem direkte Gespräche mit der bestehenden Belegschaft, eine externe Umfrage sowie umfangreiche Recherchearbeiten.

Die Ergebnisse aus diesen drei Analysen werden dann zu einer Marke zusammengefasst, die authentisch und anders ist als die der Konkurrenz. Dabei entstehen eine Vision, eine Mission, Werte, Kernbotschaften und zielgruppenspezifische To-dos. Diese Inhalte werden wiederum auf die tangierenden Bereiche übertragen. Hierzu zählen beispielsweise die Personal- oder auch die Marketingabteilung. Die Aufgabe dieser Abteilungen ist zweigeteilt. Zum einen gilt es, die neu erschaffenen Inhalte als roten Faden einheitlich in ihre Kommunikation zu adaptieren. Zum anderen müssen sie Ziele aus ihrem Fachbereich heraus definieren, die zur Erreichung der Arbeitgebervision und -mission dienen und die entsprechenden Maßnahmen einleiten und umsetzen.

In konkreten Beispielen ausgedrückt: Intern könnte zum Beispiel eine transparentere Kommunikation seitens der Marketingabteilung das Ziel sein, um Mitarbeitende mehr in die unternehmerischen Aktivitäten zu involvieren. Eine mögliche Maßnahme wäre dann ein Vlog der Geschäftsführung. Extern ist es denkbar, dass sich die Zielgruppen eine deutlichere Darstellung der Entwicklungsmöglichkeiten im Unternehmen wünschen. Hier wären denkbare Maßnahmen von HR und Marketing, eine Optimierung der Karriereseite und Stellenanzeigen vorzunehmen sowie entsprechende Hinweise auf den Social-Media-Kanälen.

Internal involvement is key

Die bestehenden Mitarbeitenden sind nicht nur durch ihre berufliche Leistung der entscheidende strategische Erfolgsfaktor für jedes Unternehmen. Sie sind zudem auch die größten und stärksten Markenbotschafter. Alles, was intern gut oder eben auch schlecht läuft, wird unausweichlich durch sie nach außen getragen. Ganz gleich, ob es um das Teamgefüge, das letzte Gehaltsgespräch oder die Botschaften der Arbeitgebermarke geht: Die Belegschaft wird diese Inhalte an Familie und Freunde oder über öffentliche Bewertungsplattformen wie kununu weitergeben. Die Reputation ist somit maßgeblich für das wahrnehmbare Image des Unternehmens als Arbeitgeber. Werden sie aktiv am Entstehungsprozess der Employer Brand beteiligt, fühlen sie sich abgeholt, respektiert und wertgeschätzt, da ihre Meinung zählt-

Ist die Arbeitgebermarke final formuliert und wird mit ihr in allen Abteilungen gearbeitet, geht es in die kontinuierliche Optimierung. Eine Arbeitgebermarke ist kein statisches Konzept, sondern sollte sich dauerhaft weiterentwickeln, um sich den verändernden Bedürfnissen von Mitarbeitenden und Bewerbenden anzupassen. Regelmäßige Überprüfung und Anpassung sind entscheidend, um den langfristigen Erfolg des Unternehmens sicherzustellen.

Avatar Hacking® goes Employer Branding

Mit Blick auf den initialen Arbeitsaufwand zur Entstehung einer Arbeitgebermarke sowie der kontinuierlichen Betreuung des Employer Branding wird vielen Verantwortlichen mulmig: Personalkosten, Zeitaufwand, Budgets für entsprechende Maßnahmen, all dies aus den bestehenden Ressourcen? Das Avatar Hacking® mit dem Schwerpunkt Employer Branding spart hier Zeit, Geld und personelle Ressourcen.

Auch beim Avatar Hacking® sind die oben genannten Analysen relevant. Die Besonderheit hierbei ist, dass diese datenbasiert erfolgen. Anders als bei bisherigen Persona-Erarbeitungen oder Unternehmensanalysen werden nicht etwa nur Durchschnittswerte einer bestimmten befragten Personenmenge oder Umfrageergebnisse herangezogen. Vielmehr greift das Avatar Hacking® viel weitreichender zum Beispiel auf das Suchverhalten, die genutzte Wortwahl in Social-Media-Kommentaren, konkrete Reputationen oder auch Werbeanzeigenverhalten sämtlicher Zielgruppen und Unternehmen zurück. All diese Daten werden je Arbeitnehmenden-Zielgruppe als systematisierte Annahmen unter Pains sowie Gains zusammengefasst und mit authentischen Pain Relievers sowie Gain Creators aus dem jeweiligen Unternehmen zusammengeführt. So entstehen nicht nur klare Aussagen, welche die Zielgruppen effizient ansprechen. Klar werden hierdurch auch die absoluten Stärken des Arbeitgebers, woraus eine klare und sich von den Marktbegleitern differenzierende Formulierung möglich wird.

Das durch die Insights entstandene System dient der fortlaufenden Wertschöpfung und Nutzung. Hierdurch sind HR-Teams nicht mehr auf teure und nicht skalierbare Dienstleistungen wie beispielsweise Headhunter angewiesen, sondern können selbst in die Gestaltung von Maßnahmen gehen. Insbesondere für eine Candidate Journey, die aus dem Überangebot an Stellenanzeigen und Jobplattformen hervorsticht, sind die erarbeiteten Elemente des Avatar Hacking® Gold wert.

Den Gastbeitrag von Nina Handrup möchten wir um ein Kundenbeispiel ergänzen, wie das Avatar Hacking® für ein Employer Branding aussehen kann.

Über den QR-Code kommst du zu einem Kundenbeispiel, bei dem wir durch das Avatar Hacking® die Candidate Journey und Arbeitgebermarke substanziell optimieren konnten.

Insgesamt ist Employer Branding eine mächtige Strategie, die nicht nur die äußere Wahrnehmung eines Unternehmens positiv beeinflusst. Intern entfacht sie das Feuer in den Mitarbeitenden, sie bindet und sie motiviert zu Höchstleistungen. Extern zieht sie die besten Talente an. Es ist eine Investition in die Zukunft eines Unternehmens und ein Weg, um eine lebendige und inspirierende Arbeitsgemeinschaft zu schaffen. Aus ihr werden effiziente Personalmarketing-Maßnahmen abgeleitet werden. Es sollte nicht länger gezögert werden, das Potenzial der eigenen Arbeitgebermarke zu entdecken und eine emotionale Verbindung mit den Mitarbeitenden und Bewerbenden herzustellen. Es ist an der Zeit, die Magie deines Unternehmens von innen nach außen zu tragen.

Um dieses Thema inhaltlich wie auch mit Blick auf die tägliche Nutzung auf ein nächstes Level zu heben, stellt das Avatar Hacking® den idealen Startpunkt dar. Es gibt nicht nur validierte Erkenntnisse über das eigene Unternehmen, die Zielgruppen sowie die Konkurrenz, sondern liefert auch direkte Kommunikations-, Positionierung- und Differenzierungsinhalte – perfekt für ein authentisches und maßgeschneidertes Employer Branding.

7 Ein Resümee für die Zukunft

Marketing hat sich verändert. Mit dieser Erkenntnis sind wir gestartet. Die Medien, in denen heute geworben wird, sind größtenteils digital und erlauben viel tiefere und schnellere Einblicke in die Performance deiner Kampagnen. Modernes Marketing hat stets die Zielgruppe im Fokus und ist datenbasiert. Während das in der Marketingwelt unstrittig als gesetzt gilt und wir uns auch über die damit verbundenen veränderten Anforderungen an unsere Tätigkeit im Klaren sind, verlassen sich noch viele Marketers auf etablierte, aber veraltete Arbeitsmethoden, die ihnen nicht gerecht werden. Denn um die Daten nutzbar zu machen, muss ein zeitgemäßes Marketing neben dem Zielgruppenfokus so aufgestellt sein, dass Daten schnell erfasst, analysiert und so verarbeitet werden, dass die Marketingstrategie umgehend an neu gewonnene Erkenntnisse angepasst werden kann. Eine der weiterhin etabliertesten Marketingpraktiken, die Zielgruppenansprache durch Personas, hat zwar die Zielgruppe im Fokus, allerdings sind Personas zu oft persönlich eingefärbt und geben ein verwaschenes Bild der Zielgruppe wieder, anstatt sie messerscharf und datenbasiert in all ihren unterschiedlichen Ausprägungen nutzbar zu machen. Das viel größere Problem dabei ist allerdings, dass Personas statisch sind und sich durch neu gewonnene Datenerkenntnisse nicht weiterentwickeln. Das Resultat: zielgruppenorientiertes Marketing für echte Menschen, ausgerichtet nach den Vorstellungen über fiktive Charaktere. Das entspricht in etwa dem erfolglosen Kampf Don Quijotes, der durch Spanien ritt und Windmühlen attackierte, weil er sie für miesgelaunte Riesen hielt. Allerdings hat diese Zielgruppen-Fata-Morgana auch gar nicht die Möglichkeit, sich zu entwickeln. Hierfür bräuchte es die stetige Anpassung durch eine fortlaufende Datenanalyse. Da im Marketing allerdings noch sehr häufig in linearen Mustern gedacht wird, kommt die praktische Verwendung von Daten im Marketingalltag noch immer viel zu kurz, wenn sie denn überhaupt stattfindet. Anstelle Datenerkenntnisse in kurzen Intervallen, wie in der Softwareentwicklung bereits standardisiert, mittels agiler Arbeitsweise immer wieder Einfluss auf die Strategie nehmen zu lassen, sind lange Strategiemeetings im Jahres- oder Quartalstakt noch viel zu häufig traurige Praxis. Die Marketingstrategie entwickelt sich so eben nicht fortlaufend und baut auf immer neuen Erkenntnissen auf, sondern wird in regelmäßigen Abständen blind kopiert oder komplett über den Haufen geworfen, sodass wieder bei null angefangen werden muss.

Mit dem Avatar Hacking® sind wir mit einem Instrument angetreten, um diesen geänderten und sich kontinuierlich ändernden Ansprüchen ein zeitgemäßes Framework zur Seite zu stellen, das sowohl zielgruppenfokussiert als auch agil ist und es dir ermöglicht, dein Marketing auf Datenbasis fortlaufend und zeitnah anzupassen.

Dabei haben wir das Rad nicht neu erfunden, sondern bedienen uns etablierter Methodiken. Um den Anforderungen einer agilen Arbeitsweise zu entsprechen, orientieren wir uns stark am agilen Framework Scrum, das zunehmend nicht mehr nur in der Softwareentwicklung eingesetzt wird. Große Projekte werden in kleine Inkremente aufgeteilt und in kurzen Iterationsschleifen umgesetzt, um sie schnell auf den Markt zu bringen und zeitnah das Feedback der Nutzenden in weiteren Schritten einarbeiten zu können. Der perfekte Ansatz, um deine Marketingstrategie mit immer wieder neu gewonnen Erkenntnissen über deine Zielgruppe anpassen zu können. Damit das auch für dein Marketing funktioniert, teilen wir es in drei Phasen auf, die 3 Cs. In der Concept-Phase sammelst du Daten, interpretierst sie und erstellst die Strategie. Um diese Daten für den weiteren Prozess nutzbar zu machen, bedienst du dich eines weiteren Konzeptes: dem Value Proposition Canvas. Hierdurch sortierst du Daten in die Kategorien Product/Service, Customer Job, Pains, Gains, Pain Relievers und Gain Creators ein. Diese bezeichnen wir als Avatar Elements. Nachdem du deine Daten geordnet und verschiedenen Avataren zugewiesen hast, werden diese in der Creation-Phase in Creatives übersetzt. Damit du hier stets den Überblick behältst, kombinierst du je Avatar verschiedene Avatar Elements mit verschiedenen Formaten und Erzählweisen. Diese als Container bezeichneten Elemente testest du dann im dritten C, der Commerce-Phase. Hier präsentierst du deiner Zielgruppe deine Container, sammelst Daten, was funktioniert und was nicht, testest, iterierest und springst immer wieder zurück in die Creation- und Concept-Phase, um deine Strategie den neusten Erkenntnissen entsprechend in zirkulären Iterationsschleifen anzupassen. Das Ganze ist eingebettet in eine Scrum sehr ähnliche Struktur aus regelmäßigen Teammeetings, Updates sowie SOPs.

Mit diesem Buch hoffen wir eine solide Basis geschaffen zu haben, die es dir ermöglicht, agiles und zielgruppenorientiertes Marketing effektiv und nachhaltig in dein Unternehmen zu integrieren.

Marketing wird vom Zeitgeist und den kommunikationstechnischen Möglichkeiten bestimmt. Die Branche ist somit einem stetigen Wandel ausgesetzt. Das, was für die Industrie die Erfindung von Produktionsmaschinen war und Mitte des 18. Jahrhunderts die industrielle Revolution einläutete, dürfte im Marketing die Digitalisierung sein, die plötzlich im großen Stile Zugriff auf Daten ermöglichte und so Werbetreibende in die Köpfe der Kundschaft blicken ließ. Insbesondere der Siegeszug von Social-Media-Plattformen Anfang der 2000er-Jahre hat diese Entwicklung nur noch zusätzlich befeuert. Wir befinden uns also noch immer in einer relativ jungen Phase des neuen Marketingzeitalters. Aber was bedeutet das für die Zukunft? Natürlich ist auch für uns jede Aussage zur Marketingzukunft ein Blick in die Glaskugel. Welche Plattform wird sich wie verändern? Welche ist das neue TikTok? Wird Social Media noch die gleiche Relevanz genießen, wie es aktuell der Fall ist? Und wenn ja, wie lange?

All das können wir dir leider nicht beantworten. Eines ist allerdings klar: »Marketing is here to last!« – genau wie die gravierten Tonvasen im alten Griechenland. Doch es darf vermutet werden, dass sich die Marketingwelt eher weiter von den »historischen Töpfereien« entfernen und auch weiterhin einen Platz ganz vorne bei jedem technologischen Fortschritt einnehmen wird. Unabhängig davon, ob sich die Werbekommunikation der Zukunft in Virtual oder Augmented Reality abspielen wird, sind wir uns sicher, dass sich der Fokus auf die Bedürfnisse der Kundschaft in Zukunft nur weiter

verstärken wird. Marketing wird versuchen, immer persönlicher zu werden und Werbebotschaften so individuell wie möglich zu übermitteln. Entsprechend werden Daten einen immer größeren Wert für die Werbeindustrie darstellen und eine zentrale Rolle spielen.
Zielgruppenfokus und immer größere Datensätze werden noch mehr den Arbeitsalltag bestimmen. Dies wird eine agile Arbeitsweise schlichtweg unabdingbar machen. Und im Kern des Ganzen steht: der Content. Dieser wird noch weiter in den Fokus rücken und eine noch größere Bedeutung erlangen. Wir Menschen haben ein starkes intrinsisches Bedürfnis nach Geschichten, die uns individuell berühren. In welchem Format diese in Zukunft erzählt und konsumiert werden, wird die Zeit zeigen. Dass wir hierdurch noch schneller Feedback von unserer Zielgruppe auf unsere Kommunikation erhalten werden, steht allerdings außer Frage. Damit wir auch noch übermorgen entsprechend effizient darauf reagieren können, ist das Avatar Hacking® deine perfekte Basis.
Die Arbeitsweise im Marketing brauchte ein Update, entsprechend der Weisung von Seth Godin – »They say the best way to complain is to make things better.«[52] – haben wir mit dem Avatar Hacking® einen wichtigen Schritt nach vorne gewagt. Getreu der Philosophie einer agilen Arbeitsweise ist auch die Entwicklung des Avatar Hacking® nicht abgeschlossen. Einer unserer firmeninternen Leitsätze lautet: »Challenge the status quo.« Die Grundsäulen des Avatar Hacking® – Datenbasiertheit, Zielgruppenfokus und Agilität – werden dieselben bleiben, die Tools und Prozesse werden sich dem technischen Fortschritt anpassen. Neue Apps, Plattformen und künstliche Intelligenz werden in das Avatar Hacking® integriert werden und es immer besser und effizienter machen. Entsprechend werden wir es stetig weiterentwickeln und laden auch dich dazu ein, deinen Teil dazu beizutragen, das Avatar Hacking® zu erweitern und/oder an deine persönlichen Präferenzen und Anforderungen anzupassen sowie deine Erfolge mit dem Framework zu teilen und andere für eine agile Arbeitsweise im Marketing zu begeistern. Damit gute Ideen langfristig und nachhaltig das Gehör erhalten, das sie verdienen und die Menschen erreichen, die sie wertschätzen.
Über den QR-Code gelangst du zu einem Feedbackformular, über das du Kontakt zu uns aufnehmen kannst.

Wir wünschen dir alles Gute und viel Erfolg!

52 Godin, S. (13.11.2018): This Is Marketing: You Can't Be Seen Until You Learn to See. New York: Penguin.

Danke

Der erste Dank gebührt dir. Es ehrt uns, dass du uns dein Vertrauen und deine Zeit geschenkt hast. Auch wenn es wie eine Floskel klingen mag, wissen wir das sehr zu schätzen. Wir hoffen, dir mit dem Avatar Hacking® ein Konzept an die Hand zu geben, dass dein Marketing nachhaltig definieren wird und viele Erfolge für dich bereithält. Wir haben dieses Buch all denen gewidmet, die auch in schwierigen Zeiten die Zähne zusammenbeißen und dem Schicksal ins Gesicht lachen. Wir wünschen dir immer nur Rückenwind und dass du dich nicht von den Aufs und Abs des (Marketing-)Alltags in die Knie zwingen lässt. Die Chancen stehen sehr gut, dass, wenn du dieses Buch in Händen hältst, du Großes vorhast. Die Vorstellung, dass wir dazu beitragen dürfen, ist ein sehr erhebendes Gefühl. Deshalb möchten wir dir von ganzem Herzen danke sagen.

Dieses Buch zu schreiben hat uns durch alle Emotionen gehen lassen und so manche schlaflose Nacht gekostet. Und das, obwohl wir uns auch beim Schreiben agiler Methoden bedient und iterativ Sprint für Sprint einzelne Inkremente – Seiten, Abschnitte, Kapitel – weggearbeitet haben. Eine wahre Mammutaufgabe, so viele Gedanken neben dem Tagesgeschäft geordnet in dieser Fülle zu Papier zu bringen. Ohne die Unterstützung vieler großartiger Menschen hätten wir das nicht hinbekommen. Denn das Einzige, was stärker ist als ein großartiges System, sind die Menschen dahinter.

Deshalb einen großen Dank für den unglaublichen Support und das starke Nervenkostüm an Kerstin Ehrlich und Jessica Sonnenberg vom Haufe Verlag sowie an die weltbeste Lektorin Juliane Sowah. Ohne euch wäre das Buch nicht erschienen.

Mit dem Haufe Verlag verbindet uns zudem mehr als nur dieses Buch. Wir haben uns über ein von Haufe organisiertes Camp in Ägypten kennengelernt. Das war der Grundstein für die Gründung von MUYDOZO und der Urknall für das Avatar Hacking®. Über die Jahre hatten wir wieder und wieder die Möglichkeit, gemeinsam mit Haufe Projekte umzusetzen, egal ob als Dienstleister über unsere Agentur oder persönlich als Mentorinnen in den Start-up Camps. Dass wir nun über den gleichen Verlag, der uns zusammengeführt hat, unser Avatar-Hacking®-Buch realisieren konnten, fühlt sich wie eine vorbestimmte Vollendung eines Kreises und einfach nur richtig an.

Vor allem möchten wir uns in diesem Zuge ganz besonders bei Yalun Meng und Dominik Stegmann bedanken, zu denen wir über die Jahre weitaus mehr als eine partnerschaftliche Beziehung aufbauen durften und die gemeinsam mit den Lexware Geschäftsführern Jörg Frey und Christian Steiger die Werte des Unternehmens verkörpern, bei denen neben Nachhaltigkeit und Innovation stets der Mensch und das Miteinander im Zentrum stehen. Dass das nicht nur leere Worthülsen sind, merken wir bei jeder Interaktion mit euch und das zieht sich durch das gesamte Team.

Ein großer Dank gilt auch dem ganzen MUYDOZO-Team. Ihr setzt nicht nur tagtäglich das Avatar Hacking® um und entwickelt es weiter, sondern ihr habt uns vor allem in dieser monatelangen Zeit des Schreibens den Rücken freigehalten. Wir haben gemeinsam bereits Großes geschaffen und freuen uns darauf, mit euch auch weiterhin Maßstäbe im Marketing zu setzen und unseren Werten dabei stets treu zu bleiben.

Als Co-Autoren dieses Buches möchten wir auch noch einmal einzeln und ganz persönlich Dank aussprechen.

Anna Müller

Es war eine außergewöhnliche Reise, dieses Buch mitzugestalten, und es gibt so viele, denen ich auf diesem Weg begegnen durfte und die mir geholfen haben. Zuerst möchte ich meinen Eltern danken, deren unerschütterlicher Glaube an mich und meine Träume mir stets Rückhalt und Inspiration gab – danke, dass ihr immer für mich da seid. Ebenso danke ich meiner Schwester Teresa, die mich beruflich wie menschlich immer wieder inspiriert, motiviert und challengt. Ein besonderer Dank gilt meinem Freund Baris, der mich mit Geduld, Liebe und Verständnis auf diesem Weg begleitet hat. Eure Unterstützung bedeutet mir alles.

Ein herzliches Dankeschön geht auch an Juliane, unsere Lektorin, deren scharfer Blick und wertvolle Anregungen maßgeblich zur Qualität dieses Werkes beigetragen haben. Danke, dass du es mit uns ausgehalten hast.

Abschließend danke ich dem Team des Haufe Verlags für euren unermüdlichen Einsatz und die Möglichkeiten, die ihr jungen Macher:innen in Deutschland bietet – ihr habt meinen Werdegang maßgeblich durch die eine oder andere bereichernde Begegnung, die auf euer Konto geht, positiv beeinflusst. Ohne euch wäre dieses Buch nicht das, was es jetzt ist.

Florian Eckelmann

Der Schreibprozess an diesem Buch war von der einen oder anderen privaten Windböe gezeichnet. Tatsächlich war es eine sehr transformative und wichtige Zeit, in der mir das Niederschreiben neben ein paar grauen Barthaaren aber vor allem eine sehr erfüllende kreative Beschäftigung war. Auch wenn das jetzt ein wenig hochtrabend klingen mag, möchte ich mich bei Gott für die Werte und das Leben bedanken, das ich leben darf. Ich bin ein wahrlich gesegneter Mensch und mehr als dankbar für den Rückhalt und die Liebe meiner Familie, insbesondere meiner Eltern, meiner Tante und meiner Ehefrau. Es gibt keine Situation, in der ich nicht auf euch zählen kann und ihr mich ohne Einschränkung darin supportet, wer ich bin und wohin ich mich entwickeln möchte. Mama, Papa, Karin und Mala, ich danke euch von Herzen. Christelle, ich könnte nicht stolzer sein, dich an meiner Seite zu wissen. Ein großer Dank auch an meinen Patenonkel Wini und an Sabine, ihr habt mir von klein auf vorgelebt, was

Freundschaft und Großzügigkeit bedeutet – Werte, die mir heilig sind. Danke an meine wahren Freunde, mit denen ich so viele prägende Erlebnisse verbinde, Höhen und Tiefen erlebt habe, wir einander für unsere Unterschiede wertschätzen und stets unsere Freundschaft und Loyalität zueinander über alles gestellt haben. Ich danke euch von Herzen, ihr macht mich aus.

Zu guter Letzt eine tiefe Verneigung vor meinen Co-Autoren. Auch wenn ich mir noch während des Jurastudiums geschworen habe, »wenn das hier vorbei ist, schreibe ich nie wieder auch nur eine Seite!«, bin ich voller Stolz, dass ich mit meinem Vorsatz gebrochen habe. Was ein Ritt! Ich freue mich irrsinnig, dass wir das hier gemeinsam realisieren konnten! Auf viele weitere große Abenteuer und Erfolge. Danke!

Siamak Ghofrani
Ich möchte mich an dieser Stelle nicht nur bei unseren großartigen Partnern bedanken, sondern auch bei all meinen Freunden, meinen Familienmitgliedern und besonders bei meiner Frau und meiner Tochter. Ihr gebt mir das Lächeln, den Ausgleich im Leben, um auf der Arbeit auf so smarte Prozesse wie das Avatar Hacking® zu kommen.

Glossar

Allgemeine Marketingbegriffe

A/B-Test	Test, bei dem zwei Varianten miteinander verglichen werden, um deren Leistung zu messen und zu optimieren.
Ad Creative	Die visuelle oder textliche Gestaltung einer Anzeige in einer Werbekampagne.
Agile Arbeit/Agile Work	Eine iterative Arbeitsmethode, die es Teams ermöglicht, flexibel auf Änderungen zu reagieren und schnell Ergebnisse zu liefern.
Agiles Marketing	Die Anwendung agiler Arbeitsmethoden auf die Arbeit im Marketing.
Angle	Die spezifische Perspektive oder Herangehensweise, um ein Produkt oder eine Dienstleistung zu präsentieren.
Angle Testing	Testen verschiedener Ansätze oder Blickwinkel, um die effektivste Marketingstrategie zu ermitteln.
Anpassungsfähigkeit	Einer der Hauptvorteile von Agile Marketing ist die Fähigkeit, sich schnell an Veränderungen anzupassen – sei es aufgrund von Kundenfeedback, exogenen Faktoren wie Marktveränderungen oder internen Faktoren wie Budgetänderungen. Trends und Entwicklungen werden vorausschauend wahrgenommen und bei der Planung von Marketingmaßnahmen frühzeitig antizipiert.
Beibehaltungsrate (Retention Rate)	Die Beibehaltungsrate misst, wie gut ein Video oder ein Inhalt das Publikum über einen bestimmten Zeitraum hinweg halten kann. Sie zeigt, wie viele Zuschauer ein Video nicht nur starten, sondern weiter anschauen.
Business Model Canvas (BMC)	Der Business Model Canvas ist ein strategisches Werkzeug und eine Visualisierungsmethode, die das Geschäftsmodell eines Unternehmens auf einer einzigen Seite darstellt und analysiert. Das Canvas besteht aus neun Schlüsselelementen, darunter Kundensegmente, Wertangebote, Vertriebskanäle, Kundenbeziehungen, Einnahmequellen, Schlüsselressourcen, Schlüsselaktivitäten, Schlüsselpartnerschaften und Kostenstruktur. Durch die Verwendung des BMC können Unternehmen ihr Geschäftsmodell klar definieren, verstehen, kommunizieren und verbessern, um erfolgreich zu sein und sich an veränderte Marktbedingungen anzupassen.

Call to Action (CTA)	Ein auffordernder Text oder ein grafisches Element in einer Werbeanzeige oder auf einer Webseite, das den Benutzer dazu auffordert, eine bestimmte Handlung auszuführen.
Corporate Identity (CI)	Die visuelle und konzeptionelle Identität eines Unternehmens, die sein Erscheinungsbild, seine Werte und seine Botschaften definiert.
Claim	Im Marketing bezieht sich der Begriff »Claim« auf einen kurzen und prägnanten Slogan oder eine Aussage, die eine zentrale Botschaft oder ein Alleinstellungsmerkmal (USP) eines Produkts, einer Marke oder eines Unternehmens kommuniziert. Der Claim soll in wenigen Worten das Wesentliche und Charakteristische eines Angebots zusammenfassen und beim Publikum einen bleibenden Eindruck hinterlassen.
Click Through Rate (CTR) – All	Der CTR All ist die allgemeine Klickrate, die den Prozentsatz aller Klicks auf eine Anzeige im Verhältnis zur Gesamtzahl der Impressionen misst. Dies schließt alle Arten von Interaktionen ein: Klicks auf einen Link sowie weitere Aktionen wie das Klicken auf ein Profilbild oder einen Namen.
Click Through Rate (CTR) – Link Click	Der CTR Link Click ist der Prozentsatz von Klicks auf einen spezifischen Link in einer Werbeanzeige oder einen Inhalt im Verhältnis zur Gesamtzahl der Impressionen. Er misst, wie effektiv eine Anzeige darin ist, Nutzende dazu zu bringen, auf den bereitgestellten Link zu klicken.
Confirmation Bias	Der Begriff »Confirmation Bias« (Bestätigungsfehler) bezieht sich auf eine kognitive Verzerrung, die in der Psychologie und im Marketing bei der Entscheidungsfindung eine wichtige Rolle spielt. Er bezeichnet die Tendenz von Menschen, Informationen auf eine Weise zu suchen, zu interpretieren, zu favorisieren und zu erinnern, die ihre eigenen Vorannahmen oder Überzeugungen bestätigt. Personen, die dem Bestätigungsfehler unterliegen, achten eher auf Informationen, die ihre bestehenden Ansichten unterstützen, während sie gleichzeitig widersprüchliche Informationen ignorieren oder herunterspielen.
Conversion	Der Prozess, bei dem eine potenzielle Kundin eine gewünschte Handlung ausführt, zum Beispiel einen Kauf tätigt oder ein Formular ausfüllt.

Copy	Im Marketing bezieht sich Copy auf den Text oder schriftliche Inhalte, die in verschiedenen Marketingmaterialien verwendet werden, um Produkte, Dienstleistungen oder Ideen zu bewerben und zu vermarkten. Dieser Text kann in verschiedenen Formen auftreten, einschließlich Anzeigen, Werbebroschüren, Websiteinhalten, Social-Media-Posts, E-Mail-Marketing und mehr.
Cost Per Click (CPC)	Der CPC bezeichnet die Kosten, die entstehen, wenn eine Person auf eine Werbeanzeige klickt.
Cost Per Mille (CPM)	Die Kosten pro tausend Impressionen einer Anzeige.
Cost Per-Acquisition (CPA)	Die Kosten, die einem Unternehmen entstehen, um eine bestimmte Conversion zu erzielen.
Cost Per Lead (CPL)	Die Kosten, die einem Unternehmen entstehen, um einen potenziellen Kunden zu generieren.
Cost Per Mille (CPM)	Die Kosten pro tausend Impressionen einer Anzeige.
Customer Lifetime Value (CLV)	Die CLV-Metrik gibt an, wie viel ein Kunde über seine gesamte Kundenbeziehung hinweg voraussichtlich für Produkte oder Dienstleistungen ausgeben wird. Kunden mit einem hohen CLV sind für ein Unternehmen besonders wertvoll und sollten entsprechend gepflegt werden.
Demografische Daten	Angaben wie Alter, Geschlecht, Standort und Sprache der Kundschaft.
Funnel	Der Begriff »Funnel« (Trichter) ist ein zentrales Konzept im Marketing und Vertrieb, das den Prozess beschreibt, den die potenzielle Kundschaft bis zum tatsächlichen Abschluss durchläuft.
Hard Conversion	Hard Conversion bezeichnet eine messbare Aktion, die direkt mit dem primären Geschäftsziel einer Website oder einer Marketingkampagne verbunden ist. Typischerweise handelt es sich um Aktionen, die einen unmittelbaren und quantifizierbaren Wert für das Unternehmen darstellen, beispielsweise der Verkauf eines Produkts, die Anmeldung für einen kostenpflichtigen Service oder das Abschließen einer Buchung. Hard Conversions sind oft das Endziel von Marketingtrichtern und werden als Schlüsselindikatoren für den Erfolg einer Marketingstrategie angesehen.

Headline	Im Marketing bezieht sich der Begriff »Headline« auf die Überschrift oder den Titel, der in Werbematerialien, Anzeigen, Artikeln, Websites und anderen Marketingkommunikationen verwendet wird. Die Headline ist in der Regel der erste Satz oder die erste Zeile, die die Aufmerksamkeit der Leserin oder des Betrachters auf sich zieht. Sie hat die Aufgabe, das Interesse zu wecken und dazu zu bewegen, auch den Rest des Inhalts zu lesen oder sich näher mit dem beworbenen Produkt oder der Dienstleistung zu befassen. Die MUYDOZO Headline-Formel lautet: »Powerwort + Product/Service bei Customer Job für Gain ohne Pain«.
Heatmap	Eine visuelle Darstellung, die zeigt, wie Nutzende auf einer Webseite interagieren, indem sie die Bereiche mit der höchsten Aktivität hervorhebt.
Iterative Entwicklung	Anstatt große Marketingkampagnen über lange Zeiträume zu planen, wird in kleineren, iterativen Zyklen schnell auf Marktveränderungen reagiert.
Kanban	Kanban ist ein visuelles System zur Verwaltung der Arbeit, das den Fokus auf kontinuierliche Lieferung legt, ohne das Team zu überlasten. Es basiert auf Kanban-Boards, die in Spalten unterteilt sind und die verschiedenen Stadien eines Prozesses darstellen, durch die Aufgaben (dargestellt durch Karten) verschoben werden, wenn sie durch die verschiedenen Phasen der Entwicklung oder Bearbeitung fortschreiten.
Kollaboration	Teams arbeiten eng verzahnt zusammen und kommunizieren regelmäßig, um sicherzustellen, dass alle auf dem gleichen Stand sind und effektiv zusammenarbeiten.
Key Performance Indicator (KPI)	Messgröße, die den Fortschritt oder den Erfolg eines Unternehmens in Bezug auf seine Ziele misst.
Landingpage	Eine speziell gestaltete Webseite, auf die Besuchende gelangen, nachdem sie auf einen Link in einer Werbeanzeige oder einer Suchmaschinenergebnisseite geklickt haben.
Leads	Potenzielle Kunden, die Interesse an einem Produkt oder einer Dienstleistung zeigen, indem sie beispielsweise ein Formular ausgefüllt haben.
Messung/Daten	Alle Teammitglieder haben Zugang zu Projektinformationen, Fortschrittsberichten und anderen relevanten Daten, was zu einer transparenten Arbeitsumgebung führt und Informationsasymmetrien abbaut.

Minimum Viable Product (MVP)	Ein MVP ist die einfachste Version eines neuen Produkts, Prozesses oder einer Dienstleistung, die entwickelt werden kann, um die grundlegenden Hypothesen über Kundinnenbedürfnisse und Produktfunktionalitäten zu testen. Das Hauptziel eines MVP ist es, mit minimalem Aufwand maximales Lernen über die Zielgruppe zu erzielen. Es beinhaltet nur die notwendigsten Funktionen, die es ermöglichen, das Produkt frühzeitig auf den Markt zu bringen, um Feedback von den ersten Nutzenden zu erhalten. Dieses Feedback wird genutzt, um das Produkt in iterativen Schritten zu verbessern und weiterzuentwickeln.
Multi-Armed Bandit Test	Bei dieser Methode wird ein Algorithmus verwendet, der die Verteilung des Traffics zwischen den verschiedenen Versionen während des Tests dynamisch anpasst. Sie versucht den »Verlust« durch weniger performante Versionen zu minimieren, während sie gleichzeitig lernt, welche Version am besten abschneidet.
Multivariater Test (MVT)	Bei multivariaten Tests werden gleichzeitig mehrere Variablen in unterschiedlichen Kombinationen getestet. Sie können zur Optimierung mehrerer Elemente einer Seite oder Anzeige gleichzeitig verwendet werden, erfordern aber eine wesentlich höhere Besucher- oder Klickzahl, um statistisch signifikante Ergebnisse zu erreichen.

Net Promoter Score (NPS)	Der NPS ist ein Tool zur Messung der Kundenzufriedenheit und -loyalität. Er basiert auf einer einzigen Frage: »Wie wahrscheinlich ist es, dass du unser Angebot weiterempfiehlst?« Die adressierten Personen antworten auf einer Skala von 0 bis 10, wobei 0 »überhaupt nicht wahrscheinlich« und 10 »äußerst wahrscheinlich« bedeutet. Die Antworten werden in drei Gruppen eingeteilt: • Promotoren (9–10): Diese Personen sind loyale Enthusiastinnen, die das Unternehmen weiterempfehlen und durch ihr positives Feedback zum Wachstum beitragen. • Passive (7–8): Zufriedene Kundschaft, die aber anfällig für Angebote der Konkurrenz sein könnte. • Detraktoren (0–6): Unzufriedener Kundschaftskreis, die negative Mundpropaganda verbreiten könnten. Der NPS wird berechnet, indem der Prozentsatz der Detraktoren vom Prozentsatz der Promotoren abgezogen wird. Das Ergebnis ist ein Score zwischen –100 und 100. Ein hoher NPS gilt als Indikator für hohe Kundschaftszufriedenheit und -loyalität, während ein niedriger NPS auf Probleme in der Beziehung hindeutet. Der NPS wird von Unternehmen in verschiedenen Branchen verwendet, um Kundenfeedback zu verstehen, die Kundenbindung zu verbessern und das Wachstum zu fördern.
Pay Per Sale (PPS)	Bei diesem Modell zahlen Werbetreibende eine Provision oder einen festgelegten Betrag für jeden Verkauf, der durch einen Klick auf eine Werbeanzeige oder einen anderen Marketingkanal generiert wird. PPS ist besonders attraktiv für Unternehmen, da es das Risiko reduziert. Sie zahlen nur für tatsächliche Verkaufsergebnisse, nicht für Klicks oder Impressionen. Dieses Modell wird häufig im E-Commerce und im Onlinebusiness eingesetzt, wo die Verfolgung von Verkäufen und die Zuordnung zu spezifischen Werbemaßnahmen relativ einfach ist.
Performance Design	Die Gestaltung von Produkten oder Dienstleistungen mit dem Ziel, eine optimale Leistung und Nutzendenerfahrung zu erreichen.
Performance Marketing	Eine Marketingstrategie, die darauf abzielt, messbare Ergebnisse und eine direkte ROI (Return on Investment) zu erzielen.

Persona	Eine fiktive Darstellung eines idealen Kunden, die auf realen Daten und Marktanalysen basiert und bei der Entwicklung von Marketingstrategien verwendet wird.
Post-Purchase-Kampagne (PPS)	Eine Marketingkampagne, die nach dem Kauf eines Produkts oder einer Dienstleistung durchgeführt wird, um die Kundinnenbindung zu stärken oder Cross-Selling zu fördern.
Retention Rate	Das Maß dafür, wie gut ein Unternehmen Kunden binden und langfristig halten kann.
Scrum	Ein Rahmenwerk (für die agile Softwareentwicklung), das Teams dabei unterstützt, effizienter zu arbeiten und Ergebnisse in kurzen Iterationen zu liefern.
Smoke Test	Als Smoke Test werden Marketingaktionen verstanden, die ein Produkt oder eine Dienstleistung bewerben, die noch nicht verkaufsfähig ist. Smoke Tests werden vor allem dazu genutzt, die Nachfrage in einer Zielgruppe für einen bestimmten Need zu testen, bevor die Lösung dafür entwickelt wird.
Standard Operating Procedure (SOP)	Ein Dokument, das die festgelegten Schritte und Verfahren für bestimmte Aufgaben oder Prozesse in einem Unternehmen beschreibt.
Thumb-Stop Ratio (TSR)	Ein Maß dafür, wie effektiv eine Anzeige oder ein Inhalt die Aufmerksamkeit der Betrachter auf sich zieht und sie dazu bringt, anzuhalten und weiterzulesen oder zu interagieren. (Stopps oder Verweilungen/Impressions * 100).
User-generated Content (UGC)	Unter UCG versteht man alle Inhalte, die von Plattformnutzenden erstellt wurden. Hierunter fallen vor allem alle Contentformate, die plattformnativ erstellt wurden, bspw. Vlogs, Memes, Reactions oder Talking Head Videos. Vor allem zeichnet sich UGC dadurch aus, dass er nicht werblich und authentisch wirkt. Teilweise wird UGC auf schlechte Qualität reduziert. Allerdings fallen auch aufwendig produzierte Inhalte und auch per Definition Influencer Content unter den Begriff UGC. Kleinster gemeinsamer Nenner ist die Erkennbarkeit eines persönlichen Stempels des Absenders als natürliche Person.
Upsell	Die Strategie, Kundinnen dazu zu ermutigen, ein teureres oder erweitertes Produkt oder eine Dienstleistung zu kaufen, als sie ursprünglich beabsichtigt hatten.
Unique Selling Proposition (USP)	Der einzigartige Vorteil/das Alleinstellungsmerkmal eines Produkts oder einer Dienstleistung, das es von anderen auf dem Markt eindeutig unterscheidet.

Value Proposition Canvas (VPC)
: Der VPC ist ein strategisches Werkzeug und eine Visualisierungsmethode, die eng mit dem Business Model Canvas verbunden ist. Er konzentriert sich darauf, das Wertangebot eines Unternehmens genauer zu verstehen und zu optimieren, indem er die Bedürfnisse und Anforderungen der Kunden sowie die Lösungen und Vorteile, die das Unternehmen bietet, miteinander in Beziehung setzt.
Der Canvas besteht aus zwei Hauptbereichen:
- Kundenprofil (Customer Profile): Hier werden die spezifischen Merkmale und Bedürfnisse der Kunden analysiert, einschließlich Jobs (Aufgaben), Pain Points (Probleme und Herausforderungen) und Gains (Vorteile und Nutzen).
- Wertangebot (Value Proposition): In diesem Bereich werden die Produkte oder Dienstleistungen des Unternehmens sowie die einzigartigen Vorteile und Lösungen beschrieben, die es den Kundinnen bietet, um deren Bedürfnisse zu erfüllen und Probleme zu lösen.

Der VPC ermöglicht es Unternehmen, ein besseres Verständnis für ihre Zielkunden zu entwickeln und sicherzustellen, dass ihr Angebot optimal auf deren Anforderungen abgestimmt ist. Es hilft bei der Identifizierung von Möglichkeiten zur Verbesserung des Wertangebots und zur Steigerung der Kundenbindung und Zufriedenheit.

Vertical
: Eine spezifische Branche oder Marktsegment, auf das sich ein Unternehmen oder eine Marketingkampagne konzentriert.

Wasserfall-Methode
: Eine sequenzielle Projektmanagementmethode, bei der Aufgaben nacheinander abgeschlossen werden, bevor mit der nächsten Phase begonnen wird.

Webscraper
: Eine Softwareanwendung oder ein Skript, das automatisch Daten von Websites extrahiert und sammelt.

Zielgruppe
: Die definierte Gruppe von Personen oder Organisationen, auf die eine Marketingkampagne oder ein Produkt abzielt.

Avatar-Hacking®-Begriffe

3 Cs	Ein Framework speziell für das Avatar Hacking® entwickelt, um die Sprintlogik aus Scrum im Marketing anzuwenden. Es gliedert sich in drei zirkuläre Phasen: Concept, Creation und Commerce.
3Cs: Concept	Die Concept-Phase ist der Startpunkt, in dem auf Basis von Daten eine Marketingstrategie entwickelt wird. Hier werden Daten analysiert und in ein geordnetes Framework überführt, nutzbar gemacht durch den Value Proposition Canvas.
3 Cs: Creation	In der Creation-Phase werden die gesammelten Informationen aus der Concept-Phase in Kommunikationsmittel umgesetzt. Hier findet die kreative Umwandlung von Daten in effektive Marketingelemente statt.
3Cs: Commerce	Die Commerce-Phase ist der entscheidende Moment für die Distribution. Die entwickelten Kampagnen werden veröffentlicht, und es werden neue Erkenntnisse gesammelt, um die Ergebnisse aus den vorherigen Phasen zu überprüfen und zu verbessern.
Avatar	Avatare sind flexible, datenbasierte Minizielgruppen, die sich kontinuierlich weiterentwickeln. Sie sind Momentaufnahmen, die eine unendliche Vielfalt an Informationskombinationen bieten und als Testumgebung für das Resonieren verschiedener Daten in der Zielgruppe dienen.
Avatar Elements	Avatar Elements sind zielgruppenspezifische Daten, die Teile des Value Proposition Canvas ausfüllen, einschließlich Customer Jobs, Pains, Gains sowie den korrespondierenden Unternehmenselementen wie Product/Service, Pain Relievers und Gain Creators.
Avatar Elements: Customer Job	Customer Job beschreibt das Umfeld, in dem die Zielgruppe ein Problem erfährt, sei es ein emotionaler Zustand oder eine konkrete Situation.
Avatar Elements: Gains	Gains repräsentieren die positiven Ergebnisse oder Vorteile, die Kundinnen anstreben, wie Erfolg, Freude oder Erleichterung.
Avatar Elements: Gain Creators	Gain Creators sind Angebote, die zusätzlichen Nutzen für Kunden schaffen und deren Wünsche erfüllen, um das Leben der Kunden zu verbessern.
Avatar Elements: Pains	Pains identifizieren die größten Frustrationen und Herausforderungen der Kundinnen in Bezug auf ihre Aufgaben oder Probleme.

Avatar Elements: Pain Relievers	Pain Relievers sind Lösungen oder Funktionen, die die Schmerzpunkte der Kundinnen lindern oder beseitigen.
Avatar Elements: Product/ Service	Product/Service konzentriert sich auf das tatsächliche Angebot des Unternehmens, um die Customer Jobs zu erfüllen, ihre Pains zu lindern und/oder ihre Gains zu maximieren.
CAHMs	Challenge-Avatar-Hacking®-Meetings sind monatliche Meetings pro Kundenprojekt, in denen Design- und Performance-Perspektiven ausgetauscht werden. Sie dienen der Analyse von Kampagnenergebnissen und der Planung zukünftiger Schritte.
Container	Ein Container ist ein Kommunikationsmittel, das eine Kernbotschaft (Was-Ebene) in Form der Avatar Elements und einen Angle (Wie-Ebene) in Form von Contentformat und -präsentation enthält.
Contentformat	Das Contentformat bezeichnet das Kommunikationsmittel, mit dem die Avatar Elements in der Zielgruppe platziert werden.

Stichwortverzeichnis

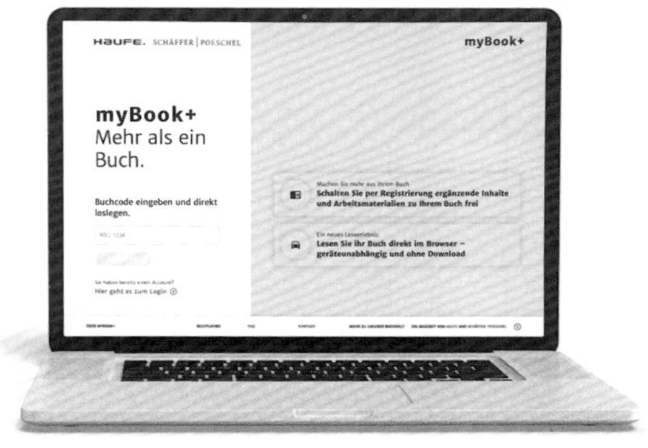

Ihre Online-Inhalte zum Buch: Exklusiv für Buchkäuferinnen und Buchkäufer!

- https://mybookplus.de
- Buchcode: GDY-35367